J. Michael Mehltretter

Mit Volldampf voraus

LEISTUNG UND
TECHNIK VON
DAMPFLOKOMOTIVEN

trans
press

Einbandgestaltung: Sven Rauert
Titelbild: Lokparade im Bw Hof: Alle Lokführer haben auf das Zeichen des Autors die Dampfpfeifen gezogen.

Rückseite: Ausfahrt des Eilzugs E 1649 im Bahnhof Bamberg, der sich gerade in Richtung Hof in Bewegung gesetzt hat. Während auf der ersten Lok 001 211-2 Heizer Klaus Putzer noch die Vorbeifahrt abwartet, hat sein Kollege auf der zweiten Maschine 001 168-4 schon kräftig aufgelegt und damit für den gewünschten dunklen Kontrast gesorgt.

Fotos: J. M. Mehltretter

Bildnachweis:
Die zur Illustration dieses Buches verwendeten Aufnahmen stammen – wenn nichts anderes vermerkt ist – vom Verfasser.

ISBN 978-3-613-71469-4

1. Auflage 2013

Sie finden uns im Internet unter www.transpress.de

Lektor: Hartmut Lange
Innengestaltung und Repro: imagina, 89275 Elchingen
Druck und Bindung: Süddeutsche Verlagsgesellschaft mbH, 89079 Ulm
Printed in Germany

Mit Volldampf voraus
Technik und Leistung von Dampflokomotiven

Vorwort

Das erste Buch des Verfassers über Dampflokomotiven wurde im Jahr 1974 lanciert. Mit dem Titel „Dampflokomotiven - Die letzten in Deutschland" erreichte dieses Werk einschließlich Spezialausgaben neun Auflagen.

1979 erschien der Bildband „Damplokomotiven - Am Ende einer Epoche". In diesem Buch wurde auch über ausländische Eisenbahnen berichtet. Nach mehreren Auflagen wurde es digitalisiert und 2005 als Spezialausgabe herausgebracht.

Nachdem die zwei genannten Bücher endgültig vergriffen waren, wurden sie gemeinsam unter dem Titel „Dampflokomotiven - Das große Finale" als preiswerter Sonderband noch einmal aufgelegt. Damit galt das Thema Dampflokomotiven für den Verfasser als abgeschlossen.

Was hat den Verfasser bewogen, nach so langer Zeit und trotz der Fülle der mittlerweile angebotenen Literatur noch einmal zur Feder zu greifen? Sicher kommen hier vielfältige Gründe zusammen. Einerseits lag es am technischen Wissen, welches sich der Verfasser über viele Jahre aneignen konnte, andererseits an den praktischen Erfahrungen, die er bei vielen Betriebsbesichtigungen und Führerstands-Mitfahrten machen durfte. Hinzu kommen noch die erweiterten beruflichen Aktivitäten, die neben europäischen Kunden auch in Fernost und Amerika neue Abnehmer brachten. Damit musste der Verfasser mehrmals im Jahr rund um die Welt reisen. Dabei konnte er oft auch das Thema Triebfahrzeuge mit einplanen und Lokomotiven sowie Betriebsführungen ausländischer Bahngesellschaften kennenlernen.

Alle Unternehmungen, die der Verfasser mit den in diesem Buch genannten Eisenbahngesellschaften absolviert hat, wurden stets professionell vorbereitet und durchgeführt. Er ist nicht nur als freier Journalist und Buchautor bekannt geworden, sondern auch als mittelständischer Unternehmer tätig. Als Diplom-Ingenieur hat er zahlreiche Entwicklungsprojekte verantwortet und anspruchsvolle Prozeß- und Produktionsanlagen in europäische Staaten, nach Fernost sowie in die USA geliefert.

Mit der gleichen Profession wollte er auch dieses Buch angehen. Wenn man Inhalt und Aussage dieses Buches besser verstehen möchte, sollten die folgenden Fakten Beachtung finden:

1. Alle Aufnahmen entstanden im aufwändigen Mittel- und Großformat. Zum Einsatz kamen ausschließlich die professionellen Fotoapparate Hasselblad 500 C/M und 500 EL/M für das Filmformat 6x6 cm und Linhof Super Technika für die Plattengröße 9x12 cm. Als Filmmaterial fand Kodak Ektachrome Professional Verwendung. Bei der Linhof Super Technika 9x12 muss für Aufbau und Einstellung mit einer Zeit von 15 bis 20 Minuten gerechnet werden. Die Bildschärfe wird wie anno dazumal an der Mattscheibe eingestellt. Lupe und schwarzes Tuch sind immer mit dabei.

2. Die Hauptverwaltung der Deutschen Bundesbahn erteilte dem Verfasser jedes Jahr die Genehmigung für das Betreten und Benutzen von Bahnanlagen. Damit hatte er zu allen erforderlichen Bereichen Zugang und konnte seinen Vorstellungen entsprechend fotografieren. Durch die abgeschlossene Haftpflichtversicherung waren auch eventuelle eintretende Schäden abgedeckt.

3. Vom Bundesbahnzentralamt München (BZA Mü) bekam er über Jahre hin die selten erteilte Mitfahrgenehmigung auf dem Führerstand von Triebfahrzeugen.

4. Die diversen Lokomotivparaden, die von den verschiedenen Bahnbetriebswerken organisiert wurden, dürfen als exquisite und einmalige Ereignisse gelten, mit welchen der Verfasser auch der Nachwelt ein Denkmal setzen möchte. Dies gilt auch für spätere Lokomotivaufstellungen, die mit Vertretern der modernen elektrisch und brennkraftgetriebenen Lokomotiven in Szene gesetzt wurden.

5. Erstmalig werden Konstruktion und technische Inhalte von verschiedenen Dampflokomotiven erläutert, die Ursachen für die Unterschiede in ihrer Leistungsfähigkeit beschrieben und die relevanten Fakten in Tabellen zusammengestellt. Damit kann auch der interessierte Laie die technischen Abweichungen leicht ersehen und die jeweiligen Leistungsdifferenzen nachvollziehen.

6. Die Empfehlungen für die Dimensionierung von Stehkessel, Rostfläche und Langkessel werden aufgeführt und dabei pragmatisch dargestellt, warum es den Dampflokomotiven der Deutschen Reichsbahn in den 30er Jahren und den später gefolgten Maschinen der Deutschen Bundesbahn oft nur zu mäßigem Durchschnitt reichte.

7. Erstmalig wird die Bedeutung der Planck´schen Strahlungsformel für die Verbrennungsleistung einer Dampflokomotive erläutert und ihr primärer Einfluß auf die Leistungsabgabe des Feuers in der

Feuerbüchse dargestellt. Weiter werden die Berechnungsgrundlagen aufgeführt, mit denen man die Leistung der Wärmeabstrahlung des Rostfeuers in Abhängigkeit der Temperatur ermitteln kann.

8. Als Novität darf die umfangreiche wissenschaftliche Erläuterung der Kylchap-Saugzuganlage gelten. Hier wird auch dem Nichtfachmann Funktion und Leistungsfähigkeit dieses Systems verständlich erklärt und die Berechnung der verschiedenen Abläufe mit mathematischen Formeln hinterlegt.

9. Dieser Band konnte durchgehend in Farbe gehalten werden, weil heutzutage eine Buchproduktion im Vierfarbendruck kaum mehr Kosten verursacht als die Herstellung in Schwarz-weiss. Damit konnten viele Farbmotive, die bisher im Archiv des Verfassers schlummerten, erstmalig veröffentlicht werden.

10. Der Verfasser bekam auch Zutritt zu Bereichen, die der Öffentlichkeit normalerweise verschlossen blieben. Hierzu zählten z.B. die Entwicklungs- und Versuchsabteilungen der Lokomotivfabriken, die Versuchsanstalt (Vers A) des BZA München und Ausbesserungswerke der Deutschen Bundesbahn.

11. Zum Schluss darf nicht übersehen werden, dass der Verfasser bei allen seinen Aktivitäten oftmals mehr Glück als Verstand hatte. Nicht sein besonderes Können, sondern die Mitwirkung vieler Eisenbahner unterschiedlichster Position erlaubte die Durchführung von Besonderheiten, von denen man normalerweise nur träumen kann. Hierzu gehört auch das Kapitel „5.9 Geheimprojekt Verkehrsmuseum Nürnberg", welches wir auf Seite 278 dieses Buches finden.

Vom römischen Staatsmann und Philosoph Lucius Annaeus Seneca (04 bis 65 n. Chr.) stammt der Spruch „Was man gemeinsam unternimmt, endet stets erfolgreicher als die mutige Tat des Einzelnen". In diesem Sinne erhielt der Verfasser tatkräftige Unterstützung von hochrangigen Experten, auf die er nicht hätte verzichten wollen. Dies gilt insbesondere für das Kapitel „4. Über die Leistungsfähigkeit von Dampflokomotiven", welches einen der Schwerpunkte dieses Buches bildet.

Der besondere Dank des Verfassers gebührt den Herren Prof. Dr.-Ing. Ekkehard Gärtner, em. Professor des Fachbereichs Schienenfahrzeuge der TU Berlin, sowie Herrn Dr.-Ing. Rudolf Breimeier, em. Leitender Bundesbahndirektor sowie Lehrbeauftragter am Lehrstuhl für Verkehrswesen, Eisenbahnbau und -betrieb der Universität Hannover, welche sich des genannten Kapitel 4 angenommen und dieses durchgesehen haben. Mit ihrer Hilfe konnten noch interessante Ergänzungen vorgenommen werden.

Dr. rer. nat. Gerhard R. Thoma, em. Leiter des Fachbereichs Akustik im Forschungs- und Innovationszentrum (FIZ) der BMW AG in München, hat sich im Kapitel 4 die Themen Strahlungswärme und Kylchap-Saugzuganlage vorgenommen und ist hierbei zu exklusiven Erkenntnissen gelangt.

Dr. Alfred Gottwaldt, Leiter der Abteilung Schienenverkehr im Deutschen Technik Museum in Berlin, hat die Kapitel dieses Buches lektoriert und den Verfasser bei der Textgestaltung in dankenswerter Weise inspiriert.

Dipl.-Ing. Werner Schott, em. Leitender Bundesbahndirektor und früherer Dezernent 21A der Bundesbahndirektion München, hat den Verfasser bei der Schlußredaktion freundlich unterstützt und als gebürtiger Hofer wertvolle Anregungen beigesteuert.

Ganz besonderen Dank verdient jedoch Frau Daniela Sygulla, die Assistentin des Verfassers, die mit unerschütterlicher Geduld das umfangreiche Manuskript dieses Buches verantwortet hat.

Mit allergrößtem Respekt ist Herr Peter Milde hervorzuheben, weil durch seine Bildbearbeitung und Layoutgestaltung dieses Buch in der vorliegenden überragenden Qualität erstellt werden konnte.

Dank gebührt auch Herrn Hartmut Lange, der als Lektor des Transpress Verlages dieses Werk stets mit viel Engagement begleitet hat.

Der Dank an alle anderen Persönlichkeiten, die den Verfasser in oft nicht vorstellbarem Umfang unterstützt haben, ist in den zugehörigen Kapiteln zu finden.

Wenn sich nun die einen Leser an den großformatigen Farbdrucken erfreuen, die anderen die technischen Beschreibungen und Vergleiche mit Interesse aufnehmen, wird es den Verfasser mit Genugtuung erfüllen.

Wenn aber auch Fachleute aus der Lokomotivindustrie sowie Professoren aus dem Lehrgebiet Verkehrswesen diese Dokumentation gerne zur Hand nehmen und sich über verpasste Chancen und handwerkliche Fehler bei der Konzeption von Dampflokomotiven informieren wollen, dann haben sich die vielen technischen Erläuterungen sowie die umfangreichen Recherchen des Verfassers mit Sicherheit gelohnt.

Schon beim ersten Durchblättern wird der anspruchsvolle Leser die Unterschiede zu bisherigen Veröffentlichungen feststellen. Die Vielfalt der exklusiven Szenen, die aussergewöhnliche Bildschärfe sowie die zahlreichen technischen Details belegen, dass der Verfasser mit diesem Werk etwas Besonderes erreichen wollte.

Für den, der alles Wichtige über Technik und Betrieb von Dampflokomotiven erfahren möchte, ist dieses Buch ein absolutes Muss!

Auch wer sich nur an herausragenden Fotografien dieser imposanten Stahlrösser begeistern will, kommt um dieses Buch nicht herum. Und selbst der Schöngeist, der sich mehr am ästhetischen Erscheinungsbild der Dampflokomotiven erfreuen möchte, sollte dieses grandios illustrierte Buch stets griffbereit zur Hand haben.

- Sic transit gloria vaporis -

Pullach bei München, im Herbst 2013   Der Verfasser

3. Wie und warum dieses Buch entstand

Das Thema Dampflokomotiven interessierte den Verfasser bereits in frühen Jahren. Schon als Student hat er sich auf den Führerstand verschiedener Lokomotiven gewagt und die Mitfahrt nicht nur als großes Vergnügen empfunden, sondern auch als besondere Informationsquelle genutzt. Zu den so hautnah erlebten Lokomotiven gehörten auch die bekannte DB-Baureihe 10 sowie das böhmische „Paradepferd" 498.1. Natürlich ohne Mitfahrgenehmigung und ohne das weitgehende Fachwissen, welches erst über viele Jahre erlangt wurde. Versprach bei der Deutschen Bundesbahn oftmals eine höflich vorgetragene Bitte sowie das Vorzeigen einer gültigen Fahrkarte eine Führerstandsmitfahrt, bewährte sich in Böhmen die Übergabe eines Kuverts mit einem Zehnmarkschein als erfolgversprechender Genehmigungsantrag. Neben den verschiedenen Erscheinungsbildern der in diesem Buch aufgeführten Lokomotiven wollte der Verfasser auch stets Einzelheiten über deren Konstruktion und Leistungsfähigkeit in Erfahrung bringen. Zwar waren Lokführer und Heizer oft etwas überfordert, genaue Daten über ihre Maschine zu vermitteln. Mangels amtlicher Angaben sowie der bescheidenen Fachliteratur ließen sich die gewünschten Informationen manchmal nur schwer beschaffen. Ein durchgehendes Bücher- und Zeitschriftenangebot wie heute hat es vor mehr als 30 Jahren nicht gegeben. Nur durch aufwändigen Briefwechsel mit den Pressestellen der Direktionen und Zentralämter war an zuverlässige Informationen zu kommen. Hinzu kamen noch die persönlichen Kontakte des Verfassers, die am schnellsten zum gewünschten Ergebnis führten.

Das Fotografieren von Lokomotiven und Zügen hat der Verfasser anfangs ganz gelassen, weil damals die Technik der Eisenbahn im Vordergrund stand. Auch waren Aufnahmen im Kleinbildformat für den Verfasser nicht zielführend, weil er damit sicher nur mittelmäßiges Niveau erreicht hätte.

Abb. 001- Dampflok-Parade im Bw Hof, alle Lokführer haben auf Kommando die Dampfpfeife gezogen. Nur auf der Lok 001 211-2 klemmt der Pfeifenzug. Ein bereitstehender Betriebsschlosser setzte diesen mit zwei Hammerschlägen schnell wieder in Gang. Von der ganz rechts stehenden 001 150-2 kann man nur noch den rechten Puffer erkennen. Diese Aufnahme wurde mit der Linhof Super Technika 9x12 erstellt. Das Führerhausdach der Lok 052 184-9 diente hierbei als fahrbarer Untersatz und rangierte Stativ und Kamera zur gewünschten Fotoposition (03.03.1973).

🔶 Abb. 002 - Eine weitere Lokparade fand im Bw Hof am 22.04.1973 statt, also zwei Wochen später als die auf Seiten 82/83 gezeigte und am 8.04.1973 durchgeführte Aktion. Obwohl die Lokomotiven noch einmal in gleicher Folge aufgestellt sind, erkennt man an den kaum noch weiß lackierten Pufferringen die Spuren des alltäglichen Einsatzes.

Dieser Zustand änderte sich mit dem Beginn seiner beruflichen Tätigkeit. Der Anfang bildete ein Ingenieurbüro für Auftragskonstruktionen und Entwicklung neuer Technologien. Später folgten noch weitere Firmen, die sich mit Entwicklung und Herstellung kompletter Montage- und Fertigungslinien befassten und Kunden im In- und Ausland bedienten.

Mit diesem beruflichen Werdegang waren auch die materiellen Voraussetzungen gegeben, die fotografische Dokumentation der Eisenbahn mit professioneller Ausrüstung anzugehen. Das noch fehlende Fachwissen eines Berufsfotografen steuerte sein langjähriger Begleiter Hartmut Thiele bei, selbst erfahrener Fotografenmeister. Er hat den Verfasser auf zahlreichen in- und ausländischen Reisen begleitet und ihn dabei stets mit Rat und Tat unterstützt. Ihm hat der Verfasser viel zu verdanken.

Das vorliegende Werk wurde wie ein technisches Projekt gehandhabt. Wie bereits ausgeführt, war der Verfasser damals als junger Unternehmer tätig und hatte dabei gelernt, mit zielführender Systematik Aufträge erfolgreich durchzuführen.

Dazu gehörten die Aufgabenbeschreibung, die Geräte- und Hilfsmittelbeschaffung, die Akquisition, die Durchführungsplanung, die Ablauforganisation, die Projektdurchführung sowie die Ergebniskontrolle.

Bei dieser Dokumentation lag die Absicht zugrunde, neue Wege zu gehen sowie ganz andere Möglichkeiten aufzuzeigen, wie dies bei bisher erschienenen Dampflokbüchern der Fall war.

Zunächst standen für dieses Buch die Dampflokomotiven der Deutschen Bundesbahn im Fokus, dann folgten zum Vergleich von Leistung und technischen Aspekten auch herausragende Maschinen im Ausland. Nun einige Erläuterungen zur Planung sowie zum Ablauf dieser Dokumentation.

Im Jahr 1972 erteilte die Hauptverwaltung der Deutschen Bundesbahn dem Verfasser erstmals die Genehmigung zum Betreten von Bahnanlagen sowie zum Fotografieren von Schienenfahrzeugen (der sogenannte „rote Ausweis"), die Voraussetzung für ein professionelles Fotografieren war. Diese Berechtigung hatte nur ein Jahr Gültigkeit und musste im Anschluß erneuert werden. Später folgte die Genehmigung für die Mitfahrt auf dem Führerstand von Triebfahrzeugen, die vom Bundesbahnzentralamt München ausgestellt wurde und gleichfalls immer für ein Jahr galt (der „weisse" Genehmigungschein). Diese selten gewährte Erlaubnis wurde erstmals vom damaligen Abteilungspräsidenten und Abteilungsleiter L, Walter Spöhrer, persönlich erteilt. Spöhrer wurde später Vizepräsident des Bundesbahnzentralamts München (BZA Mü).

Mit diesen Voraussetzungen waren zwar die rechtlichen und versicherungstechnischen Rahmenbedingungen geschaffen, aber noch kein einziger Film belichtet worden. Nun mussten zunächst die geplanten Vorhaben beschrieben und die dafür notwendigen Maßnahmen eingeleitet werden. Der erste Schritt bildeten die Aufnahmen für das Erstlingswerk des Verfassers, welches unter dem Titel „Die Lokomotiven der Deutschen Bundesbahn" erschienen ist und insgesamt neun Mal aufgelegt wurde. Dieses Buch ist schon seit Jahren vergriffen und heute nur noch antiquarisch zu haben.

Im Eisenbahnbereich waren Anfang der 70er Jahre viele Hobbyfotografen unterwegs, im Regelfall jedoch nur mit Kleinbildkameras. Mit diesem Format lassen sich Dank großer Handlichkeit sowohl Schnellschüsse als auch anspruchsvolle Aufnahmen erstellen.

Professionelle Fotografen verwenden jedoch Kameras im Mittel- und Großformat. Kleinbild verfügt über eine Filmabmessung von 24x36 mm. Beim Mittelformat 6x6 cm fällt die Filmfläche bereits 4,17 Mal größer aus. Beim Plattenkameraformat 9x12 cm beträgt das Filmformat sogar die 12,5-fache Größe vom Kleinbildformat. Damit können bei Einstellung, Bildschärfe und -auflösung wesentlich höhere Ansprüche erfüllt werden.

Bei der Geräteauswahl fiel die Entscheidung auf die Marktführer Hasselblad für 6x6 cm und Linhof für 9x12 cm Filmformat. Der Projektstart erfolgte mit zwei Hasselblad der Modelle 500 C/M und 500 EL/M 6x6 und zunächst nur einer Linhof Super Technika 9x12. Eine weitere Technika folgte kurz danach. Bei den erstgenannten Apparaten kamen die Zeiss-Objektive Planar 2,8/80, Sonnar 4/150 und das Tele-Sonnar 5,6/250 zum Einsatz. Wenig später folgten noch die Objektive Planar 4/100 und Planar 5,6/120, allesamt mit Synchro-Compur-Zentralverschluß versehen. Die Belichtungsmessung erfolgte mittels aufgesetzem Meßgerät durch das Objektiv und wurde noch mit einem separaten Belichtungsmesser LUNASIX überprüft. Als Filmmaterial fanden die Rollfilme ILFORD 18 DIN für schwarz-weiß und Kodak Ektachrome Professional 19 DIN für die Farbaufnahmen Verwendung.

Bei der Linhof Super Technika handelt es sich um eine Profikamera, die eigentlich nur in der Fach- und Architekturfotografie zum Einsatz kommt. Diese Platten- oder Planfilmkamera ist in allen drei Dimensionen universell verstellbar. Das Objektiv wird in einem Objektivhalter auf einem Laufboden (wie eine optische Bank) geführt und ist mit dem Gehäuse durch einen Faltenbalg verbunden. Die Verwendung eines schweren Stativs ist bei dieser Art obligatorisch (siehe Bild Nr. 003).

Bei den Linhof-Kameras kamen die von Schneider Kreuznach hergestellten Objektive mit Compur-Zentralverschluß und den folgenden Brennweiten zum Einsatz: Symmar 5,6/135, Xenar 4,5/150, Symmar-S 5,6/180, Symmar-S 5,6/210 und Tele-Arton 5,6/250.

Die Filmcassetten wurden anfangs mit Agfachrome 50 Professional- und später mit Kodak Ektachrome 64 Professional-Planfilmen bestückt.

Ein besonderes, aber selten angegangenes Thema sind Luftaufnahmen von Zügen und Bahnanlagen. Als ersten Schritt benötigt man dafür eine amtliche Genehmigung, die für den Verfasser vom Bayerischen Luftamt erteilt wurde.

Erst mit dieser Genehmigung kann man ein passendes Luftfahrzeug - so die deutsche Bezeichnung für ein Flugzeug - ins Auge fassen und für die geplanten Flüge chartern. Ein Drehflügler, auch Hubschrauber genannt, kam wegen der im Flug vorhandenen Vibrationen nicht in Frage. Die notwendigen Voraussetzungen, wie kurze Startstrecke, verlässliche Langsamflugeigenschaften sowie ausreichend Raum für den Kameraeinsatz versprach der einmotorige Hochdecker Dornier Do 27, der bei der Deutschen Bundeswehr mit insgesamt 428 Luftfahrzeugen im Dienst stand. Die besonderen Langsamflugeigenschaften dieser Maschine, die bis 85 km/h (45,90 Knoten) Geschwindigkeit noch eine stabile Fluglage ermöglicht, gestattete gute Luftaufnahmen, auch aus Höhen unter den erlaubten 150 m über Grund.

⚠ Abb. 003 - Die Plattenkameras Linhof Super Technika 9x12 (3x4 inch) werden normalerweise nur in der professionellen Fotografie eingesetzt. Hier sieht man zwei schußbereite Kameras, die über einen Auslöser gemeinsam, d.h. synchron, betätigt werden können. Davor unten noch eine elektromotorisch betriebene Hasselblad EL/M 6x6.

Für den Gebrauch der Hasselblad 500 EL/M als Luftbildkamera kamen die Haltevorrichtung mit Doppelgriff und integriertem Auslöser sowie die Luftzieleinrichtung zum Einsatz. Die Bildschärfe wurde mit dem vorhandenen Schnittbildentfernungsmesser eingestellt.

Für das Fotografieren im Großformat wurde die Linhof Aero Technika 4x5 inch verwendet. Eine Großformat-Kamera für Luftaufnahmen, die den 126 mm Rollfilm verwendet und voll elektrisch arbeitet. Dies gilt auch für alle Verstellfunktionen dieses Fotoapparats. Der 126 mm breite Rollfilm wird gleichfalls mittels Elektromotor transportiert und bei Belichtung über ein Vakuum auf der Fotoplatte gehalten. Eine Luftzielvorrichtung und ein Entfernungsmesser dient der genauen Einstellung der Bildschärfe.

Die Aero Technika kam auch bei amerikanischen und europäischen Weltraummissionen zum Einsatz. Im Vergleich zum deutschen Format 9x12 cm entsprachen die in den USA gebräuchlichen 4x5 inch (Zoll) einer Abmessung von 10,16x12,7 cm. Der Filmflächenunterschied zwischen 108 und 129,03 cm^2 beträgt zwar 19 %, bewirkt aber in der Praxis keinen signifikanten Unterschied bei der Bildqualität.

Über 15 Jahre lang hatte sich der Verfasser mit dem Thema Eisenbahntechnik befasst. Der Fachbereich Triebfahrzeuge, also Lokomotiven, stand stets im Fokus. Dabei besaß die professionelle Fotografie einen hohen Stellenwert. Bei allen Unternehmungen begegnete dem Verfasser auch kein weiterer Fotograf, der mit Hasselblad- und Linhof-Kameras ausgerüstet war.

Schließlich war es eines der primären Ziele des Verfassers, einen besonders hohen Bildstandard zu erreichen.

Für die Planung, Organisation und Durchführung von Fotoreportagen besonderer Art war die schriftliche Kontaktaufnahme mit den zuständigen Verantwortungsträgern bei den Direktionen und Dienststellen der Deutschen Bundsbahn stets der erste Schritt. Als Beispiel sei die Bundesbahndirektion Nürnberg genannt, zu deren Bereich ab dem ersten Januar 1972 auch das Maschinenamt (MA) sowie das Bahnbetriebswerk (Bw) Hof zählten. Zu dieser Direktion war die

Abb. 004 - Lokparade im Bw Regensburg. Mit den Lokomotiven 001 150-2, 218 297-0 und 118 049-6 sind alle drei Traktionsarten der Deutschen Bundesbahn vertreten. Dieses Bild wurde zu Ehren der letzten planmäßigen Leistung einer Hofer 001 (01) inszeniert. Am 29.09.1973, dem letzten Tag des Sommerfahrplans 1973, führte die 001 150-2 zunächst den Nahverkehrszug N 3215 von Hof nach Regensburg. Nach dieser Lokparade wurde sie von Hofer Eisenbahnfreunden festlich geschmückt und kehrte am Nachmittag mit N 3228 wieder nach Hof zurück (Seiten 140/141). Für diese Aktion war unsere Schnellzuglokomotive eine Woche davor noch einmal von Grund auf neu gespritzt worden.
Die Brennkraftlok 218 297-0 war erst am 27.09.1973 vom Bw Regensburg in Betrieb genommen worden.

⬆ Abb. 005 - Luftaufnahme von Bad Mergentheim. Der morgendliche Nahverkehrszug N 7511 (auch Schülerzug genannt) von Lauda nach Crailsheim hat Bad Mergentheim um 7.45 Uhr verlassen und dampft nun weiter in Richtung Weikersheim. Die Zuglok BR 023 hat noch Vorspann erhalten durch eine Crailsheimer 50er, um eine Leerfahrt (Lz) zu vermeiden. Im Hintergrund fließt die Tauber (25.04.1975).

Abteilung II (Maschinentechnische Abteilung) unter der Leitung von Abteilungs-Präsident (APr) Paul Schläger auch für den Zugförderungsdienst (Dezernat 21) zuständig. Unter Schläger war Bundesbahn Direktor Otto Thiel als Dezernent 21A für den Triebfahrzeugdienst in den Bahnbetriebswerken verantwortlich. Schläger oder Thiel unterschrieben oftmals auch die Mitfahrgenehmigungen des Verfassers auf dem Führerstand, so auch für die Hofer 01. Unter Thiel arbeitete Bundesbahn Oberrat Hartmut Kreiner als Hilfsdezernent 21a. Kreiner organisierte auch zwei Nachtaufnahmen von doppelbespannten Güterzügen. Eine dieser besonderen Aktionen ist auf Seite 131 dieses Buches abgebildet.

Für das Bahnbetriebswerk Hof war das Maschinenamt Hof zuständig. Es wurde von Bundesbahn Oberrat Rudolf Schneider als Amtsvorstand (AV) geführt. Schneider hielt sich bei den diversen Aktionen mit und im Bw Hof stets im Hintergrund. Als „Macher" im Maschinenamt Hof war stets der Betriebsingenieur (Bing) und technische Bundesbahn Oberamtsrat Karl Beyer aufgetreten. Beyer galt als ein sehr geselliger und hilfbereiter Zeitgenosse und war immer zur Stelle, wenn es um die Wünsche des Verfassers für maschinentechnische Besonderheiten ging. Auch ihm hat der Verfasser viel zu verdanken.

Hof und die von Hofer Maschinen gefahrene Strecken, von denen die „Schiefe Ebene" wohl die berühmteste war, zählten zu den Lieblingszielen von Eisenbahnfreunden aus aller Welt.

Zum Ausleuchten der Triebwerksbereiche von Dampflokomotiven, zur Lichtunterstützung bei fehlendem Sonnenschein sowie für die wohl einmaligen dynamischen Nachtaufnahmen wurden die Blitzgeräte vom Typ Metz mecablitz 402 telecomputer eingesetzt. Diese professionellen Blitzlichtgeräte erlaubten bei einem Kodak Ektachrome Professional Diafilm mit 19 DIN sowie bei Blende 5,6 noch eine volle Ausleuchtung auf eine Entfernung von rund 10 Metern. Mit dem Ergänzungsblitz Mecatwin 402 T lassen sich fünf Blitzgeräte pro Akku versorgen (Blitzgruppe genannt). Vom Verfasser wurden bis vier solcher Blitzgruppen eingesetzt. Dieser Einsatz erfolgte mit zwei unterschiedlichen Techniken. Der erste, aufwendige Aufbau bestand aus lauter einzeln aufgestellten Blitzgeräten. Hierbei wurden die Blitze auf in den Boden gerammte Alustäbe geschraubt und die Fünfergruppe mit Auslösekabeln verbunden.

Die Zündung dieser Gruppe erfolgte kabellos durch den vom Objektivverschluß ausgelösten Zündblitz und einer an der Blitzlichtgruppe befindlichen Fotozelle.

Um Einsatz und Aufbau der insgesamt 20 vorhandenen Blitzgeräte zu vereinfachen, wurden als zweite Möglichkeit je fünf Blitzgeräte in einem Kompaktaufbau zusammengefasst und auf ein stabiles Stativ gestellt. Die vier Kompaktaufbauten wurden jeweils über den schon zuvor genannten Zündblitz und die vier Fotozellen kabellos gezündet und bewirkten ein „Blitzgewitter" von maximal 20 Blitzen! Bei

🔺 Abb. 006 - Kompakteinheit von fünf Profiblitzen Mecablitz 402, die über einen in der Kamera installierten Zündblitz und der links sichtbaren Fotozelle drahtlos ausgelöst werden kann. Mit mehreren dieser Kompakteinheiten ließen sich auch professionelle Nachtaufnahmen von fahrenden Dampflokomotiven erstellen (Seiten 131 und 252/253).

🔺 Abb. 007 - Aus dem Luftfahrzeug (Flugzeug) der Baureihe Dornier Do 27 wird die Linhof Aerotechnika 4x5 inch in Stellung gebracht. Diese vollelektrische Luftbildkamera kam auch bei diversen europäischen und amerikanischen Weltraummissionen zum Einsatz.

🔻 Abb. 008 - Auch die Hasselblad 500 EL/M konnte für Luftaufnahmen aufgerüstet werden. Mittels beidseitigem Haltegriff, Luftzielvorrichtung und Schnittbild-Entfernungsmesser konnte man mit ihr hochwertige Luftaufnahmen realisieren. - Der Hochdecker Dornier Do 27 eignete sich vorzüglich für Luftaufnahmen. Neben seinen guten Langsamflugeigenschaften erlaubten die beiden aushängbaren Seitentüren stets ein „freies Schußfeld".

derartigen Aufnahmen konnte die Linhof Kamera ruhig in größerer Entfernung, wie z.B. 30 bis 50 Metern, aufgestellt werden, da für die Ausleuchtung des Zuges die in rund 10 Meter Abstand aufgestellten Blitzgeräte sorgten.

Zusammenfassend darf man sich vorstellen, dass mit z.B. 20 in einem Abstand von je zwei Metern einzeln aufgestellten Blitzgeräte eine Gleislänge von rund 40 Metern ausgeleuchtet werden kann. Mit den zuvor beschriebenen vier Kompakteinheiten lässt sich ungefähr die gleiche Zuglänge ins Blitzlicht setzen, nur ist deren Aufstellung nicht so arbeits- und zeitintensiv, wie dies bei den zwanzig einzeln positionierten Blitzgeräten der Fall ist.

Beispiele für auf diesem Weg erstellte Nachtaufnahmen fahrender Züge finden sich auf den Seiten 131 und 252/253.

Alles in allem sind beim Einsatz dieser fotografischen Geräte einschließlich der Stative und Fotokoffer rund 40 bis 50 kg zu schleppen, so dass man im Regelfall zu zweit unterwegs sein musste.

Die Vorbereitung und Organisation der geplanten Aufnahmen galt immer als eine spannende Herausforderung. Bei größeren Aktionen, wie Nachtaufnahmen oder besonderen Zugbespannungen, wurde meistens die zugehörige Bundesbahndirektion eingeschaltet und die Details mit der zuständigen Dienststelle abgesprochen. Da fast alle Aufnahmen in Regie, d.h. in Absprache mit dem jeweiligen Lokpersonal, durchgeführt wurden, galten die beteiligten Lokleitungen (Lokdienstleitungen) als wichtige Relaisstationen. Dort wurden die auf einem speziellen Vordruck verfassten Wünsche des Verfassers an das Lokpersonal weitergereicht und zumeist noch die besondere Bedeutung der geplanten Aufnahmen hervorgehoben. „Herr Mehltretter besitzt die Genehmigung der Hautpverwaltung und fotografiert exklusiv im Großformat", war ein oft gehörter Hinweis. Gleichzeitig wurde auf diesen Vordrucken dem Lokpersonal die kostenlose Zusendung einer Schwarz-Weiß-Vergrößerung des aufgenommenen Bildes als kleines Dankeschön avisiert.

Abb. 009 - Hier sehen wir den Verfasser mit windzerzaustem Haupthaar auf einer der Fahrzeugparaden in Nürnberg, die anlässlich der 150-Jahr-Feier der deutschen Eisenbahnen im September 1985 abgehalten wurden. Neben den beiden Plattenkameras Linhof Super Technika 9x12 erkennt man links noch eine elektromotorisch betriebene Hasselblad EL/M 6x6, die aber nur zur Belichtungskontrolle sowie als fotografisches Notizbuch gedient hatte.

Abb. 010 - Als einer der Vorläufer der Nürnberger Fahrzeugparaden im Jahr 1985 darf die in England durchgeführte „Grand Steam Cavalcade" dienen, die 20 Jahre zuvor am 31.08.1975 auf der Strecke der „Stockton & Darlington Railway" stattgefunden hatte. Im Bild passiert die frisch herausgeputzte Güterzuglokomotive Baureihe 9F 1'Eh2 Nr. 92 220 „Evening Star" den Fotostandpunkt des Verfassers.

Die in den Bahnbetriebswerken ausgeführten Lokparaden, die spezielle Bespannung von Zügen und die sonstigen Sonderaktionen des Verfassers wurden von den Beteiligten nicht nur mit Verständnis, sondern auch mit Begeisterung ausgeführt. Als Dank und Erinnerung für diese Hilfe und selbstlose Unterstützung zahlreicher Eisenbahner sind viele der damaligen Mitwirkenden auch in diesem Buch nicht nur namentlich, sondern auch bildlich verewigt worden. Wir werden sie nie vergessen!

Der fachliche Schwerpunkt dieses Buches besteht aus dem Vergleich von 10 verschiedenen Dampflokbaureihen, von denen fünf aus Deutschland, eine aus England, zwei aus Böhmen (damals Tschechoslowakei) und weitere zwei aus Frankreich stammen. Die fünf deutschen Schnellzugmaschinen sind alle in Achsfolge 2'C1' (Pacific) gehalten und mit zwei oder drei Zylindern versehen. Letzteres gilt auch für die englische A1 der LNER (London North Eastern Railways), später BR (British Railway). Bei den zwei böhmischen Baureihen handelte es sich um die Schnellzuglokomotive 498.1 mit Achsfolge 2'D1'h3 (Mountain) und die Güterzuglokomotive 556.0 mit Achsfolge 1'Eh2 (Decapond). Aus Frankreich kommen die Universallokomotive 141R mit der Radsatzanordnung 1'D1'h2 (Mikado) und die Schnellzuglokomotive mit Verbundwirkung 241 P und der Bauart 2'D1'h4v (Mountain).
Alle diese zehn Maschinen hat der Verfasser im Betrieb erlebt und durfte auch auf deren Führerständen mitfahren.
Bedauerlich nur, dass dem Verfasser nicht schon in jungen Jahren so exzellente Dampflokfachleute, wie Johann B. Kronawitter, Prof. Richard Roosen, Horst Troche und andere Persönlichkeiten des Eisenbahnbetriebs begegnet sind. Von diesen Experten durfte er viel lernen!

So konnten die ersten technischen Eindrücke des Verfassers, die er bei Fahrten auf dem Führerstand der verschiedenen Lokomotiven gewonnen hatte, erst viel später mit Gleichgesinnten diskutiert und bewertet werden.
Da in der bisherigen Literatur keine vergleichende Bewertung von verschiedenen und internationalen Lokomotiven zu finden war, hat sich der Verfasser dieses schwierige Thema in dem vorliegenden Buch vorgenommen. Das Kapitel „4. Über die Leistungsfähigkeit von Dampflokomotiven" bildet einen Schwerpunkt in diesem Werk. In der Tabelle 1 sind alle für eine Beurteilung relevanten Kenndaten aufgeführt.

Als eine der wichtigsten Bewertungskriterien einer Lokomotive darf das Leistungsgewicht gelten, nämlich die indizierte Leistung pro Fahrzeuggewicht (PSi/t) ohne Tender. Nimmt man die 1957 bei der Deutschen Bundesbahn in Betrieb genommene Baureihe 10 mit 22,37 PSi/t als Vergleichsbasis, liegen die fünf Jahre später gefolgte Umbau 01[5] mit 24,19 PSi/t um acht Prozent und die 1948 in England in Betrieb genommene Peppercorn A1 mit 25,58 PSi/t um ganze 14 Prozent darüber!
Diese Werte hören sich jedoch bescheiden an, wenn man die französische Umbaulokomotive 240 P 1 – 25 mit Achsfolge 2'Dh4v der mittlerweile gegründeten SNCF mit einbezieht. Diese von André Chapelon offiziell nur umgebaute Maschine brachte eine Leistung von weit über 4.000 PSi und hatte ein Dienstgewicht von nur 113 t. Das hieraus resultierende Leistungsgewicht von rund 37 PSi/t stellt eine einmalige Leistung dar und wurde von keiner anderen Lokomotive je erreicht.
Leider hat der Verfasser diese leistungsstarke Lokomotive nicht mehr persönlich erleben können. Dies ist auch der Grund dafür, dass diese

exzellente Maschine auch nicht in diesem Buch aufgeführt wird. Die später gefolgte Reihe 241 P mit Achsfolge 2'D1'h4v erreichte nie die Leistung der Vorgängerin 240 P, obwohl sie mit 131,32 t Dienstgewicht 16 Prozent schwerer auf den Schienen stand. Einige Gründe dafür sind in Kapitel 4 dieses Buches näher erläutert.

Nun stellt sich der Leser die Frage, warum André Chapelon mit seinen „nur" umgebauten Lokomotiven solche Spitzenleistungen erzielte, die weder die eingeführten Lokomotivhersteller noch die verschiedenen Bahnverwaltungen je erreichten?

Anhand der Publikationen von André Chapelon, der sonstigen Literatur sowie der praktisch ausgeführten technischen Lösungen, sprich Lokomotiven, wird hier eine Gesamtdarstellung sowohl der einzelnen Konstruktionsbereiche als auch deren Zusammenspiel und Wechselwirkung versucht. Eine derartige Betrachtung der Vorgänge und Abläufe in einer Dampflokomotive aus praktischer Sicht hat der Verfasser in der einschlägigen Literatur bisher nicht gefunden.

In der Folge werden alle relevanten Bereiche einer Hochleistungslokomotive betrachtet. Diese Beschreibung findet sich in den verschiedenen Lokomotivbaureihen wieder, die im Kapitel „4. Über die Leistungsfähigkeit von Dampflokomotiven" aufgeführt sind.

Beginnen wir mit der alles bestimmenden Größe, dem Lokomotivkessel. Als Beispiel wird wegen der Häufigkeit hier eine kohlegefeuerte Lokomotive gewählt.

Der Aufbau eines Lokomotivkessels besteht aus Steh- und Langkessel. Ein Hochleistungsstehkessel gliedert sich hauptsächlich in Feuerbüchse mit Rost, Verbrennungskammer und mechanischer Feuerung, sprich Stoker. Hierzu kommen noch zusätzliche Einbauten, welche die Strahlungsheizfläche bzw. die Dampfproduktion vergrößern, wie Thermosyphone und Wassertragrohre.

Im Stehkessel werden 45-50 % des gesamten Dampfes erzeugt, der Rest erfolgt im wesentlich größeren Langkessel. Eine gleichmäßige Verbrennung von großen Kohlemengen über die gesamte Rostfläche

Abb. 012 - Die ölgefeuerte Dreizylinderlokomotive 01 1100 mit der Radsatzfolge 2'C1'h3 gehörte zu den Stars der Fahrzeugparade in Nürnberg. Diese Lokomotive wurde von der Deutschen Bundesbahn von einem privaten Besitzer zurückgekauft und im AW Offenburg 1984/85 wieder ausgebessert, d.h. in Hochform gebracht. Ihre erste Sonderfahrt absolvierte die 01 1100 am 1.05.1985 von Offenburg nach Oppenau und Hausach. - Hier steht die 01 1100 im Bw Nürnberg 1 und wärmt ihre Dampfzylinder vor.

stellt eine Grundforderung dar. Dabei muß das Feuer auf mehr als 75 % der Rostfläche in Weißglut brennen, um die Abstrahltemperaturen von 1.400 bis 1.500 °C richtig wirken zu lassen, d.h. eine optimale Verbrennung zu erreichen.

Für eine verlässliche Luftzuführung von unten sorgt ein Hulson-Schüttelrost. Die einzelnen Elemente dieses Rostes geben durch ihre spezielle Konstruktion der Luft strömungsmechanisch einen genauen und effektiven Weg vor.

Die bei deutschen Lokomotiven übliche Feuertüre dient nur zur Inspektion des Feuers, weil die Kohle mittels Stoker auf das Feuerbett gefördert wird. Damit kann auch keine Fremd- oder Kaltluft durch die Feuertüre eintreten, die den durch den Saugzug geschaffenen Unterdruck in der Feuerbüchse unterbrechen und nur noch wenig Verbrennungsluft von unten durch den Rost eintreten lassen würde.

Weiterhin muss die Verbrennungsluft durch einen druckschwankungsarmen Saugzug kontinuierlich durch die Brennschicht geführt werden. Diese Voraussetzung erlaubt einen Betrieb mit relativ niedriger Brennschicht, die dank der Feuerung mittels Stoker ganzflächig und gleichmäßig auch über längere Betriebszeiten aufrecht erhalten werden kann. Zum besseren Verständnis unserer Leser werfen wir einen Blick auf die

deutschen Einheitslokomotiven der Deutschen Reichsbahn. Bei diesen ist der Saugzug einerseits recht scharf und andererseits im Druck stark schwankend, dass diese Druckstöße einen ständig wechselnden Unterdruck in der Feuerbüchse bewirken. Dies gilt besonders für das Anfahren. Dabei kann die brennende Kohle kurz und intervallweise vom Rost gerissen werden und lässt durch die entstehenden Löcher im Feuerbett ganze Luftströme ohne Verbrennungswirkung nutzlos durchlaufen. Um diese Beeinträchtigungen des Feuers zu vermeiden, schaufelt der ungeschickte Heizer meist noch vor dem Anfahren die hell brennende Feuerschicht größtenteils mit frischer Kohle zu. Dieser Vorgang bewirkt aber drei große Beeinträchtigung für die Dampfentwicklung: Erstens fällt die wichtige Strahlungswärme fast ganz weg, zweitens wird die durchströmende Luft weitgehend für das Anbrennen der neuen Kohle benötigt und drittens reisst der Saugzug viele unverbrannte Kohlestückchen mit und führt zu der ungeliebten und an sich verbotenen Qualmerei. Zusammengefasst bedeutet dies, dass die Dampflokomotive beim Anfahren größtenteils von der Kesselreserve zehrt und erst nach dem Durchbrennen des Feuers dem Kessel wieder in größerem Maße Wärme zugeführt wird.

Fazit: Eine Hochleistungslokomotive sollte für eine effiziente Verbrennung die folgenden Konstruktionsinhalte aufweisen:

- einen Stehkessel mit großer Strahlungsheizfläche (z.B. mit Verbrennungskammer, Thermosyphons, etc.).
- einen Hulson-Schüttelrost mit optimierter Luftzufuhr.
- einen Stoker zur gleichmäßigen Beschickung des gesamten Feuerbetts

und Realisierung einer durchgehenden Feuerung, auch bei anstrengenden Diensten, z.B. auf langen Steigungen, ohne die Strahlungsleistung spürbar zu mindern.

- eine Kylchap-Doppel-Saugzuganlage, die einen gleichbleibenden, druckschwankungsarmen Unterdruck in der Feuerbüchse erlaubt, so dass bei schnell brennender Kohle mit einer höheren und bei „schwerer" Kohle mit einer niedrigen Brennschicht gefahren werden kann

- ein „ungestörtes" Verbrennen der Kohle ohne Fremd- oder Kaltluft, wie dies nur bei Stokerfeuerung möglich ist.

Alles in allem kann unter diesen Voraussetzungen eine Feuerhaltung realisiert werden, die bei Bedarf sowie über einen längeren Zeitraum ein gleißend weißes Feuer und damit Oberflächentemperaturen zwischen 1400 und 1500 °C erlaubt. Weitere Erläuterungen zur Bedeutung der Strahlungsheizfläche und der Oberflächentemperatur finden sich im Kapitel „4.5 Über das Feuern einer Lokomotive" auf Seite 29.

Für die konstruktive Auslegung eines Hochleistungskessels besitzt das Verhältnis zwischen den Wärmeflächen von Lang- und Stehkessel eine große Bedeutung. Diese Verhältniszahl sollte zwischen den Werten 7 und 8 liegen (siehe auch Klie'sche Zahl und zugehörige Tabelle auf Seite 27). Die Klie'sche Zahl gibt Aufschluß über die Heizflächenbelastung eines Kessels. So kann ein Kessel mit der Verhältniszahl 8 mit einer Heizflächenbelastung von ca. 76 kg/m²h und einer mit der Verhältniszahl 7 mit ca. 85 kg/m²h Heizflächenbelastung im Dauerbetrieb gefahren werden.

Die mittlere Länge des Stehkessels der zuvor genannten französischen Schnellzuglokomotive 2'Dh4v 240 P 1 – 25 beträgt ungefähr 3.530 mm, die Länge des Langkessels 4.250 mm. Die Länge der Heizrohre reicht auch aus, um mittels speziellen Überhitzerelementen Heißdampftemperaturen von über 420 °C zu erzielen. – Irgendetwas dürfte bei der Deutschen Reichsbahn und den Wagnerschen Langkesseln mit 6.800 mm Länge wohl falsch gelaufen sein (siehe auch Tabelle 3 auf Seite 34).

Die nächste wichtige Funktionseinheit eines Hochleistungskessels stellt die Saugzuganlage dar. Eine doppelte Ausführung bringt schon deshalb einen großen Vorteil, weil nach den Gesetzen der Strömungsmechanik der Durchgang einer Gasmenge bei doppeltem Querschnitt nur die halbe Geschwindigkeit benötigt. Diese Weisheit wurde Anfang der 50er Jahre konsequent bei vielen englischen Lokomotiven umgesetzt. Jedoch kann eine doppelte Kylchap-Saugzug-Anlage noch viel mehr. Hier wird der Abdampf der Zylinder zunächst zusammengeführt und dann über ein sogenanntes Hosenrohr mit kleeblattförmiger Mündung in zwei mit je vier einzelnen Düsen versehenes Zwischenrohr geleitet. Dort vermischt sich der Dampf mit den Rauchgasen und strömt dann in ein nächstes, zylindrisches Rohr in Richtung Schornstein weiter. Damit wird der Abdampf nicht wie bei dem Reichsbahnlokomotiven frei in die Rauchkammer geblasen, sondern strömungsgünstig und nahezu störungsfrei über die beiden Zwischendüsen in den Schornstein geblasen. Fast wie bei einem Injektor können die aus dem Langkessel kommenden Rauchgase über „drei Etagen", also quer über das gesamte Rohrfeld, erfasst und nach Vermischung mit dem Abdampf ins Freie befördert werden. Hierbei wird nicht nur eine perfekte, strömungsmechanisch sowie thermodynamisch günstige Vermischung von Dampf und Rauchgasen erreicht, sondern auch ein druckstoßarmer, nahezu gleichmäßiger Unterdruck in der Feuerbüchse erzielt.

Da diese Kylchap-Saugzug-Anlage mit wesentlich weniger Gegendruck auskommt als z.B. bei der Regelausführung der Deutschen Reichsbahn, kann der Dampf in den Zylindern noch viel weiter entspannt werden und zusätzliche Arbeit verrichten. Mehrleistungen von rund 100 bis 150 PS pro Zylinder sind die Folge.

Fazit: Eine doppelte Kylchap-Saugzug-Anlage bringt somit einen doppelten Effekt bzw. Nutzen!

Eine doppelte Saugzug-Anlage wurde in England bereits Ende der 40er Jahre von der neu gegründeten BR (British Rail) in vielen Neubaulokomotiven vorgesehen und auch zur Leistungsteigerung von älteren Maschinen verwendet. Eine doppelte Kylchap-Saugzug-Anlage wurde anfangs nur in der A4 2'C1'h3 der LNER eingebaut. Auch die hervorragende Peppercorn A1 2'C1'h3, gleichfalls unter Regie der LNER konzipiert und durch die mittlerweile entstandene BR (British Rail) eingeführt, erhielt eine doppelte Kylchap-Saugzug-Anlage. Leider konnte man sich in England nicht für die mechanische Feuerung begeistern. Versuche, die mit der Mehrzwecklokomotive F9 1'Eh2 durchgeführt wurden, brachten nicht das gewünschte Ergebnis.

Den zuvor genannten Ausführungen kann man entnehmen, dass ein leistungsstarker Kessel nur in richtiger Abstimmung aller relevanten Funktionsbereiche die gewünschte Leistung bringt. Hätte die F9 einen Hulson-Rost sowie eine doppelte Kylchap-Saugzug-Anlage erhalten, wären vermutlich jene Vorteile erzielt worden, wie dies mit der französischen 240 P 1 – 25 und den böhmischen Maschinen 498.1 2'D1'h3 und 556.0 1'Eh2 erreicht worden sind.

Anhand der fünf deutschen Lokomotiven Baureihe 45 mit Achsfolge 1'E1'h3, die im Jahr 1951 neue geschweißte Kessel mit Verbrennungskammer, Hulson-Schüttelrost und Stoker erhielten, kann man erläutern, dass nur ein „Denken im System", d.h. ein ganzheitlicher Umbau, zum Erfolg führen kann. Die von Fried. Krupp Lokomotivfabrik Essen gelieferten neuen Kessel wurden in den Maschinen 45 008, 45 009, 45 012, 45 014 und 45 022 eingebaut. Der Standard-Stoker HT-1 sowie der Hulson-Schüttelrost wurde von der Firma Stein & Roubaix, Paris, geliefert. Das Bundesbahnzentralamt Minden (Westf), Dezernat 23, erstellte hierzu eine Maschinenbeschreibung (930 88, Ausgabe 1953). Als höchste Dauerleistung am Zughaken werden darin 2.520 PS bei einer Geschwindigkeit von 55 km/h aufgeführt. Bei Versuchsfahrten des BZA Minden wurden Leistungen von rund 3.000 PSi ermittelt. Das Handicap dieses Umbaus lag an der Saugzug-Anlage, die in ihrer ursprünglichen Form beibehalten wurde. Die durch den Stoker gelieferte Kohle hatte durch die Verkleinerung im Auffangtrog und die Schneckenförderer nicht mehr die Stückgröße wie bei einer Handfeuerung. Auch war der Anteil von kleineren Kohlestückchen sowie vom Grus höher. In Verbindung mit den vom Saugzug verursachten Druckstößen in der Feuerbüchse wurden trotz des auf 1.760 mm verlängerten Feuerschirms viele unverbrannte oder schlecht ausgebrannte Kohlestückchen mitgerissen. Auch musste stets mit hoher Feuerschicht gefahren werden, um „Löcher" auf dem Rost zu vermeiden.

Eine doppelte Kylchap-Saugzug-Anlage hätte alle zuvor genannten Nachteile vermieden. Was man beim Umbau der Reihe 45 weiterhin

🔺 Abb. 013 - 01 1100 und 01 1066 schauen aus dem Ringeschuppen des Bw Nürnberg 1 heraus. Auf den Pufferbohlen der beiden Lokomotiven kann man die Untersuchungsfristen ablesen (von links): Unt. 07.05.85 O und Unt. 16.03.84 Ettl.; O steht für AW Offenburg, Ettl. für die Werkstätten in Ettlingen bei Karlsruhe. - Um diesem Bild Dynamik zu verleihen, wurden auf beiden Lokomotiven die Hilfsbläser angestellt.

übersehen hatte, war der Leistungsgewinn in den drei Zylindern, der durch den weit geringeren Gegendruck der Kylchap-Saugzug-Anlage entsteht. Das Triebwerk der Baureihe 45 hätte pro Zylinder rund 150 PS oder mehr leisten können. Somit wurde bei 128,5 t Dienstgewicht und 3.000 PS indizierter Leistung eben nur ein Leistungsgewicht von 23,35 PSi/t erreicht.

In der schon zuvor erwähnten Lokomotivbeschreibung der BR 45 des BZA Minden (Westf) wird die Kesselleistung mit normal 19 und maximal 22,8 t/h aufgeführt. Bei einem Verbrauchswert von 6,1 kg/PSih hätte die Maschine bei 19 t/h Dampfabgabe eine Leistung von rund 3.115 PSi und bei 22,8 t/h rund 3.738 PSi abgeben müssen. Im ersten Fall hätte die Heizflächenbelastung bei 70,63 kg/m²h und im zweiten Fall bei 88,47 kg/m²h gelegen. Solche Werte wurden aber in der Praxis nie erreicht. Man hätte sie auch dem Kessel mit 6.500 mm langen Rohren nicht zumuten dürfen!

Man kann nach dieser Betrachtung zum Schluß kommen, daß der Umbau der Baureihe 45 überhaupt nicht den damaligen Stand der Technik berücksichtigt hat und damit gründlich danebengegangen ist.

In der Sekundärliteratur wird mehrfach über diese Umbaulokomotive berichtet. Auch der Kohleverbrauch der Stoker gefeuerten Maschinen wurde als viel zu hoch reklamiert und die Lokomotiven als „Kohlenfresser" bezeichnet. Diese Kritik mag wohl stimmen, eine plausible Erklärung für den beachtlichen Mehrverbrauch hat sich bisher nicht finden lassen.

Ein weiterer Grund, warum dieses Buch entstand, stellt die persönliche Bewertung des Verfassers zu der neu bekesselten Schnellzuglokomotive Baureihe 01⁰⁻² dar. In deren letzten Betriebsjahren wurde oft die Frage gestellt, ob man die mit Neubaukessel ausgerüsteten Lokomotiven den anderen Maschinen vorziehen sollte. Beim Hofer Lokomotivpersonal war mehrheitlich zu hören, daß Maschinen mit Altbaukessel einfacher zu fahren wären. Auch in der Sekundärliteratur ist oft zu lesen, daß die Maschinen mit Neubaukessel im Betrieb empfindlicher waren. Ihnen wurde öfters Schleudern, Wasserüberreißen und mangelnde Verdampfungsfreudigkeit nachgesagt. Der Verfasser ist mehrfach auf

🔴 Abb. 014 - 038 711-8 führt zur Bildgestaltung im Bw Tübingen eine kurze Anfahrt durch. Sie gehörte zu den letzten betriebsfähigen P8 der Deutschen Bundesbahn (23.03.1973).

beide Maschinenausführungen mitgefahren und durfte auch einige Male die Lokomotiven ein Stück selbst fahren. In den meisten Fällen wurde er von seinem Lektor Johann B. Kronawitter und Ludwig Übel, Lehrlokführer vom Maschinenamt (MA) Hof begleitet. Obwohl die Dienststelle Hof als Auslauf-Bw für die Baureihe 01 (001) galt und nur noch Bedarfsausbesserungen nach der vereinfachten Schadgruppe L02 genehmigt wurden, erbrachten die 01er beachtliche Leistungen. Gerade die berühmte „Schiefe Ebene", die Steilstrecke mit 25 ‰, verlangte alles von den bereits betagten Maschinen.

Wie im Kapitel „4. Über die Leistungsfähigkeit von Dampflokomotiven" näher ausgeführt, besaß der Neubaukessel der Baureihe 01 eine zu geringe Rostfläche. Die Lehrbuchaussage, daß bei Hochleistungslokomotiven das Verhältnis zwischen der feuerberührten Heizfläche H_b und der Rostfläche R, somit H_b/R, zwischen einem Verhältniswert 4,7 und 4,9 liegen sollte, wurde beim neuen Kessel der 01 nicht beachtet. Anstelle der genannten Empfehlung wurde ein Verhältniswert von 22/3,955 = 5,56 realisiert. Ein mittlerer Verhältniswert von 4,8 hätte eine Rostfläche von 22/4,8 = 4,58 m² ergeben. Bei der mitteldeutschen Umbau 01^5 lag dieser Wert bei 4,83 und bei der englischen A1 bei 4,9! Eine um rund 15 % zu klein dimensionierte Rostfläche verlangte vom Heizer besondere Fähigkeiten, wenn die Leistungsfähigkeit dieser Maschine voll genutzt werden sollte. Die vom Bundesbahn Amtsrat Hannes Haßlocher, B-Gruppenleiter im Bw Hof, geleitete Lockführerausbildung propagierte im theoretischen Teil eine Feuerungsart, die auf der Umbau-01 keinen besonderen Erfolg versprach. Haßlocher war der Meinung, daß man bei angestrengter Fahrt die Kohle an die beiden rd. 2,5 m langen Seitenwände der Feuerbüchse werfen sollte, damit das Brenngut durch die Rüttelbewegung der Lokomotive langsam in Richtung Rostmitte wandern könnte. Bei dieser Beschickungsweise

bleibt die Feuertüre über einen längeren Zeitraum offen. Falsch- und Kaltluft sowie mangelnder Saugzug in der Feuerbüchse erschweren jedoch den Verbrennungsprozess und reduzieren die Kesselleistung.

Bei den Führerstandsmitfahrten des Verfassers wurde wesentlich zweckmäßiger gefeuert, insbesondere dann, wenn er selbst zur Schaufel greifen durfte. Stets wurde auf ein gleißend weißes Feuer geachtet, welches gleichmäßig über die gesamte Rostfläche Strahlungswärme abgab. Bei hohen Kesselanstrengungen, wie dies auf der „Schiefen Ebene" der Fall war, wurde mit schnell folgenden Streuwürfen dafür gesorgt, daß stets das zuvor schon genannte gleisend weiße Feuer vorhanden blieb. Bei diesen Streuwürfen öffnete Mitstreiter J.B. Kronawitter stets nur für einen kurzen Moment die Feuertüre, so daß der Verbrennungsprozess in der Feuerbüchse nur unwesentlich beeinträchtigt wurde. Diese Feuerungsart ist auch unter dem Begriff „Türe schwenken" bekannt. Die genannten Streuwürfe hatten zur Folge, daß jeweils nur ein ganz geringer Teil der Rostfläche mit frischer Kohle bestückt und die Abstrahlungsleistung der Glutoberfläche kaum beeinträchtigt wurde.

Als Ergebnis dieser Feuerungsweise wurden bei den Umbaulokomotiven Verdampfungsleistungen erreicht, die im Normalbetrieb schwer vorstellbar sind. Je nach Schaufelgröße werden bei jedem „Streuwurf" rd. 8 – 10 kg Kohle in die Feuerbüchse befördert. Bei fünf bis sechs Streuwürfen pro Minute konnten fast 50 bis 60 kg Kohle pro Minute auf den Rost gelangen.

Eine weitere Größe bildet der Verbrennungswirkungsgrad, der bei der zuvor genannten Feuerungsart weit über dem Durchschnitt liegt und kein lästiges Qualmen mit sich bringt. In Kapitel „5.1 Unvergessliches Hof und Oberfranken" schildert der Verfasser Mitfahrten auf dem Führerstand der Lokomotiven 001 131-2 und 001 211-2, bei denen er auch die Heizerdienste ausführen durfte. Durch die zuvor beschriebene Feuerungstechnik wurden auf der „Schiefen Ebene" Kesselleistungen erreicht, die rund 20 % über der Nennleistung dieser Baureihe lagen und auch bei Lehrlokführer Ludwig Übel großes Erstaunen bewirkte. Der Verfasser erinnert sich noch an eine Mitfahrt auf der 001 131-2, bei der Marktschorgast in nur 9 Minuten erreicht wurde. Mit Hilfe des „Türeschwenken" wurden in den ersten acht Minuten Fahrzeit fast 400 kg Kohlen verfeuert und damit - hochgerechnet - eine kurzzeitige Rostbelastung von knapp 750 kg/m²h erreicht. Auf die Beschreibung dieser Fahrten dürfen wir gespannt sein.

Auch das Thema „Schleuderneigung der Umbaulokomotive BR 01" soll hier näher betrachtet werden. Im Gegensatz zu den Maschinen mit Altbaukessel besitzen die Lokomotiven mit dem neuen Hochleistungskessel Heißdampfregler, die im Führerhaus über einen Seitenzug bedient werden. Diese Seitenzugregler erhielten auch die anderen Neubaulokomotiven der deutschen Bundesbahn.

Durch den neuen Heißdampfregler standen beim Anfahren in beiden Zylindern sofort Heißdampf zur Verfügung. Nach längerem Aufenthalt mussten die Zylinder vor dem Anfahren zunächst gut vorgewärmt werden, um eventuellen Schäden, wie z.B. Wasserschläge, vorzubeugen. Diese Maßnahme mußte nicht nur beim Winterbetrieb, sondern auch bei sommerlichen Temperaturen beachtet werden.

Hierbei müssen die Zylinderhähne geöffnet und die Zylinder mit Dampf

⚠ Abb. 015 - Die auf den Seiten 12/13 gezeigte Lokomotivparade im Bw Regensburg wurde hier noch aus einer anderen Perspektive sowie mit einer Hasselblad 6x6 erstellt. Auch aus dieser Sicht geben die drei Traktionsarten 001 150-2, 218 297-0 und 118 049-6 ein gutes Bild ab (29.09.1973).

kräftig vorgewärmt werden. An Bahnsteigen ist hier besondere Vorsicht angebracht, damit die Belästigung von Reisenden vermieden wird.

Ein „forsches" Anfahren, wie dies mit den Altbaulokomotiven möglich ist, konnte nur ein sehr geübter und mit dieser Maschine lange vertrauter Lokführer wagen.

Zusammengefasst war die neue bekesselte 01 ein deutlicher Fortschritt. Sie machte besser Dampf, durfte – wenn das Feuer stimmte – mehr überlastet werden und verursachte auch weniger Unterhaltungskosten. Nur konnte nicht jedes Lokomotivpersonal mit dieser Maschine richtig umgehen. Fast wie beim 911er G-Modell aus den achtziger Jahren (siehe Bild Nr. 017 auf Seite 023) den einer der besten Ingenieure des Verfassers gerne auf Dienstreisen fuhr, aber fast bei jedem Start die den Motor abwürgte. Da half mangels Erfahrung eben auch der wohl verdiente Dr.-Ing. mit Abschlußnote summa cum laude nicht weiter!

Wenn der Verfasser im letzten Kapitel dieses Buches über Brasilien berichtet, wird sich mancher Leser über den Themensprung und den Ausflug nach Südamerika wundern. Diese Frage ist berechtigt. Was haben Lokomotiven aus dem brasilianischen Bundesstaat Santa Catarina, zumal hier nur ein spezieller Güterverkehr, sprich Kohletransport abläuft, mit den zuvor beschriebenen europäischen Lokomotiven zu tun?

Anfang der 80er Jahre war ein Freund des Verfassers deutscher Militärattaché in Brasilia, der Hauptstadt Brasiliens. Otfried Eisenhardt war nicht nur Generalstabsoffizier und Oberst der Luftwaffe, sondern auch ein begeisterter Eisenbahnfreund und -fotograf. Bei einem mehrwöchigen Besuch im Sommer 1981 begleitete Otfried Eisenhardt den Verfasser auf den gewünschten Routen durch das ganze Land. Dazu gehörte auch der Bundesstaat Santa Catarina, der durch die deutsche

Siedlung Blumenau auch zu Hause in Europa bekannt ist. Santa Catarina liegt eingebettet zwischen den anderen Bundesstaaten Parana im Norden und Rio Grande do Sul im Süden. In der Stadt Blumenau wird vielfach noch Deutsch gesprochen, das gleiche gilt auch für die Straßennamen sowie die verschiedenen Volksfeste, die den bayerischen in nichts nachstehen.

Im Süden von Santa Catarina gibt es ergiebige Steinkohlegruben, die für das erdölarme Brasilien von besonderer Bedeutung sind. Die Gruben sind mit einem weitverzweigten Eisenbahnnetz verbunden, welches in Meterspur geführt wird und den Transport der Kohle zum Verladehafen Imbituba erlaubt.

Die dortige Eisenbahn „Ferrovia Teresa Cristina (FTC)" betreibt das meterspurige Eisenbahnnetz und gehörte lange Zeit zu den brasilianischen Bundesbahnen. Der früher durchgeführte Personenverkehr wurde Ende der 60er Jahre eingestellt. Auch hier haben die Straße und das Automobil den Wettbewerb im Verkehrsgeschehen gewonnen.

Besonders interessiert haben den Verfasser die über 180 Tonnen schweren Güterzuglokomotiven der Achsfolge 1'E2'h2 (Texas), welche Ganzzüge mit über 2.000 Tonnen Gewicht von den Kohlegruben zum Verladehafen Imbituba schleppten. Die 14 imposanten Maschinen (Nr. 300-313) wurden stets mit zwei Heizern besetzt, um die stets große Nachfrage des über sechs Quadratmeter messenden Feuerrostes zufrieden zu stellen. Hinzu kommt noch, dass die dort geförderte Kohle nur einen Heizwert von weniger als 6.000 kcal/kg aufweist.

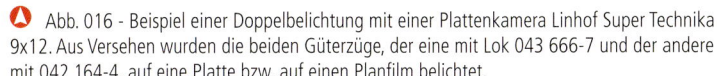

Abb. 017 - Der Vergleich der Verkehrssysteme Schiene und Straße war für den Verfasser immer ein reizvolles Thema. Hier auf dem Bahnsteig des Münchner Hauptbahnhofes wartet der Schnellzug nach Stuttgart auf den Abfahrtsbefehl. Das schnelle Automobil, das hier keine fünf Meter weitergekommen wäre, stammt aus Zuffenhausen. Um auf diesen Bahnsteig kommen zu können, musste am südlichen Seiteneingang dieses Bahnhofes eine kleine Auffahrrampe installiert werden.

Abb. 016 - Beispiel einer Doppelbelichtung mit einer Plattenkamera Linhof Super Technika 9x12. Aus Versehen wurden die beiden Güterzüge, der eine mit Lok 043 666-7 und der andere mit 042 164-4, auf eine Platte bzw. auf einen Planfilm belichtet.

Abb. 018 - Auch mit dem Prototyp des ICE wurde der Vergleich Schiene/Straße demonstriert. Beide Fahrzeuge hatten zuvor die zugehörige Waschstraße passiert.

🔺 Abb. 019 - Auf der elektrischen Lokomotive 118 051-2 in voller Fahrt, auf dem Geschwindigkeitsmesser sind 130 km/h abzulesen. Oben rechts Dipl-Ing. Werner Schott, leitender Bundesbahndirektor bei der Bundesbahndirektion München, war als Dezernent 21A für die Unterhaltung der elektrischen Lokomotiven zuständig

🔺 Abb. 020 - Nach einer Lokparade vom 15.05.1975 wurde dieses Erinnerungsbild erstellt. Hier sehen wir Dienststellenleiter Gerhard Plankert inmitten seiner Mitarbeiter (alle von links nach rechts):
Obere Reihe: Bernhard Büchter und Paul Schonhoff, beide Planungsbüro; mittlere Reihe: Anton Weber, Lokdienstleiter, Gerhard Plankert, Dienststellenleiter, Van Kampen, C-Gruppenleiter, Werner Pusch, Lokdienstleiter und Fritz Todeskino, B-Gruppenleiter und später Dienststellenleiter; untere Reihe: Hubert Hillebrand, Außenlokdienstleiter, Hermann Behnen, Betriebsrat vom Wagenwerk, Erich Strickerschmidt, B-Gruppe.

Zum Vergleich erreicht Deutsche Ruhrkohle (für Dampflokomotiven bestens geeignet) einen Wert von 7.000 bis 7.600 kcal/kg.

Nach Empfang durch den Direktor sowie den Chefingenieur dieser Bahnverwaltung, Besichtigung der Zentralwerkstätte und Bahnbetriebswerk, folgten in den nächsten Tagen diverse Streckenaufnahmen, auch hier wieder unter Einbindung des Lokomotivpersonals. Dabei wurden die Züge an genau verabredeten Streckenpunkten fotografiert und auch die Regie mit dem Personal abgesprochen. Alle geplanten Aufnahmen versprachen wieder ein Volltreffer zu werden, nur die zuletzt vorgesehene Szene leider nicht.

Anstelle zu einem besonderen Bild zu kommen, endete dieses letzte Verabredung mit einer Katastrophe, bei der alle drei auf dem Führerstand anwesenden Personen ihr Leben lassen mussten. In Kapitel „8. Über Dampflokomotiven in Brasilien" erfährt der Leser Näheres zu diesem Vorfall.

Der Verfasser hat in den rund 15 Jahren, in denen er sich recht intensiv mit dem Thema Triebfahrzeuge im Allgemeinen und Dampflokomotiven im Speziellen befasst hat, viel erlebt. Die beispiellose Unterstützung durch die Verantwortlichen der jeweiligen Bahnverwaltung, Direktion, Ämter und Dienststellen darf wohl als einmalig gelten. Selbst der „einfache" Drehscheibenwärter spielte eine Hauptrolle, wenn es um die gewünschte Position einer Lokomotive auf der Drehscheibe ging.
Im Grunde genommen war es nicht der Verfasser, der dieses Buch zuwege gebracht hat, sondern die vielen Mitarbeiterinnen und Mitarbeiter der aufgeführten Eisenbahnen, die stets gern und engagiert die Wünsche des Verfassers erfüllt haben. Dieses Buch ist ihnen gewidmet!

4. Über die Leistungsfähigkeit von Dampflokomotiven Bewerten heißt Vergleichen!

4.1 Einführung

Genaue Leistungsangaben von Kraftmaschinen können oftmals nur Einzelaussagen sein. Diese Feststellung gilt nicht nur für unsere Automobile als modernes Fortbewegungsmittel, sondern auch für die nun der Vergangenheit angehörenden Dampflokomotiven.

Wenn ein aus Untertürkheim stammender Achtzylindermotor trotz elektronischer Steuerung und Automatikgetriebe eine Leistungstoleranz von etwa fünf Prozent nach oben oder unten aufweisen kann, darf man sich nicht wundern, wenn bei der Dampflokomotive das Toleranzfeld der indizierten Leistung Ni um etwa zehn Prozent nach oben oder nach unten schwanken konnte. Bei der Dampflokomotive unterscheidet man unter der in den Zylindern gemessenen indizierten Leistung Ni und der effektiven Leistung Ne am Zughaken. Eine Leistungsermittlung mittels Meßfahrten kann somit nie ganz repräsentativ für alle Lokomotiven einer Baureihe sein, sondern nur die Leistungskenndaten der jeweils gemessenen Maschine wiedergeben. Bei den aufgezeichneten Leistungsdaten und Zugkraft-/Geschwindigkeits-Diagrammen (Z/V-Diagrammen) handelt es sich somit um Richtwerte, die aber eine wichtige Grundlage für die Fahrplangestaltung bildeten.

In diesem Kapitel werden zehn verschiedene Dampflokomotiven vorgestellt, ihre konstruktiven Kenndaten aufgeführt und ihre Leistungswerte verglichen (siehe Tabelle 1, Seite 46/47). Bevor auf die einzelnen Lokomotivtypen einzugehen ist, sollen die wichtigsten Auslegungsgrundsätze, Konstruktionsvorgaben und relevante technische Details erläutert werden. Dafür fanden die einschlägige Literatur der Ingenieurwissenschaften, des Lokomotivbaus sowie die persönlichen Erfahrungen und Kenntnisse des Autors Verwendung.

4.2 Der Kessel im Überblick

Im Grunde bestimmt die Leistungsfähigkeit des Kessels stets das Leistungsvermögen einer Lokomotive. Bei schweren europäischen Streckenlokomotiven leisteten die Kessel zwischen 12 und 20 t Dampf pro Stunde, zuweilen auch mehr. Dabei gilt der Grundsatz, dass für 1.000 PS am Zughaken rund acht Tonnen Dampf pro Stunde aus dem Kessel benötigt werden.

Der konstruktive Aufbau eines Kessels setzt sich aus Stehkessel und Langkessel zusammen. Im Stehkessel, der bei modernen Ausführungen aus Feuerbüchse und Verbrennungskammer besteht, wird vor allem die Strahlungswärme des Feuers ausgenutzt. Im Langkessel, der von Heiz- und Rauchrohren durchzogen wird, erfolgt die Wärmeübertragung in erster Linie über Konvektion.

Für die Festlegung der Kesselleistung sind somit die vom Feuer bestrahlten Heizflächen des Stehkessels (Berührungsheizfläche H_b) und die Heizflächen des Langkessels (Rohrheizfläche H_r) genauer zu betrachten.

In der Literatur unterscheidet man auch zwischen der „direkten" Heizfläche (Strahlungsheizfläche) der Feuerbüchse, gelegentlich ausgestattet mit Verbrennungskammer, Feuerschirmtragrohren und/oder Thermosyphons, die auch Feuerbüchssieder genannt werden, und der „indirekten" Heizfläche der Rohre. Dabei ist die Strahlungsheizfläche je m^2 an Fläche rund acht bis neun Mal leistungsfähiger als die Rohrheizfläche. Die Feuerbüchse liefert allein rund 45 % des Dampfes, mit Verbrennungskammer und weiteren Einbauten sogar über 50 % des gesamten Dampfes einer Lokomotive! Aus diesem Grund ist für Hochleistungskessel das Verhältnis zwischen Feuerbüchsheizfläche H_b und Rohrheizfläche H_r von besonderer Bedeutung.

Dr.-Ing. Ludolf Klie, ein an der Lokomotiv-Versuchsanstalt Berlin-Grunewald der Deutschen Reichsbahn tätiger Dampflokomotivexperte und 1972 in den Ruhestand gegangener Vizepräsident der Deutschen Bundesbahn (geb. 27.07.1907, verst. 25.10.1979), hat die zulässige Dauer-Heizflächenbelastung in Abhängigkeit von H_r/H_b untersucht und in einer Grafik dargestellt (Bild Nr. 021, rechts). Die hyperbelähnlich verlaufende Kurve K1 dürfte im unteren Bereich von H_r/H_b etwas zu flach liegen, meinte auch Prof. Dr.-Ing. E.h. H. Nordmann. Darum wurde diese Grafik vom Verfasser um eine zweite Kurve K2 ergänzt, die bei $H_r/H_b = 12$ auf die Dauer-Heizflächenbelastung von 57 kg/m^2h angehoben wurde. – Aus der Kurve K1 ist z.B. zu entnehmen, dass der DB-Neubaukessel der Baureihe 01[0-2] mit der Klie´schen Zahl von 7,777 und dadurch mit einer Dauer-Heizflächenbelastung von rund 78 kg/m^2h hätte gefahren werden können. Da die Rostfläche mit 3,955 m^2 deutlich unterdimensioniert war, konnte die zulässige Brennstoffmenge gar nicht umgesetzt bzw. verbrannt werden. Aus dem günstigeren Verhältnis von Feuerbüchsheizfläche zu Rostfläche $H_b / R = 5$ hätte sich eine Rostfläche von ca. 4,4 m^2 ergeben sollen. Damit hätte man theoretisch rund 10 % mehr Kohle verbrennen und rund 10 % mehr Dampf erzeugen können. Die stündliche Verdampfungsleistung wäre von rund 14,5 somit auf 15,9 t gestiegen und hätte eine theoretische Zughakenleistung von über 2.060 PS ermöglicht!

Bei der Konzeption des Neubaukessels für die Baureihe 01[0-2] der DR in Mitteldeutschland ging man etwas zielorientierter vor und dimensionierte für ihre kohlegefeuerte Version der Baureihe 01[5] eine Rostfläche mit 4,87 m^2. Dieser Kessel kann bei rund 225 m^2 Gesamtheizfläche mit einer zulässigen Dauer-Heizflächenbelastung von 75 kg/m^2h gefahren werden und liefert mühelos 16,8 t Dampf pro Stunde! Damit besitzt die Umbau- bzw. Rekolok der DR bereits bei normaler Belastung den leistungsstärksten Kessel aller deutscher „Pacificloks", der auch deutlich stärker war als der Kessel der nicht immer zu recht hochgelobten Baureihe 10.

Amerikanische Versuche mit kohlegefeuerten Lokomotiven ergaben eine mittlere Belastung der wasserberührten Feuerbüchsheizfläche von 267 kg/m^2h (höchste Dauerbelastung ca. 334 kg/m^2h) sowie der wasserberührten Rohrheizfläche von 48,6 kg/m^2h (höchste Dauerbelastung ca. 61 kg/m^2h).

Diese gravierenden Unterschiede zeigen, wie stark die Strahlungsheizfläche tatsächlich belastet werden konnte.

Das sind Werte, die bei Hochleistungslokomotiven als Dauerbelastung noch um bis zu 25 % überschritten werden durften, wie die Klammerwerte zeigen. So erbrachte der Kessel einer 2′D2′ h2-Schnellzuglokomotive der Class S-1b „Niagara" der New York Central Railroad eine Kesselleistung von rund 40 t/h und erreichte bei einer Geschwindigkeit von ca. 100 km/h seine Maximalleistung von 5.000 PS am Zughaken. Hierbei betrug die Dauerheizflächenbelastung rund 89 kg/m^2h und lag damit deutlich über jener der westdeutschen Baureihe 10. Alle Achsen einschließlich der Treib- und Kuppelachsen sowie auch die Stangen dieser Lok liefen in Wälzlagern der Firma Timken.

Auch für den Fachmann dürfte die folgende Nachprüfung der Kesselleistung der „Niagara" von Interesse sein. Aus Tabelle 3 übernehmen wir die Strahlungsheizfläche H_b mit 46,36 m^2 und die Langkesselheizfläche H_r mit 401,33 m^2. Nimmt man die zuvor aufgeführten höchsten Dauerbelastungen für Feuerbüchse und Langkessel, berechnet sich die

Klie´sche Kurve

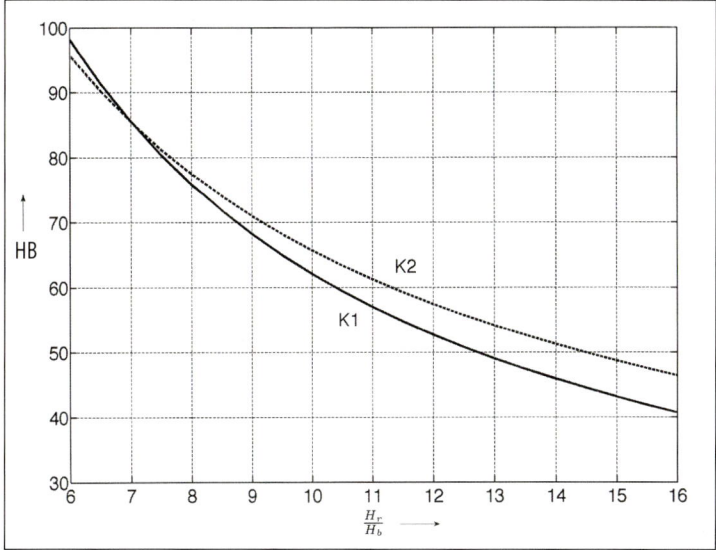

🔺 Abb. 021 - Klie'sche Kurve (K1), zulässige Dauer-Heizflächenbelastung HB (kg/m^2h)in Abhängigkeit von Heizflächenverhältnis H_r/H_b. Die zweite Kurve K2 hat der Verfasser ergänzt, sie dürfte den praktischen Erfahrungen besser entsprechen.

stündliche Dampfmenge des Kessels wie folgt: (46,36 m² x 334 kg/m²h) + (401,33 m² x 61 kg/m²h) = 15.484,24 + 24.481,13 = 39.965,37 kg/h. Damit dürfte sich die zuvor gemachte Angabe von rd. 40 t/h sowie die amerikanischen Belastungsversuche bestätigt haben.

Jedoch schienen diese Berechnungsgrundlagen für die „Niagara"-Klasse dem Verfasser als etwas zu einfach ausgefallen. Darum sollen die folgenden Aspekte noch betrachtet werden.

Der Kessel der „Niagara" besitzt einen 9,4 m² großen Rost mit Stoker Feuerung. Die mittlere Länge von Feuerbüchse mit Verbrennungskammer beträgt ca. 6.202 mm, die Länge der Rohre nur 5.791 mm. Wie im Kapitel 4.5 beschrieben, strahlt ein mit blendender Weißglut (ca. 1.500°C) brennendes Kohlefeuer ca. 560 kW/m² ab, bei 9,4 m² Rost- bzw. Feuerfläche somit ganze 5.266 kW. Dadurch kann man davon ausgehen, dass in der Feuerbüchse mit Verbrennungskammer mindestens 50% des Dampfes produziert und mit einer Heizflächenbelastung von rd. 430 kg/m²h gefahren wurde. Nicht umsonst mußte bei dem berühmten Luxuszug „Comondore Vanderbilt" von New York nach Chicago nach jeder Fahrt (1.493,6 km bzw. 928,1 Meilen) das Feuer ausgeräumt und Feuerbüchse sowie Verbrennungskammer von innen genau überprüft werden. Dazu begaben sich die damit beauftragten Mitarbeiter in speziellen Asbestanzügen in die noch heiße Feuerbüchse und inspizierten Innenwände, Stehbolzen sowie Rohrwand. Ein Aufwand, wie dieser bei anderen Bahnverwaltungen nicht üblich war.

Nach diesem Überblick soll auf weitere konstruktive Details des Dampflokkessels noch in dem Kapitel 4.7, Seite 31 und Kapitel 4.8, Seite 34, näher eingegangen werden.

4.3 Die Feuerung

Die Menge der in der Feuerbüchse umgesetzten oder verbrannten Kohle bestimmt die Leistung der Lokomotive. Der absolute Wirkungsgrad, also der Vergleich zwischen der in der Kohle enthaltenen Energie mit der am Zughaken erreichten Leistung, liegt bei einfacher Dampfdehnung in der Regel zwischen sechs und acht Prozent, bei zweifacher Dampfdehnung zwischen acht und zehn Prozent. Nur die Umbaulokomotiven des französischen Lokomotivingenieurs André Chapelon (geb. am 26.10.1892, gest. am 22.07.1978), alle mit zweifacher Dampfdehnung arbeitend und mit modernsten Erkenntnissen der Dampfloktechnik versehen, schafften hier Werte von 10 bis 12 Prozent!

Bei der Kesselfeuerung mit Kohle unterscheidet man Handfeuerung von der mechanischen Beschickung, zumeist mit einem Stoker. Weiter spielt die ausreichende Luftzufuhr für die zur jeweiligen Kohle passende Rostkonstruktion eine wichtige Rolle. Hinzu kommt noch der richtig abgestimmte Saugzug, der für eine optimierte Verbrennung sorgt.

Bis zu einer Größe der Rostfläche von 4,5 m² fuhr man üblicherweise mit Handfeuerung. Bei der Deutschen Reichsbahn der Vorkriegszeit sowie in Großbritannien war Handfeuerung auch bei größeren Rostflächen obligatorisch. Bis auf einige wenige Versuche wich selbst die jüngere Deutsche Bundesbahn von dieser Entscheidung nicht ab. In Frankreich sowie später auch in Böhmen hat man sogar bei kleineren Rostflächen die Vorteile der mechanischen Rostbeschickung erkannt und genutzt.

Zunächst werden hier die Vor- und Nachteile der Handfeuerung betrachtet sowie deren Optimierungsmöglichkeiten genannt.

Die Anforderungen, die an eine Lokomotive zur pünktlichen Beförderung eines Zuges gestellt werden, bestimmen die geschickte Fahrweise des Lokomotivführers sowie das angepasste Arbeiten des Heizers. Sparsames und zugleich die Leistung bestimmendes Heizen einer Dampflok verlangt nicht nur eine gute körperliche Kondition, sondern auch Sachkunde und Intelligenz. Wenn man aber den Heizer und Reservelokführer nur nach der DB-Besoldungsgruppe A5 bezahlt, darf man auf diesem Posten nicht das systematische Denken eines Ingenieurs erwarten. Dennoch gab es Heizer, die sich für ihren Beruf begeistern konnten oder Studenten, die sich vorübergehend als Heizer ein Zubrot verdienen wollten und diese Aufgabe erfolgreich angingen. Auch fanden sich berufsbegabte und kooperationsbereite Lokführer, die ihren Heizern nicht nur mit guten Ratschlägen zur Seite standen, sondern beim Heizen halfen und dabei die Feuertür bedienten.

Selbst wenn es keine Kohlenersparnisprämien mehr gab, wurde meist mit Verstand und wirtschaftlich geheizt, da schon der Betrieb dies zur Einhaltung des vorgegebenen Fahrplans dies erforderte.

4.4 Zur Dimensionierung der Rostfläche von Hochleistungs-Streckenlokomotiven

Das Verhältnis zwischen der feuerberührten Heizfläche H_b und der Rostfläche R, somit H_b / R, sollte in dem bewährten engeren Gebiet von 4,6 bis 5,5 liegen. Bei Hochleistungslokomotiven ist ein Verhältniswert von 4,7 bis 4,9 zu empfehlen. Bei Kesseln mit Thermosyphons sollte deren Strahlungsheizflächenanteil bei der Berechnung abgezogen werden (Tabellenwerte in Tabelle 4 ohne Abzug). Bei stückiger Steinkohle sollte das Verhältnis zwischen der gesamten Verdampfungsheizfläche H_v und der Rostfläche R, somit H_v / R, bei einer Verhältniszahl von 45 bis 70 liegen. Hochleistungskessel liegen aber deutlich unter der Verhältniszahl 50.

Wie aus der Vergleichstabelle 4 zu ersehen ist, wurden diese Richtwerte fast bei allen Hochleistungskesseln eingehalten. Im Umkehrschluss bedeutet dies, dass für den jeweiligen Kessel eine ausreichend große Rostfläche vorhanden sein muss. Nur bei den Umbau-Lokomotiven der Reihen 01[0-2] und 01[10] der Bundesbahn sowie bei der Neubaulokomotive 10 hat man diesen Richtwerten überraschenderweise keine Bedeutung zugemessen.

Bei den böhmischen Reihen 498.1 und 556.0, sowie bei den französischen Serien 141 R und 241 P waren in der Feuerbüchse jeweils ein oder zwei Thermosyphons und/oder Wassertragrohre eingebaut. Wenn man bei deren Strahlungsheizfläche den Anteil der Thermosyphons und/oder der Wassertragrohe abzieht, liegt ihre Verhältniszahl H_b / R jeweils immer noch deutlich unter der dem Wert 5.

Bei all diesen Betrachtungen hat der Autor auf umfangreiche Berechnungsformeln für die Kesselauslegung einer Hochleistungsdampflokomotive bewusst verzichtet, sondern nur Auslegungsgrundsätze aufgeführt und diese mit den Abmessungen der jeweiligen Lokomotivkessel verglichen.

Abb. 022 Hinweise zur Dimensionierung der Rostfläche (R) im Verhältnis zur Feuerbüchsheizfläche (H_b) und Gesamtheizfläche (H_v) bei Hochleistungs-Streckenlokomotiven.
Verhältniszahlen H_b/R und H_v/R bei den hier im Kapitel betrachteten Dampflokomotiven

Lok	H_b / R	H_v / R
01[0-2]	3,855	56,067
01[0-2] Umbau	5,563	48,822
01[5] Umbau[2)]	4,826	46,099
01[10] Umbau[2)]	5,563	52,215
10[2)]	5,563	54,716
A1	4,901	46,277
498.1[1)]	5,443	47,093
556.0[1)]	5,576	46,313
141R[2)]	5,293	48,593
241P[1)]	6,029	48,863

[1)] Mit Thermosyphon (Wassertasche in der Feuerbüchse, auch Feuerbüchssieder genannt)
[2)] Mit Kohle- oder Ölfeuerung

🔺 Abb. 022 - Tabelle 4 - Hinweise zur Dimensionierung

Zusammenfassend lässt sich noch einmal betonen, dass die Rostflächen der Neubaukessel für die Baureihen 01[0-2] und 01[10] sowie des Kessels der Baureihe 10 allesamt zu klein ausgefallen waren. Mit einer größeren Rostfläche von rund 4,5 m² für die Neubaukessel der Reihen 01[0-2] und 01[10] (+13,8 %) sowie rund 4,7 m² für den Kessel der Baureihe 10 (+18,8 %) hätte man nicht nur die richtige Größe realisiert, sondern auch die Strahlungsheizfläche um etwa 2 m² auf den Wert von 24 m² angehoben. Bei der Feuerung mit Schweröl anstelle von Kohle wäre rechnerisch der Brennraum größer ausgefallen und damit die Leistung sowie der Wirkungsgrad der Verbrennung gestiegen.

4.5 Über das Feuern einer Lokomotive
Heizen per Hand

In Deutschland und England war das Heizen von Hand obligatorisch. Die Rostkonstruktion einerseits und der Saugzug andererseits, also die Versorgung des Feuers mit Verbrennungsluft, bestimmten den erfolgreichen Ablauf des Heizens.
Der konstruktive Aufbau des Rosts bestand im Regelfall aus in Längsrichtung parallel aufgelegten Stäben, die ihrerseits in einem bestimmten Abstand voneinander ausgerichtet waren. Dabei sollte die aufgelegte Kohle nicht durch die Gitterspalten fallen, dennoch musste genügend viel Verbrennungsluft von unten durchziehen können. André Chapelon hat alle seine umgebauten Hochleistungslokomotiven mit einem Hulson-Schüttelrost ausrüsten lassen. Auch Arthur Henry Peppercorn von der englischen Bahn LNER baute in seine erfolgreiche 2′C1′ h3-Class A1 einen Rost dieser Bauart ein. Und auch bei Skoda in Pilsen erhielten die 1952 eingeführten Güterzuglokomotiven der Reihe 556.0 sowie die 1954 erschienenen

Schnellzuglokomotiven 498.1 einen Hulson-Schüttelrost. Alle zuvor genannten Lokomotiven waren mit einer mechanischen Rostbeschickung vom Typ Standard Stoker HT-1 ausgestattet, bei Skoda kam ein Nachbau zum Zug. Nur an der Class A1 der LNER blieb man bei Handfeuerung.

🔺 Abb. 023 - Geöffnete Marcotty-Feuertüre einer Reko-Lokomotive 01[5] mit Kohlefeuerung (01 533 der österreichischen Gesellschaft für Eisenbahngeschichte). Auf der Schaufel liegen ca. 10 kg Steinkohle.

🔻 Abb. 024 - Der Heizer wirft seine Kohle mit halbem Schwung in die Feuerbüchse. Auf dieser Fahrt, die der Verfasser auf dem Führerstand mitmachte, wurde die Leistungsfähigkeit dieser Lok nicht sehr gefordert.

Aber auch die traditionell manuelle Form der Rostbeschickung besaß noch Möglichkeiten der Optimierung. Unter Max Baumberg (geb. am 12.03.1906, gest. am 8.11.1978), einem ehemaligen Studienkollegen von Johann B. Kronawitter an der Technischen Hochschule in München und dem späteren Leiter der Fahrzeug-Versuchsanstalt Halle, wurden spezielle Untersuchungen zur Brennstoffersparnis beim Heizen einer Dampflok durchgeführt. An der 1′E h2-Güterzuglokomotive 50 831 wurde gemessen, wie sich der Kohleverbrauch beim üblichen Heizen mit offener Feuertür verhielt. Er war rund 14 % höher als beim sogenannten „Türschwenken". In diesem Falle öffnete nämlich der Lokführer die Feuertür nur für den Augenblick des Schaufelwurfes und schloss diese danach gleich wieder. In dieser Form hat auch der Verfasser die Hofer Dampflok 001 131 bei einer Fahrt über die berühmte „Schiefe Ebene" heizen können, wie im Laufe des Kapitels 5.1.3 auf Seiten 98 und 99 genauer beschrieben wird. Im letzterem Fall wurde nicht nur weniger Kohle verheizt, sondern auch die Verdampfungs- und damit die Maschinenleistung signifikant erhöht!

Dabei spielt ein physikalischer Effekt eine große Rolle. Nach der Planck´schen Strahlungsformel steigt die Strahlungsleistung über der zunehmenden Temperatur in 4. Potenz. Wenn sich also der Wert der Verbrennungstemperatur verdoppelt, wird die sechzehnfache Leistung übertragen. Daher sollte bei schnell brennender Kohle mit einer Feuerschicht von 12 bis 15 cm Höhe, bei schwerbrennender Kohle nur mit 8 bis 10 cm hoher Feuerschicht gefahren werden, um ein gleißend helles Feuer zu erreichen!

In praxi bedeutet dies, dass sich die Wärmeabstrahlung einer 4 m² großen Glutoberfläche nach dem Gesetz von Stefan-Boltzmann von 806 kW bei 1.100 C° (Gelbglut) durch Temperatursteigerung auf 1.300 C° (beginnende Weißglut) auf ca. 1.388 kW erhöht.
Steigt die Verbrennungstemperatur um weitere 200 °C auf 1.500 °C (volle, blendende Weißglut), wird die Wärmeabstrahlung auf ca. 2.241 kW erhöht!
Für die Leser, die hier noch etwas tiefer in die Thematik einsteigen wollen, hat der Physiker Dr. rer.nat Gerhard Thoma die folgenden Erläuterungen beigesteuert:

Gesetz von Stefan-Boltzmann (benannt nach den Physikern Josef Stefan und Ludwig Boltzmann)
Für die abgestrahlte Leistung P einer Fläche A gilt:

$$P = \sigma \cdot \varepsilon \cdot A \cdot T^4$$

Wobei $\sigma = 5{,}670 \cdot 10^{-8} \frac{W}{m^2 K^2}$ Strahlungskonstante

und ε der Emissionsgrad der strahlenden Fläche ist.
Für eine weißglühende Kohlenoberfläche kann ε mit 1 angesetzt werden.
Setzt man für die Fläche den Wert 4 m² ein, so ergeben sich folgende Werte für die abgestrahlte Leistung P:

T	850°C	1.000°C	1.100°C	1.300°C	1.500°C	1.700°C
P	360 kW	595 kW	806 kW	1.388 kW	2.241 kW	3.436 kW

Ist die Wärmequelle gänzlich mit einem Wassermantel umgeben, so wird die gesamte abgestrahlte Leistung vom Wasser aufgenommen, da die Strahlung auf keinem anderen Weg entweichen kann. Zwar strahlt die Oberfläche der Feuerbüchswand in die Feuerbüchse zurück, aber der Betrag ist wegen der geringen Wasser- bzw. Kesselwandtemperatur vernachlässigbar und geht der Energiebilanz nicht verloren. Hat sich auf der Wasserseite der Kesselwandung z.B. ein Kalkbelag gebildet, so wird die eingestrahlte Wärme schlechter an das Wasser abgegeben. Als Folge wird die Feuerbüchswand heißer, bis der Wärmetransport trotz der isolierenden Kalkschicht wieder den von der Quelle abgestrahlten Wert erreicht. Der Wirkungsgrad bleibt in allen Fällen erhalten und beträgt 100%.

Wollte man einen kohlegefeuerten Lokomotivkessel zur Höchstleistung bringen, musste stets mit einem ausreichend hell strahlenden Feuer gefahren werden.

Darum benutzte der geübte Heizer bei seiner Arbeit auch die bekannte Heizerkappe mit der eingefärbten Folie als Schirm- und Schutzschild, mit der er ohne Schaden noch die auf dem Rost mit Weißglut brennende Kohlenschicht betrachten konnte.

4.6 Mechanische Rostbeschickung – Heizen mit dem Stoker

Die letzten Entwicklungen auf dem Gebiet der mechanischen Rostbeschickung stammten von der Firma Standard Stoker Company in Erie, Pennsylvania (USA). In Europa wurden ihre Produkte von dem Pariser Unternehmen Stein & Roubaix in Lizenz nachgebaut. Der Standard-Stoker des Typs HT fand daher bei vielen französischen Hochleistungslokomotiven Verwendung. Vorab noch einige Bemerkungen zur Bedeutung der mechanischen Rostbeschickung. In der deutschen Fachliteratur wird vorwiegend negativ über den wirtschaftlichen Wert des Stokers berichtet. Dabei wird oft übersehen, dass zum optimalen Einsatz eines Stokers nicht nur der konstruktiv geeignete Rost gehört, sondern auch die Gestaltung von Feuerbüchse nebst Verbrennungskammer, das richtige Verhältnis der Strahlungsheizfläche H_b zur Konvektionsheizfläche H_r sowie der richtig bemessene Saugzug bedeutsam sind.
Bei der böhmischen 1′E h2-Güterzuglokomotive der Reihe 556.0, von der ab 1952 insgesamt 510 Maschinen beschafft wurden, hatte man vor Anlauf der Großserie einen hochinteressanten Vergleichsversuch durchgeführt. Fünf Lokomotiven waren mit Handfeuerung ausgerüstet, fünf andere Maschinen waren mit Stoker-Feuerung in Betrieb genommen worden. Beim Vergleich stellte sich heraus, dass die mit Stoker gefahrenen Lokomotiven zwischen 8 und 10 Prozent weniger Kohle verbrauchten, rund 10 Prozent weniger Wasser benötigten und bis zu 12 Prozent mehr Leistung am Zughaken erbrachten: Ein sehr bemerkenswertes Ergebnis!

Betrachtet man die Stoker-Feuerung im Gesamtsystem einer Hochleistungslokomotive, so sollen zunächst die Nachteile eines Stokers erwähnt werden. Für den Einbau des Stokers müssen der notwendige

Platz geschaffen und das zusätzliche Gewicht berücksichtigt werden. Nach Umbau des mit der deutschen Baureihe 45 gekuppelten Tenders 2′3 T 38 reduzierte sich unter seiner neuen Bezeichnung 2′3 T 29 (mit Stoker-Einrichtung) die Wasserkapazität von 38 m³ um erhebliche 9 m³ auf den Wert von 29 m³. Die Kohlenmenge lag unverändert bei 12 t. Der bei der DB eingesetzte Stoker des Typs HT-1 besaß einschließlich des Hulson-Rostes ein Gesamtgewicht von 3.700 kg, welches zum Großteil vom Tender zu tragen war. Der Dampfmotor zum Antrieb der Förderschnecke verbrauchte bei größerer Anstrengung bis zu 600 kg Dampf pro Stunde, das waren etwa 3 Prozent der Kesselleistung.

Mit dem Stoker entsteht ein weiterer Nachteil für die Verbrennung bei der Zerkleinerung großer Kohlestücke durch die erste Förderschnecke mit erhöhter Grusbildung. Dieser Grus, also eine Ansammlung kleiner Kohlestückchen, wird durch den starken Saugzug leicht oder vorzeitig mitgerissen. Er verbrennt nicht immer vollständig und landet als Lösche in der Rauchkammer.

Nun aber zu den Vorteilen einer mechanischen Rostbeschickung. In Verbindung mit dem Hulson-Schüttelrost konnte mit geringer, aber gleichmäßig hoher Feuerschicht gefahren werden. Da beim Beschicken die Feuertür nicht geöffnet werden muß, kommt in die Feuerbüchse keine Fremd- oder Kaltluft, welche die Feuerbüchswände wiederholt abkühlen könnte. Es wird zugleich vermieden, dass der Saugzug in der Feuerbüchse durch die offene Tür unterbrochen wird. Die Verbrennungsluft wird in diesem Fall nur von unten durch die Roststäbe geführt und dort bereits vorgewärmt.

Durch den doppelten Kylchap-Auspuff wird mit wesentlich niedrigerem Gegendruck und sehr konstantem, fast stoßfreiem Saugzug gefahren. Damit verbleibt auch bei großer Kesselanstrengung eine niedrige Feuerschicht ruhig auf dem Rost und brennt mit gleißender Weißglut. Über die Anlieferplatte des Stokers und mittels des Dampfstrahls kann die Kohle gleichmäßig und mit dünner Schicht über die gesamte Rostfläche verteilt werden. Dies ermöglicht gleichbleibend ein gut durchgebranntes, gleißendes Feuer! Es herrschen somit ideale Bedingungen für effektives und wirtschaftliches Verbrennen der Kohle. Dieser Grundsatz gilt übrigens auch für Kohle mit niedrigerem Heizwert.

4.7 Der Dampfkessel – Quelle aller Leistung – Der Stehkessel

Betrachtet man die Entwicklung von Dampflokomotiven während der 1920er und 1930er Jahre in Frankreich, England sowie in den USA, wird man beim Vergleich mit Maschinen der Deutschen Reichsbahn-Gesellschaft (DRG) große Unterschiede feststellen. Viele der im Ausland realisierten Konstruktionen waren schlichtweg besser als die deutschen Einheitslokomotiven von 1925.

Einer der Gründe für diese Unterschiede lag in der Struktur der Reichsbahn als staatliches Unternehmen mit einer Monopolstellung. In Frankreich, England sowie in den USA wurde der Eisenbahnverkehr lange Zeit von mehreren Gesellschaften betrieben, zum Teil sogar in direkter Konkurrenz. So wurden in England die Strecken von London nach Edinburgh (Schottland) oder in den USA die Verbindungen von New York nach Chicago gleich von mehreren Eisenbahngesellschaften angeboten.

Für die in Konkurrenz stehenden, privat geführten Unternehmen war es somit eine Frage der Existenz, stets mit den besten technischen Voraussetzungen in den Bereichen Schnelligkeit, Pünktlichkeit und Wirtschaftlichkeit ihre Nase vorn zu haben. Betrachtet man unter diesen Aspekten die Kesselkonstruktionen von Hochleistungslokomotiven der amerikanischen Eisenbahngesellschaften ab Mitte der 1920er Jahre, so vereinigten diese in sich schon alle neuesten Erkenntnisse jener Zeit.

Hierfür zwei Beispiele: Die Lokomotivfabrik Alco lieferte 1927 an die „Denver & Rio Grande Western" 10 Mallet-Maschinen der Class L131 mit der Achsfolge 1′D′D1′ h4. Ihre Treibräder mit 1.602 mm Durchmesser ermöglichten eine zulässige Höchstgeschwindigkeit von 55 mph (= 88 km/h), die maximale Zugkraft im Betrieb war 59,8 t. Der bereits zum größten Teil geschweißte Kessel besaß zwei Wassertragrohre, zwei Thermosyphons und eine Verbrennungskammer. Die mittlere Länge des Stehkessels mit Verbrennungskammer belief sich auf 7.547 mm, die Länge der Rohre im Langkessel nur auf 7.379 mm, war also beinahe gleich.

Ebenfalls im Jahr 1927 nahm die „Baltimore & Ohio Railroad" 20 Einheiten ihrer neuen „Pacificloks" der Class P7 mit der Achsfolge 2′C1′ h2 in Betrieb. Sie wurden auch „President Class" genannt, weil sie die Namen der ersten 20 Präsidenten der USA erhielten. Mit 2.032 mm Treibraddurchmesser liefen sie 90 mph (= 144 km/h) schnell und wiesen eine Zugkraft von 21,8 t auf. Der Kessel dieser Maschinen umfasste eine Verbrennungskammer, zwei Wassertragrohre und zwei Thermosyphons. Die Rostfläche betrug 6,53 m² und die Heizfläche 351,91 m². Die größte Zughakenleistung wurde bei 40 mph Geschwindigkeit erreicht und lag bei rund 2.720 HP, konnte aber kurzzeitig noch deutlich erhöht werden. Diese beiden als Beispiel aufgeführten Lokomotiven besaßen selbstverständlich auch mechanische Rostbeschickung.

Die Kessel der deutschen Einheitslokomotiven seit 1925 kannten die zuvor beschriebenen Neuerungen nicht. Selbst die beiden ersten Maschinen der im Jahr 1935 eingeführten Schnellfahrlokomotiven der Baureihe mit den Betriebsnummern 05 001 und 002 sowie der Achsfolge 2′C2′ h3 erhielten den konventionellen Kesseltyp der Einheitslokomotiven. Lediglich der Kessel der dritten Ausführung 05 003, der anfangs mit Kohlenstaubfeuerung gefahren wurde, erhielt eine 1.140 mm lange Verbrennungskammer. Diese Verbrennungskammer wurde zudem mit einer „Dehnungsfalte" versehen, die wie ein Adapter den Stehkessel mit der Verbrennungskammer verband. Diese bei Fachleuten als „Angstfalte" bezeichnete Konstruktion war in den Kesseln amerikanischer Hochleistungslokomotiven nicht üblich und nach Kenntnissen des Verfassers – sowie entgegen anderen Aussagen – in dieser übertriebenen Form auch nicht bei den Lokomotiven der Pennsylvania Railroad realisiert worden.

Die erfolgreichen Lokomotiven der Pennsylvania Railroad, wie die 2′C1′ h2-Schnellzuglokomotive der Class K4, ihre 1′E2′ h2-Güterzuglokomotive sowie die Class T1 genannten Duplex-Lokomotiven mit der Achsfolge 2′BB2′ h4 fuhren mit Hochleistungskesseln und

Abb. 025 - Die Schnellzuglokomotive 01 005 gehörte zur Serie der ersten zehn Maschinen dieser Baureihe. Sie glänzt noch wie in ihrem Originalzustand aus dem Jahre 1925. Selbst der Tender der Bauart 2'2'T32 in genieteter Ausführung und mit Gleitlagern in den Drehgestellen stammt noch aus diesem Jahr.

zum Teil mit angeschweißten Verbrennungskammern, jedoch ohne die zuvor genannte, wohl übertrieben ausgeführte „Dehnungsfalte". Schon die Verbrennungskammer der Class T 1 besaß eine Länge von 2.134 mm!

Nach Angaben von Adolf H. Wolff soll die Grundidee für diese „Dehnungsfalte" von Frederick W. Hankins (1876 – 1958) stammen, der bei der Pennsylvania Railroad am 18. Mai 1929 zum „Chief of Motive Power", also Chef der Triebfahrzeuge, ernannt worden war. Am 1. August 1934 wurde er zum „Assistant Vice President of Operation" befördert. Als besonders innovativer Lokomotiv-Ingenieur ist er nicht in Erscheinung getreten. In den Unterlagen fand sich zu seinem Namen nur ein Patent mit der Nummer 2,242,212 vom 20. Mai 1941. In diesem Patent wurden bei einem Güterwagen-Drehgestell die beiden vertikal angeordneten Spiralfedern durch eine Gummilamellenfeder ersetzt. Realisiert wurde diese Idee bei der Pennsylvania wohl nicht.

In Tabelle 3 (Seite 34) sind die Längenverhältnisse zwischen Stehkessel mit Verbrennungskammer einerseits und der Länge der Rohre im Langkessel andererseits zusammengestellt. Hierbei wird für die Länge des Stehkessels einheitlich ein mittlerer Längenwert aufgeführt, der auf der Mittellinie des Langkessels von der Rohrwand bis zur hinteren Stehkesselwand geht. Während die Baureihe 01[0-2] der DRG noch beim Verhältnis zwischen Rohrlänge und mittlerer Länge der Feuerbüchse, also von 6.800 mm zu 2.591 mm, einen Wert von 2,624 aufweist,

kommt man bei der Serie 241 P der SNCF nur noch auf einen Wert von 1,245. Bei einer amerikanischen Hochleistungslokomotive wie der Class J der Norfolk & Western Railway liegt dieser Verhältniswert sogar bei 0,9035, die mittlere Länge von Stehkessel und Verbrennungskammer fällt hier also größer aus als die Rohrlänge!

Warum noch in der Zeit nach dem Zweiten Weltkrieg die in der Sache entscheidenden Beamten der Deutschen Bundesbahn wichtigste Fortschritte im internationalen Dampflokbau ignoriert haben und damit nur mittelmäßige Erfolge verbuchen konnten, wird wohl heute nicht mehr zu ergründen sein.

Zusammenfassend darf hier aber noch einmal die zuvor schon gemachte Aussage wiederholt werden, dass bei einem Hochleistungskessel die Feuerbüchse mit Verbrennungskammer, Wassertragrohren und Thermosyphons rund 50 Prozent der gesamten Dampferzeugung bewirken können. Der viel größer bauende Langkessel liefert nur die restlichen 50 Prozent des Dampfes!

Bei der Dimensionierung des Langkessels ist auch darauf zu achten, dass genügend Überhitzerheizfläche untergebracht werden kann und die Abgastemperatur ausreichend abgesenkt wird.

4.8 Der Lang- oder Rohrkessel

Trotz vielfach höherer Heizfläche bringt der Lang- oder Rohrkessel einer Lokomotive nur die zweite Hälfte der Verdampfungsleistung des

Tabelle 3 - Längenverhältnisse in Lokomotivkesseln im Vergleich

Nr	Staat / Bahnverwaltung	DRG	DB	DB	CSD	SNCF	US/N&W	US/NYC
1	Baureihe	01[0-2]	01[10] Umbau	10	498.1	241 P	Klasse J	Klasse S-1b
2	Achsfolge/Bauart	2'C1'h2	2'C1'h3	2'C1'h3	2'D1'h3	2'D1'h4v	2'D2'h2	2'D2'h2
3	Baujahr	1934	1956/1959	1957	1954	1947	1941/1943	1945/1946
4	Mittl. Länge Stehkessel + VK L_{mSt} (mm)	~2.591	~3.827	~3.897	3.650[3)]	~4.812[6)]	~6.445[6)]	~6.202[6)]
5	Länge Rohre im Langkessel L_r (mm)	6.800	5.000	5.500	6.000	5.992	5.823	5.791
6	Verhältnis L_r / L_{mSt}	2,624	1,306	1,411	1,644	1,245	0,9035	0,93
7	Länge Verbrennungskam. (VK) (mm)	-	1.050	1.122	900[5)]	2.000	2.623	2.350
8	Heizfläche Feuerber. (+VK) H_b (m²)	17	22[4)]	22[4)]	26,4	30,66	53,69	46,36
9	Heizfläche Langkessel H_r (m²)	230,25	184,51	194,40	202,00	213,91	435,98	401,33
10	Verhältnis H_r /H_b	13,544	8,387	8,836	7,651	6,969	8,120	8,657
11	Max. Zughakenleistung (PSe)	1.872	< 2.000	< 2.000	< 2.500	< 2.700	~5.000	5.000

[1)] Norfolk & Western Railway

[2)] New York Central Railroad (NYC)

[3)] Mit Feuerschirmtragrohren und Thermosyphon (Wassertasche in der Feuerbüchse)

[4)] Die Stehkessel mit Verbrennungskammer der Baureihen 01[10] und 10 waren konstruktiv ähnlich, aber in Details nicht identisch und damit nicht tauschbar

[5)] Laut Aussage eines verstorbenen Skoda-Ingenieurs waren ursprünglich 1.200 mm Länge für die Verbrennungskammer und 5.700 mm Länge für die Rohre geplant. Damit hätten H_b ~28 m² und H_r ~192 m² betragen!

[6)] Mit Feuerschirmtragrohren

Abb. 026 - Tabelle 3 - Längenverhältnisse im Lokomotivkessel im Vergleich
Aus dieser Zusammenstellung lässt sich erkennen, daß bei Hochleistungslokomotiven die mittlere Länge von Feuerbüchse und Verbrennungskammer in einem Verhältnisbereich von 1,6 – 1,0 liegt. Nur die Wagner'schen Langkessel aus der Reichsbahnzeit machen hier eine Ausnahme.

Kessels, ist aber noch für andere wichtige Funktionen verantwortlich. Dazu gehört die Überhitzung des Dampfes, worin sich die Heißdampflok von der Nassdampflok unterscheidet. Durch die in den Rauchrohren des Langkessels eingeschobenen Heizelemente werden diese von den Rauchgasen umströmt, sodass sich der darin zirkulierende Dampf auf 380° C bis 400° C oder höher erhitzt.

Während die in der Feuerbüchse wirkende Strahlungswärme mit einem Wirkungsgrad von 100 % auf die Innenflächen der Feuerbüchse übertragen wird, kommt im Langkessel die Wärmeübertragung nur über Konvektion mit geringerem Wirkungsgrad zum Tragen. Und dieser Wirkungsgrad hängt stets von der Sauberkeit der Rohre im Strömungsbereich der Rauchgase wie von der Rohroberflächenbeschaffenheit innerhalb des Kessels im wasserberührten Teil ab. Beim Rohrbild des Kessels, also der Verteilung der Rauch- und Heizrohre über den Kesselquerschnitt, muß immer ein Kompromiss zwischen größtmöglicher Rohrheizfläche einerseits und ausreichend großer Querschnittsfläche für das Durchströmen der Rauchgase andererseits gefunden werden.

4.9 Die Auspuff- oder Saugzuganlage

Als letzter Funktionsbereich des Kessels ist die Saugzuganlage zu betrachten, die für eine wirkungsvolle Feuerentfachung und Verbrennungsleistung verantwortlich zeichnet. Der Lokomotiv-Ingenieur Dr. techn. Adolph Giesl-Gieslingen (geb. am 7. September 1903, gest. am 11. Februar 1992) hat dieses Thema sehr umfassend behandelt und darüber auch in seiner Dissertation geschrieben.

Von ihm stammen die folgenden Aussagen: „Die Bauweise [der Saugzuganlage] der Deutschen Reichsbahn, an der bis zum Ende des Dampflokomotivbaus grundsätzlich festgehalten wurde, gestattet die weiteste Rauchfangmündung, denn der Dampfstrahl kann sich wegen der tiefen Lage des Blaskopfs und seines großen Abstands vom Rauchfang stark ausbreiten. Dem kleinen Austrittsverlust an der Rauchfangmündung steht hier ein großer Stoßverlust gegenüber, weil der Blasrohrdampf auf die sehr langsam strömende Gasmenge in der Rauchkammer stößt. Die Rechnung ergibt, dass dann 67 bis 70 Prozent der Blasrohrenergie durch diesen Stoß verlorengehen. Die Berechnung des Stoßverlusts war der wichtigste Teil meiner Dissertation. Die amerikanische Formgebung liefert ungefähr den gleichen Gesamtwirkungsgrad wie die deutsche, doch ist bei ihr der Stoßverlust viel kleiner, etwa 33 bis 40 Prozent der Blasrohrenergie, der Austrittsverlust aber entsprechend größer. Man kann jedoch mit der amerikanischen Anordnung ein weitaus größeres Rauchkammervakuum erzielen als mit der deutschen, was bei den dortigen hohen Kesselanstrengungen und den ebenfalls hohen spezifischen Strömungswiderständen in den großen Kesseln notwendig war. Die weit größeren Austrittsgeschwindigkeiten aus den amerikanischen Rauchfängen sind übrigens betrieblich angenehm, die Auspuffsäule wurde besser hochgeworfen, so dass Windleitbleche nur ausnahmsweise als nötig befunden wurden."

Als Erfinder des Giesl-Ejektors, eines speziellen Saugzugsystems, das bei Lokomotiven der Österreichischen Bundesbahnen sowie der Reichsbahn in Mitteldeutschland zahlreich Verwendung fand, im letzteren Falle nach seiner Abnutzung aber nicht mehr ersetzt wurde, stand Adolph Giesl-Gieslingen anderen technischen Lösungen sehr kritisch gegenüber. Dies galt auch für die von André Chapelon favorisierte Saugzuganlage des Typs Kylchap. Eine Kombination der von dem finnischen Lokomotivführer Kyösti Kylälä (1873-1938) erfundenen dampfspreizenden Zwischendüse mit der von Chapelon ergänzten zweiten zylindrischen Zwischendüse führte zu der schon genannten Kylchap-Anlage.

Hierzu noch ein weiteres Zitat von Adolph Giesl-Gieslingen: „Die Kylälä-Düse sendet vier divergierende Strahlen eines Dampf-Gas-Gemisches aus, die einen stärker erweiterten Rauchfang ausfüllen können. Besseren Gebrauch von dieser Möglichkeit macht die Ausführung der Doppel-Kylchap-Anlage (Kylchap = Kombination von Kylälä und Chapelon), deren Rauchfänge größere Konizität aufweisen und mit 500 mm Mündungsweite einer Einzelmündung von 707 mm Durchmesser entsprechen. Dies bedeutet für Lokomotiven europäischer Dimensionen bereits eine extrem niedrige Austrittsenergie."

Die Kylchap-Doppelsaugzuganlage kam bei fast sämtlichen leistungsstarken europäischen Lokomotiven zum Einbau. Dies gilt sowohl für die Schnellzuglokomotive der Class A1 der LNER als auch für die von Škoda gebauten böhmischen Lokomotiven der Reihen 556.0 und 498.1. Auch bei den französischen, in den USA produzierten Universallokomotiven der Serie 141 R wurden ab der zweiten Lieferung anstelle der amerikanischen Saugzuganlage (Self-cleaning Front End) generell einfache Kylchap-Saugzuganlagen eingebaut. Diese brachten bei einer Geschwindigkeit von 80 km/h eine Mehrleistung am Zughaken von fast 12 Prozent! Dabei ging der Verbrauch von Wasser und Kohle jeweils um rund 13 Prozent zurück.

Das Ansaugen der Rauchgase aus drei unterschiedlichen Höhen in der Rauchkammer wurde von Chapelon als wichtig für die gleichmäßige Verteilung der Saugwirkung auf Rohrbündel und Rost bezeichnet. Diese sanfter wirkende Saugzuganlage erzeugt bei einem Blasrohrdruck von 0,12 bar einen Unterdruck in der Rauchkammer von 96 mm bei einer Heizflächenbelastung von 60 kg/m²h. Für die gleiche Leistung mußte die Blasrohranlage einer deutschen Lok der Baureihe 50 in der Regelausführung mit 0,36 bar und 112 mm Unterdruck in der Rauchkammer arbeiten. Lokomotiven mit Kylchap-Saugzuganlage sind am Auspuffschlag akustisch zu erkennen. Hier hört man kaum den knallharten Ton der Einheitslokomotiven, sondern eher einen leicht heiseren, fast schon leisen Auspuffton.

Durch diese drastische Reduzierung des Gegendrucks konnte in den Zylindern von Schnellzuglokomotiven eine Mehrleistung von rund 100 bis 150 PS erzielt werden. Wäre neben anderen leistungssteigernden Maßnahmen in der deutschen Neubaulok der Baureihe 10 noch eine Doppel-Kylchap-Saugzug-Anlage installiert worden, hätte man ihre in der Planung angestrebte Leistung von 3.200 PSi vermutlich erreichen können!

In dem bekannten Handbuch mit dem Titel „Hütte, Des Ingenieurs Taschenbuch, Teil B, Verkehrstechnik" von 1955 findet sich auf Seite 267 der folgende Beitrag: „Da die ‚Rauhigkeit' des Dampfstrahls (oder eines Teilgemisches) die Rauchgase an seiner Oberfläche mitreißt, ist die Oberflächenvergrößerung durch Zwischendüsen oder noch durchgreifender durch Auflösen des einfachen Kreisquerschnitts in einen solchen von größerem Umfang (Kleeblattform) oder in mehrere Einzelöffnungen bis zur Anordnung mehrerer (meist zwei) Einzelschornsteine, in gemeinsamer Verkleidung hintereinander, von großem Vorteil für einen besonders wirksamen Saugzug. Dies ist namentlich bei französischen Lokomotiven realisiert worden. Die notwendige Blasrohrenergie bei gleicher Verdünnung wird hierbei ganz erheblich abgesenkt (Gewinn im Zylinder weit über 100 PS), wenn man von engen Blasrohren herkommt."

Dieser hier grammatikalisch etwas überarbeitete Text stammt aus dem Kapitel F des zuvor genannten Ingenieur-Taschenbuches, das von dem Reichsbahn-Abteilungspräsidenten a. D. Professor Dr.-Ing. E. h. Hans Nordmann (geb. am 14. Januar 1879, gest. am 17. November 1957) in Berlin bearbeitet war. Der auch in der Folge noch genannte Hans Nordmann war bis 1945 bei der Deutschen Reichsbahn im Zentralamt Berlin als Versuchsdezernent tätig gewesen und hatte wohl erst in späten Jahren gelernt, welche neuzeitlichen Technologien die Leistung von Dampflokomotiven maßgeblich steigern könnten.

Nicht ganz überzeugt von Chapelons Erfahrungen mit der Kylchap-Saugzuganlage waren wohl die Bearbeiter des Henschel-Lokomotiv-Taschenbuchs in der Ausgabe von 1960. Aus diesem Handbuch für Lokomotivkonstrukteure sei aus dem Kapitel „Die Saugzuganlage" auf Seite 288 wie folgt zitiert: „Mehrfach-Blasrohre (Kyylälä, Kylchap, u. a., Doppel-Schornsteine) unterteilen den Dampfstrahl in verschiedene Einzelstrahlen und bewirken durch die vergrößerte Dampfstrahloberfläche bei gleichem Gegendruck u. U. erhöhte Feueranfachung." Diese

Formulierung lässt den Schluss zu, dass man bei Henschel auch im Jahre 1960 noch immer nicht von den Vorteilen einer Kylchap-Saugzuganlage überzeugt war.

Bemerkungen zur Kylchap Saugzuganlage

Die ursprüngliche Intention des finnischen Lokomotivführers Kyösti Kylälä war, den Funkenflug bei Dampflokomotiven zu verringern. Hierfür erhielt er 1919 ein britisches Patent. Die Zusammenarbeit mit A. Chapelon führte zu einer Weiterentwicklung der bisher üblichen einstufigen Saugzuganlage, dem Kylchap Ejektor, der eine signifikante Leistungssteigerung bei gleichzeitig reduziertem Brennstoffverbrauch bewirkte.

Der Kylchap Ejektor ist eine Kombination von Reihen- und Parallelschaltungen von Strahlpumpen, deren Funktionsweise durch eine geschlossene Lösung nicht beschreibbar ist. Schon die hinreichend genaue Berechnung einer einfachen Saugzuganlage ist nur mit einer numerischen Simulation möglich, weil sonst zu viele Randbedingungen vereinfacht werden müssen und die sich ändernden Betriebsbedingungen nicht abbildbar sind.

Die folgenden Ausführungen sollen dem Versuch dienen, die physikalischen Gründe zu verstehen, weshalb der Kylchap Ejektor die oben beschriebenen Verbesserungen bewirkt.

Der erste Grund für die Leistungssteigerung des Dampftriebwerks liegt spontan auf der Hand.

Der Kylchap Ejektor hat anstelle einer Art Lavaldüse, die bei einstufigen Dampfstrahlpumpen üblich ist, als Treibdüse eine kleeblattförmige Dampfaustrittsdüse mit viel größerem Querschnitt. Das verringert den Abdampfgegendruck und führt zu einer höheren Leistungsentfaltung.

Aber warum wurde das bisher nicht gemacht, wo dies doch anscheinend naheliegend ist?

Das hat mit der Theorie von Bernoulli zu tun.

Das folgende Bild verdeutlicht die Situation.

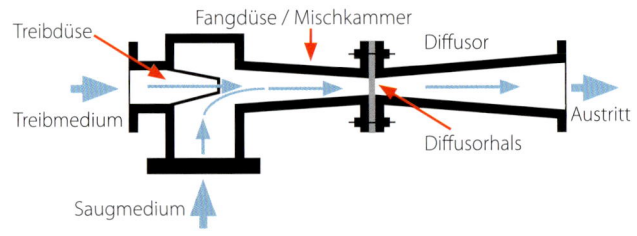

Eine Saugzuganlage funktioniert nach dem gleichen Prinzip wie ein Bunsenbrenner: Aus einer Düse strömt Gas mit hoher Geschwindigkeit und saugt durch den, nach dem Gesetz von Bernoulli

entstehenden Unterdruck die notwendige Verbrennungsluft an.
Betrachten wir die Treibdüse im oberen Bild
die Düseneintrittsfläche sei A_1
die Düsenaustrittsfläche sei A_2
der Druck des Treibmediums sei p_1
der erwünschte Saugdruck nach der Düse sei p_2
die Geschwindigkeit des Treibmediums vor der Düse sei v_1
die Geschwindigkeit des Treibmediums nach der Düse sei v_2
$\dot{m}$ sei die Dampfmasse pro Zeiteinheit

Wenn man annimmt, dass die Düsenaustrittsfläche sehr viel kleiner ist als die Düseneintrittsfläche, kann man das Gesetz von Bernoulli wie folgt formulieren:

$$p_2 = p_1 - \frac{1}{2} \quad \dot{m} \cdot \frac{v_1 \cdot A_1}{A_2^2}$$

Man sieht sofort:
Wenn der zweite Summand möglichst groß wird, dann wird die Differenz, also der Saugdruck p_2 klein. Wenn die strömende Dampfmasse $\dot{m}$ größer wird, „zieht" der Kessel besser. Das System reguliert automatisch auf Angebot und Nachfrage. Weiter geht die Querschnittsfläche der Austrittsdüse A_2 im Nenner quadratisch ein. Wenn man also einen niedrigen Saugdruck p_2 will, muss man die Austrittsdüse möglichst eng machen, damit das Verhältnis

$$\frac{A_1}{A_2} \quad \text{möglichst groß wird.}$$

Man erkennt, dass auch die Strömungsgeschwindigkeit v_1 möglichst groß sein sollte, doch diese ergibt sich zwangsläufig aus $\dot{m}$, A_1 und p_1. Für den Abdampfgegendruck hat das die Konsequenz, dass er den Gesamtdruck, also den statischen Druck und den Staudruck aufbringen muss.

Für den Gegendruck im Zylinder gilt dann:

$$p_k = p_2 + \frac{1}{2} \quad \dot{m} \cdot \frac{A_1 v_1}{A_2^2}$$

Je enger Düse und je größer die Eintrittsgeschwindigkeit umso größer wird der notwendige Gegendruck. Dann „zieht" der Kessel zwar besser, aber die Dampfmaschine verliert an Leistung.
Fazit: Alles, was den Saugdruck erniedrigt, erhöht gleichzeitig den Gegendruck in den Zylindern. Es gilt auch hier der Satz von der Erhaltung des Ärgers.

Eine Vergrößerung des Querschnitts der Austrittsdüse wie beim Kylchap dargestellt, erhöht also bei gleichem Massenstrom den Druck an der Fangdüse oder in der Mischkammer beträchtlich. Man könnte also annehmen, dass der mechanische Leistungsgewinn der Dampfmaschine von der schlechteren Boilerleistung mehr als aufgezehrt wird, weil der Kessel nun schlechter „zieht".
Die obige, bei Saugstrahlpumpen übliche Betrachtung geht nun

Abb. 029 - Das doppelte Hosenrohr mit den beiden „Kleeblatt"-Düsen, in Stahlguß gefertigt. Die Kupferrohrschleifen mit den offenen Bohrungen und der zentralen Dampfversorgung ergeben den Hilfsbläser (Aufnahme A1 Locomotiv Trust).

Abb. 028 - Die Kylälä-Düse teilt den aus dem Hosenrohr kommenden Dampfstrahl in vier einzelne Dampfströme auf. Von dort tritt der Dampf in die folgende zylindrische Zwischendüse ein (Aufnahme A1 Locomotiv Trust).

von einer Reihe von Vereinfachungen aus. So wird der Dampf als inkompressibles Medium angesehen, das obendrein keine kinematische Zähigkeit aufweist, obwohl dies für das weitere Geschehen in der Fangdüse von entscheidender Bedeutung ist. Eventuelle Kondensation des Dampfes unter ungünstigen Bedingungen und die daraus resultierende latente Wärme werden ebenso nicht betrachtet.
Fest steht, dass an der Austrittsdüse Unterdruck entsteht, der den „Zug" durch den Kessel anfacht. Danach beginnt die Spekulation.

Die vielen Einflussparameter lassen eine geschlossene Lösung der Sauganlage nicht zu. Aus diesem Grunde sind bis in die fünfziger Jahre des letzten Jahrhunderts Saugzuganlagen immer empirisch ausgelegt worden. Das Ziel war, Dampfmangel zuverlässig zu verhindern und gleichzeitig den Kohleverbrauch signifikant zu verringern. Letzteres konnte nicht mit statistisch wissenschaftlicher Exaktheit festgestellt werden. Siehe dazu die Diskussionen um den Giesl Ejektor. Für eine Dampflok gilt, was man auch bei heute aktuellen Automobilen und Lastkraftwagen beobachten kann. Der Einfluss konstruktiver Maßnahmen ist klein im Gegensatz zum Einfluss von Fahrer bzw. Lokpersonal vor allem bei unterschiedlichen Betriebszuständen

Nach dem Verlassen der Austrittsdüse bildet der Dampf einen Freistrahl aus. Aufgrund der unterschiedlichen Geschwindigkeiten von Dampf und angesaugtem Rauchgas entsteht eine Scherung an der Grenzschicht. Dies führt zu einem Impulsübertrag auf das langsamere Rauchgas und damit zu seiner Beschleunigung. Der Dampfstahl hat eine Geschwindigkeitsverteilung wie eine Gauß′sche Glockenkurve, die wegen des Impulsübertrags immer flacher wird. Nach dem Gesetz von Bernoulli wird das Rauchgas angesaugt und nach dem Impulserhaltungssatz weitertransportiert. Wegen der sich ständig ändernden Bedingungen sind diese Vorgänge nicht mit hinreichender Exaktheit zu berechnen.

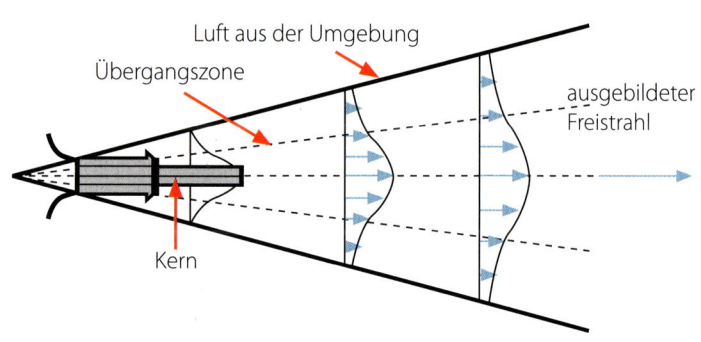

Abhilfe könnte nur eine numerische Simulation schaffen, da auf dieses Weise die Randbedingungen erfasst werden könnten. Während der Blütezeit des Dampflokbaus war dies technisch nicht möglich, da keine leistungsfähigen Rechner zur Verfügung standen. So war man auf empirische Untersuchungen angewiesen, die eben immer mit Unwägbarkeiten behaftet sind.

Die folgenden Überlegungen sind daher nur Spekulation, welche physikalischen Prinzipien möglicherweise hinter der unbestrittenen Leistung des Kylchap Ejektors stehen.

Der größere Querschnitt der Dampfaustrittsdüse erhöht den Druck in der Rauchkammer und führt dadurch zu einem geringeren „Zug" des Kessels. Allerdings wird durch die Parallelschaltung von vier Fangdüsen das Saugvolumen deutlich erhöht.

Offensichtlich ist es so, dass der kurze hohe Unterdruckstoß der einfachen Saugzuganlage für eine gleichmäßige Verbrennung nicht unbedingt vorteilhaft ist. So wurde bei verschiedenen Lokomotiven beobachtet, dass der übermäßige kurze Unterdruckstoß das Feuerbett sogar leicht anheben kann.

Für die Verbrennung ist es möglicherweise viel günstiger, die Verbrennungsluft unter geringerem Druck, dafür aber mit deutlich größerem Volumen zur Verfügung zu stellen. Da die Strahlungswärme von der Temperatur extrem Abhängig ist, ist ein gleichmäßig weiß glühendes Feuer für die Boilerleistung günstiger als ein stark flackerndes.
Dem gleichen Zweck dient die Hintereinanderschaltung von Fangdüse, Saugzug und Schlot. Aus einem harten, kurzen Unterdruckstoß wird durch die zeitliche Verzögerung eine gleichmäßigere Ansaugung mit großem Volumen und reduziertem Druck.

Zur zeitlichen Verzögerung kommt noch der geometrische Vorteil: Die Rauchgase strömen nicht zu einem zentralen Absaugpunkt, sondern werden über die ganze Rauchkammer abgezogen, was nicht nur eine gleichmäßige Auslastung aller Rauchrohre, sondern auch noch eine Verringerung des Strömungswiderstandes zur Folge hat.

Voraussetzung für diesen Effekt ist allerdings, dass die Hintereinanderschaltung der verschiedenen Stufen auch funktioniert. Die Antwort auf die Frage, woher der Dampf, der bereits in der Kolbenmaschine seine Arbeit verrichtet und sich entspannt hat, den nötigen Impuls hat, um dann noch mehrere Stufen nacheinander zu durchlaufen, ist von entscheidender Bedeutung.

Hier bietet sich folgende Erklärung an:
Nach der adiabatischen Expansion des Dampfes in der ersten Stufe nach der Treibdüse nimmt seine Temperatur stark ab. Bei Dampfstahlpumpen, die z.B. kalte Luft fördern, kann es sogar zur teilweisen Kondensation des Dampfes kommen, der Schwung erlahmt.

Beim Kylchap Ejektor jedoch, saugt der Dampf aber sehr viel heißeres Rauchgas an und vermischt sich damit.
Ein kurzer Blick auf die Bernoulligleichung zeigt:

$$p_2 = p_1 - \frac{1}{2} \cdot \rho \cdot v_1^2 \cdot \left(\frac{A_1}{A_2}\right)^2$$

Für die Entstehung des Unterdrucks ist auch die Dichte ρ des Treibmediums wichtig.

Da der Dampf eine Molekularmasse von nur 18 hat und eine Temperatur von weniger als 250 °C aufweist, das Rauchgas dagegen Molekularmasse von ca. 33 und 370° C, erfährt der Dampf durch das heiße schwere Rauchgas eine Energiezufuhr und gewinnt dabei an Expansionsenergie bei gleichzeitig erhöhter Dichte, die in der nächsten Stufe zur Verfügung steht. Diese These wird gestützt durch die gasdynamische Bernoulli-Gleichung für adiabatische Gasströme:

$$v^2 = \frac{2}{\gamma - 1} \cdot c_s^2 \frac{T}{T_0}$$

wobei γ den Adiabatenexponent bezeichnet, v die Geschwindigkeit c_s die Schallgeschwindikeit des Treibmediums und T die Temperatur des Gases. Man sieht, dass eine höhere Temperatur auch eine höhere Gasgeschwindigkeit zur folge hat.

In der nächsten Stufe geschieht dann abgeschwächt das gleiche Prinzip, so dass alle hintereinander geschalteten Stufen zur Erzeugung eines gleichmäßigen Unterdrucks beitragen können.

Die Folge ist eine gleichmäßige Verbrennung mit höherem Luftdurchsatz bei kleineren Unterdruckstößen. Als weitere Folge davon und weil weniger Lösche ausgestoßen wird, erhöht sich die Effizienz der Verbrennung und damit verringert sich der Brennstoffverbrauch.

Die höhere Dampferzeugungsrate führt dann zusammen mit dem reduzierten Abdampfgegendruck im Zylinder insgesamt zu höheren Leistungen der Maschine.

Zum Schluss sollte auch die zweifache oder doppelte Saugzuganlage betrachtet werden. Bei dieser wird der Abdampf sämtlicher Zylinder zunächst in einem Rohr vereinigt und in der Folge wieder auf zwei Rohre verteilt. In der Fachsprache war vom sogenannten „Hosenrohr" die Rede.

Die beiden Enddüsen blasen den Dampf aus den Zylindern in zwei hintereinander liegende Schornsteine. Das sogenannte „Hosenrohr" erfordert eine größere Bauhöhe und muss konstruktiv in die Rauchkammer eingeplant werden. Als Folge dieser Doppelblasrohranlage entsteht ein besserer Saugzug und damit eine höhere Verbrennungs- und Verdampfungsleistung. Auch die deutsche Baureihe 10 besaß eine doppelte Saugzuganlage. Im Vergleich zur Baureihe 01[10], die einen ähnlichen Kessel aufwies, hätte die Verdampfungsleistung der Baureihe 10 im Geschwindigkeitsbereich über 80 km/h um mehr als 10 Prozent höher liegen müssen. Leider wurden zur Verifizierung dieser Mehrleistung keine vergleichenden Meßfahrten unternommen.

Bei den British Railways wurden ab 1950 sowohl ältere, von den früheren Privatbahngesellschaften übernommene Lokomotiven als auch ein Teil der neuen Standardmaschinen mit doppeltem Blasrohr und Schornstein aus- oder nachgerüstet. Zu den erfolgreichen Umbauten gehörten die 2′C h4-Loks der „King-Class" der Great Western, die 2′C h2-Standardlokomotiven Class 4 der British Railways, die 2′C h3-Class 5 der LMS, die 2′C h3-Class 7P „Jubilee" der LMS, die 2′C1′ h3-Schnellzugloks Class A1 der früheren LNER und die 1′E h2-Standardlokomotiven der Class 9F der British Railways. Bei den genannten Lokomotiven, die alle Handfeuerung besaßen, erhöhte sich - oft in Verbindung mit anderen Verbesserungen – die Kesselleistung nach der Ausrüstung mit Doppelblasrohranlagen um Werte zwischen 11 und 15 Prozent!

Als konkretes Beispiel sei hier die BR-Standardlok der Class 4 mit der Achsfolge 2′C h2 genannt. Bei 2,67 m² Rostfläche, 15,8 kg/cm² Kesseldruck, 15,9 m² Strahlungsheizfläche und 137,4 m² Rohrheizfläche besaß der Kessel eine Verdampfungsleistung von 8.890,5 kg/h. Nach dem Einbau einer Doppelblasrohranlage stieg die Verdampfungsleistung auf 10.183,3 kg/h an, also um rund 14,45 Prozent! Aus der letztgenannten Kesselleistung errechnet sich eine Heizflächenbelastung von 66,43 kg/m²h.

4.10 Die Dampfmaschine

Die Umsetzung der Kesselleistung auf das Laufwerk erfolgt über die eigentliche Dampfmaschine. Sie ist dafür verantwortlich, den vom Kessel erzeugten Dampf möglichst wirtschaftlich in mechanische Leistung umzusetzen.

Hier soll jedoch nicht die Funktion einer Dampfmaschine im Detail erläutert, sondern auf deren konstruktive Feinheiten hingewiesen werden, die für den Wirkungsgrad einer Dampfmaschine relevant sind.

Wenn der französische Lokomotivingenieur André Chapelon bei seinen Dampflok-Umbauten hohe Wirkungsgrade bis 12 Prozent erzielte, lag dies an der Anwendung seiner tiefgehenden Kenntnisse auf den Gebieten der Strömungsmechanik und der Thermodynamik.

Für die Dampfmaschine einer Hochleistungslokomotive bedeutete dies, dass der Dampf bis zu den Zylindern in weiten, drosselfreien Rohren strömen sollte. Auch in der Steuerung müssen die Zu- und Ableitungsquerschnitte so reichlich bemessen sein, dass im Bereich der Schieber wie in den Zylindern möglichst noch der volle Kesseldruck ankommt.

Mit dem Schwerpunkt auf der inneren Optimierung der thermodynamischen Prozesse und der strömungsmechanischen Abläufe hat André Chapelon vorhandene Schnellzuglokomotiven umgebaut und mit diesen Maßnahmen fast die doppelten Werte der ursprünglichen Leistungen erreicht!

Dabei achtete er darauf, dass bei diesen Vierzylinder-Verbundmaschinen die jeweiligen Leistungen der Hochdruck- und der Niederdruckzylinder nahezu gleich waren. Weiterhin konnte er durch entsprechende Platzierung der Hoch- und Niederdruckzylinderpaare nahezu gleiche Treibstangenlängen und identische Lagerbelastungen realisieren. Durch innere Verstärkung der vorhandenen Rahmen sorgte er für eine hohe Verwindungssteifigkeit und beugte damit den früher öfter aufgetretenen Lagerschäden vor.

Wer hier noch Genaueres wissen möchte, kann die Details in André Chapelons Buch „La locomotive à vapeur" nachlesen, welches 1939 erschienen ist und im Jahre 1952 noch einmal neu aufgelegt wurde.

4.11 Zehn Hochleistungslokomotiven im Vergleich

In der bisherigen Betrachtung wurden alle relevanten Faktoren genannt, die zu einer leistungsstarken Lokomotive führen können. In der Folge werden nun kurz die zehn in Tabelle 1, Seite 46/47, aufgeführten Maschinen bewertet und gelegentlich auf die dabei verpassten Verbesserungsmöglichkeiten hingewiesen.

Abb. 030 - Schnellzuglokomotive 001 150-2 bei der Lokparade im Bw Regensburg am 29.09.1973. Diese Parade mit allen drei Traktionsarten der DB wurde zu Ehren der letzten, mit einer Hofer 001 (01) gefahrenen Reisezuges, abgehalten. Eine Woche zuvor war diese Maschine in Hof noch einmal neu gespritzt worden.

In Tabelle 5 sind diese zehn Lokomotiven wieder in gleicher Folge aufgeführt. Hier wird aufgezeigt, welche konstruktiven Details jeweils Verwendung fanden und wie diese Leistungsfähigkeit und Wirtschaftlichkeit beeinflussten. Der Verfasser hat in der Folge nur eine sehr kurze, sehr persönliche und nicht unbedingt objektive Bewertung vorgenommen. Leserzuschriften sind hier gefragt und willkommen.

Für den technisch vorbelasteten Leser enthalten die Tabellen 1 und 5 die wichtigsten Bewertungskriterien, die zur sachlichen Beurteilung der zehn vorgestellten Lokomotiven erforderlich sind. Aber auch der Laie kann sich aufgrund der tabellarischen Behandlung dieser Maschinen ein eigenes Bild machen. Die neuen Schnellzugbaureihen der Deutschen Reichsbahn-Gesellschaft waren schon wegen des Wagner'schen Langkessels und der damit verbundenen Nachteile im Vergleich zu anderen Konstruktionen nur als Durchschnitt anzusehen. Auch einige der großen französischen Privatbahnen hätten wohl nicht so herausragende Maschinen besessen, wenn nicht André Chapelon mit seinen umfassenden Kenntnissen und Bemühungen bedeutende technische Akzente gesetzt und besonders leistungsfähige Lokomotiven geschaffen hätte. Selbst in England waren besonders gelungene Maschinen nicht an der Tagesordnung. Hervorzuheben sind hier George Jackson Churchward (geb. am 31. Januar 1857, gest. am 19. Dezember 1933) von der Great Western Railway und sein Nachfolger Charles Benjamin Colett (geb. am 10. September 1871, gest. am 2. April 1952). Ersterer war dort Chief Mechanical Engineer von 1902 bis 1922, letzterer hatte den Posten von 1922 bis in das Jahr 1941 inne. Churchward sagt man bis dahin unerreichte Kenntnisse in den Disziplinen Thermodynamik, Strömungsmechanik und technische Mechanik nach. Die in den Jahren ab 1927 eingeführte Schnellzuglokomotive der „Kings-Class" mit der Achsfolge 2'C h4 blieb noch bis in die 1950er Jahre zugstärkste Dampflok der British Railways. Nach diversen Umbaumaßnahmen, wie neue Überhitzer, doppelte Saugzuganlage und vieles andere mehr, konnte ihr Kessel rund 16,5 t/h bringen und so mit den neu konstruierten Dampflokomotiven der British Railways entweder mithalten oder sie noch überflügeln.
In Form seiner Class A1 mit der Achsfolge 2'C1' h3 bewies auch Arthur Henry Peppercorn von der London & North Eastern Railway, welche Leistungen eine „Pacific-Lok" erbringen kann, wenn man die Erfahrungen von Chapelon zu nutzen weiß.

Auch in Böhmen verstanden es die verantwortlichen Ingenieure von Škoda in Pilsen, das Wissen Chapelons umzusetzen, und stellten für die ČSD leistungsstarke und alltagstaugliche Lokomotiven auf die Schiene. Bei der SNCF konnten die aus den USA gelieferten robusten Lokomotiven der Serie 141 R, oft liebevoll „Ces braves américaines" genannt, wertvolle Aufbauhilfe leisten und blieben auch die letzten in Dienst stehenden Dampflokomotiven in Frankreich.
Nur die 35 Schnellzuglokomotiven der Serie 241 P mit der Achsfolge 2'D1' h4v haben die Kritiker nicht überzeugen können. Um diese neuen Triebfahrzeuge budgetieren zu können, mussten 40 bereits bestellte Maschinen der erfolgreichen und bewährten Serie 141 P (1'D1' h4v) storniert werden.

Zum besseren Verständnis sollten die nun folgenden Einzelbeschreibungen der aufgeführten zehn Lokomotivtypen immer im Spiegel ihrer technischen Daten in den Übersichtstabellen gesehen werden.

4.12 Die Schnellzuglokomotive der Baureihe 01$^{0-2}$ der Deutschen Reichsbahn-Gesellschaft

Der damalige Stand der Technik wurde bereits an den 1927 eingeführten amerikanischen Lokomotiven der Class L131 mit der Achsfolge 1'D'D1' h4 der „Denver & Rio Grande Western Railroad" und der Class P7 mit der Achsfolge 2'C1' h2 der „Baltimore & Ohio Railroad" erläutert (Seite 43). Obwohl zur Zeit der Konzeption der deutschen Einheitslokomotiven von 1925 die hohe Wertigkeit der Strahlungsheizfläche schon bekannt war, setzte der damals verantwortliche Lokomotivbauart-Dezernent Richard Paul Wagner (geb. am 22. August 1882, gest. am 14. Februar 1953) seine Auffassung von der Bedeutung des Langrohrkessels durch. Als Ergebnis musste die Deutsche Reichsbahn-Gesellschaft (DRG) mit einer Durchschnittslokomotive zurechtkommen, die ihre Aufgaben bei normaler Belastung zwar erfüllt hat, aber technisch nicht dem weltweit aktuellen Stand entsprach.

Im ersten Typisierungsplan der DRG waren 12 verschiedene Baureihen vorgesehen. Als eine der ersten Einheitslokomotiven wurden 1926 die ersten 10 Maschinen (01 001 bis 01 010) der Schnellzuglok-Baureihe 01$^{0-2}$ mit Zwillingstriebwerk in Betrieb genommen. In den Folgejahren wurden in den vier folgenden Lieferserien (Lokomotivnummern 01 012 bis 01 076, 01 077 bis 01 101, 01 102 bis 01 190 und 01 191 bis 01 232) weitere 221 Maschinen beschafft. Zusätzliche 10 Lokomotiven kamen durch Umbau der bereits 1925 gelieferten, zunächst mit Vierzylinder-Verbundtriebwerk ausgestatteten Baureihe 02 (Lokomotivnummern 02 001 bis 02 010) hinzu. Diese Umbauloks erhielten später die Nummern 01 011 sowie 01 233 bis 01 241.

Noch bevor die erste Maschine des Neubauprogramms der „Einheitslokomotiven 1925" in Betrieb gegangen war, nahm André Chapelon am 12. Januar 1925 bei der Paris-Orléans-Eisenbahn (PO) seine Tätigkeit als Maschinenbau- und Lokomotiv-Ingenieur auf. In der dortigen Entwicklungsabteilung befasste er sich intensiv mit Themen der Thermodynamik und erarbeitete Verbesserungen an den dampfführenden Leitungen sowie an der Saugzuganlage.

Die nach Chapelons Vorgaben umgebaute Pacificlok Nr. 3566 mit der Achsfolge 2'C1' h4v verließ im November 1929 die PO-Werkstätten in Tours und unternahm ihre ersten Meßfahrten am 19. November 1929. Das Ergebnis fiel sensationell aus. Alle Berechnungen Chapelons hatten sich bestätigt, und die Umbaulok erbrachte bei einer Geschwindigkeit von 120 bis 130 km/h eine indizierte Leistung von ganzen 3.000 PS! Dieser unglaubliche Erfolg wurde international fast über Nacht bekannt, hinterließ jedoch bei den verantwortlichen Entscheidungsträgern der Deutschen Reichsbahn-Gesellschaft keine nachhaltige Wirkung.

Die zweite Schnellzuglokomotive, die unter der Regie André Chapelons modifiziert und enorm in der Leistung gesteigert wurde, entstand aus einer älteren 2′C1′ h4v-Lok der Serie 4500. Diese neue 2′D h4v-Lokomotive mit der Nummer 4521 war genauso konsequent berechnet und konstruktiv überlegt ausgeführt wie der erste Umbau Chapelons, sodass sie auf Anhieb zur leistungsstärksten Dampflokomotive Europas aufstieg. Bei einer Geschwindigkeit von 112,7 km/h wurden genau 4.000 PSi ermittelt, und dies als Dauerleistung!

Am 21. März 1935 nahm auch Professor Dr.-Ing. E. h. Hans Nordmann, der in diesem Kapitel schon genannte Versuchsdezernent der Deutschen Reichsbahn, an einer Fahrt mit einem von dieser Serie 240 P geführten Schnellzug teil. Die Fahrt mit Lokomotive 240.710 ging von Paris, Gare St. Lazare, über Caen nach Cherbourg und zurück. Im mitgeführten Meßwagen konnte Hans Nordmann die Leistungsdaten der Lokomotive miterleben und war erstaunt darüber, dass diese 2′D h4v-Maschine am Zughaken rund 3.000 PS als Dauerleistung erbrachte.

Auch nach dieser überzeugenden Demonstration folgten seitens der entscheidungsverpflichteten Herren der Deutschen Reichsbahn-Gesellschaft keinerlei Konsequenzen. Die deutschen 2′D2′ h3-Schnellzuglokomotiven der Baureihe 06, mit Stromschale versehen und in zwei Exemplaren im Jahre 1939 in Betrieb genommen, übertrafen zwar die französische Reihe 240 P in ihrem Dienstgewicht von 143,57 t ohne Tender um 27 Prozent, konnten aber nur mit einer Leistung von 2.800 PSi brillieren. Und dies bedeutete im Vergleich mit den 4.000 PSi der französischen Reihe 240 P eine um 30 Prozent niedrigere Leistung.

Hätte man sich bei der Entwicklung der deutschen Einheitslokomotiven mehr mit dem Thema Thermodynamik befasst und nicht so sehr auf die Aerodynamik mit der Stromschale gesetzt, wären auf Deutschlands Schienen sicher bessere Lokomotiven gefahren. Und dieses Schicksal hat auch die hier angeführte Baureihe 01$^{0-2}$ getroffen!

Von der Einheitslokomotiv-Baureihe 01$^{0-2}$ stehen heute noch fünf Maschinen in Betrieb. Die Lok 01 066 aus dem Bestand der mitteldeutschen DR gehört dem Bayerischen Eisenbahnmuseum in Nördlingen und wird für Sonderfahrten eingesetzt. Sie wurde 1928 bei Schwartzkopff in Wildau bei Berlin gebaut.

Die Lok 01 118 zählt zum Fahrzeugbestand der Historischen Eisenbahn Frankfurt. Diese Maschine wurde 1934 von Krupp an die Deutsche Reichsbahn-Gesellschaft geliefert und blieb bis zu ihrer Ausmusterung fast ununterbrochen in Betrieb. Noch mit großen Windleitblechen versehen, demonstriert sie die Serienversion der Baureihe 01 aus den 1930er Jahren pur!

Die Lok 01 150 hat eine wechselvolle Geschichte hinter sich. Sie zählt zum Fahrzeugbestand des Verkehrsmuseums Nürnberg. Beim großen Brand des Lokschuppens im Bw Nürnberg Hbf am 17. Oktober 2005, als dieser bis auf die Grundmauern zerstört wurde, hat auch die Maschine 01 150 dort gestanden und wurde beschädigt. Im Jahr 2012 konnte diese Lokomotive im Dampflokwerk Meiningen ausgebessert und wieder in Betrieb genommen werden. Heute wird die Lok 01 150 wieder für Sonderfahrten eingesetzt.

Die Lok 01 173 wird heute von den „Ulmer Eisenbahnfreunde – Historischer Dampfschnellzug e. V." aufgearbeitet. Sie wurde 1936 von Henschel & Sohn in Kassel gebaut und blieb bis zum 10. Dezember 1973 im Bestand der DB. Nach ihrer Ausmusterung wurde die Maschine 01 173 vom Deutschen Dampflokmuseum in Neuenmarkt-Wirsberg gekauft und mittels mehrerer Tauschaktionen an den Förderverein des Deutschen Technikmuseums in Berlin gereicht. Dieser Verein möchte zusammen mit den Ulmer Eisenbahnfreunden die Lok 01 173 betreiben. Ihr Standort befindet sich jetzt im Süddeutschen Eisenbahnmuseum in Heilbronn.

Die Lok 01 202 gehört heute dem Verein „Pacific 01 202" in Mühlberg (Schweiz). Sie wurde wie die Lok 01 173 im Jahre 1936 von Henschel & Sohn in Kassel gebaut und stand bis zu ihrem Betriebsende beim Bw Hof im schweren Schnellzug- und Eilzugeinsatz. Die Zurückstellung von der Ausbesserung erfolgte am 17. Februar 1973, ihre Ausmusterung am 12. April 1973. Am 12. April 1975 wurde die Lok 01 202 vom Schweizer Verein EUROVAPOR erworben und nach einem Zwischenaufenthalt in Haltingen (Südbaden) am 2. Oktober 1975 in die Schweiz überführt. – Nach Ausbesserungsarbeiten im Dampflokwerk Meiningen wird die 01 202 im Frühjahr 2013 wieder für Sonderfahrten zur Verfügung stehen (www.dampflok.ch).

4.13 Die Schnellzuglokomotive der Baureihe 01$^{0-2}$ mit dem DB-Neubaukessel

Der Zweite Weltkrieg hatte durch kriegsbedingte Einflüsse, insbesondere durch die massiven alliierten Luftangriffe, den betriebsfähigen Lokomotivbestand der Reichsbahn erheblich dezimiert. Nach Kriegsende waren in Westdeutschland immerhin 171 Lokomotiven der Baureihe 01 verblieben. Davon mussten 6 Maschinen wegen starker Beschädigung von der Ausbesserung zurückgestellt und schließlich ausgemustert werden.

Die neu gegründete Deutsche Bundesbahn wollte zunächst 80 der vorhandenen Maschinen modernisieren, baute schließlich aber nur 50 Lokomotiven dieser Gattung um. Die Maßnahme beinhaltete in der Hauptsache den Einbau eines neuen Hochleistungskessels sowie weitere Änderungen an Technik und Design. Dazu zählten die Entfernung der vorderen Schürzen, Verlegung der Pumpen auf Fahrzeugmitte, neue Dampfzylinder, seitlich angeordnete Sandkästen und vieles mehr.

Vom Erscheinungsbild her galten die neu bekesselten Maschinen als eindrucksvolle Konstruktion, wenn auch der leistungsseitig gut ausgelegte Kessel mit einer viel zu kleinen Rostfläche ausgestattet war (siehe Tabelle 4, Seite 29). Damit konnte die Verdampfungsleistung des neuen Kessels im Vergleich zum alten im Normalbetrieb nur um ganze 2,7 Prozent (von 14,093 auf 14,482 t/h) angehoben werden. Vom Verhältnis der Strahlungsheizfläche zur Konvektionsheizfläche mit 1:7,777 war die Konzeption gut gelungen. Nur konnte mit der viel zu kleinen Rostfläche von 3,995 m^2 nur äußerst schwer die erlaubte Kesselbelastung von rund 78 kg/m^{2}h realisiert werden. Auch der Verfasser

hat mehrmals eine neu bekesselte Lok der Reihe 01 heizen dürfen und lediglich mit Hilfe eines dritten Mannes auf dem Führerstand eine überragende Leistung erzielen können. Sicher durfte man von einem normalen Heizer der DB nicht die zuvor beschriebene Leistung erwarten, und zwar weder physisch noch psychisch!

Wenn man für eine vorhandene Lokomotivbaureihe einen neuen Kessel konzipiert, sollte man als Ausgangsbasis den Stand der Technik nehmen. Bis auf die zu kleine Rostfläche war an dem neuen Kessel nicht viel zu kritisieren. Weshalb immer im System gedacht und gehandelt werden sollte, wurde hier nicht berücksichtigt. Aus Tabelle 5, Seite 56, kann man wieder ersehen, was man beim Umbau der Baureihe 01 alles noch hätte vorsehen können.

Von den insgesamt 1.340 Stück der in den USA bestellten und gebauten Lokomotiven der SNCF-Serie 141 R erhielten alle Maschinen der zweiten Serie anstelle der amerikanischen Saugzuganlage (Self-cleaning Front End) solche des Typs „Kylchap".

Die im Jahre 1947 eingeführte „Pacificlok" der englischen Bahngesellschaft LNER vom Typ A1 mit der Achsfolge 2'C1' h3 erhielt neben Verbrennungskammer und Hulson-Schüttelrost gleich eine doppelte Kylchap-Saugzuganlage. Die Class A1 war nicht nur die leistungsfähigste aller englischen „Pacificloks", sondern unterbot als besonders anspruchslose Maschine auch in Unterhalt und Verbrauch alle bisherigen, zuvor unter Gresley entstandenen Lokomotiven. Sir Herbert Nigel Gresley war von 1923 bis 1941 Maschinenbauingenieur und Chief Mechanical Engineer bei der LNER gewesen.

Dank des neuen Kessels konnte die Baureihe 01^{0-2} zwar mit höherer Kesselbelastung gefahren werden, ihre von ursprünglich 4,41 m² auf 3,955 m² reduzierte Rostfläche erlaubte jedoch im Normalfall nicht den erforderlichen höheren Brennstoffumsatz.

Von den 50 Einheiten der durch die Deutsche Bundesbahn umgebauten und neu bekesselten Lokomotiven der Baureihe 01 wurde keine Maschine betriebsfähig erhalten.

🔺 Abb. 031 - Schnellzuglokomotive 001 131-2 im Bw Hof. Der Neubaukessel sowie die zeitgemäß gestaltete Frontpartie verleihen dieser Lok ein „bulliges" Aussehen. Auch bei dieser Lokomotive durfte der Verfasser einmal auf einer Fahrt über die „Schiefe Ebene" die Heizerdienste übernehmen.

4.14 Die Schnellzuglokomotive der Baureihe 01^5, Rekolok der Deutschen Reichsbahn in Mitteldeutschland

Die Umbaumaßnahmen der mitteldeutschen Staatsbahn beschränkten sich nicht nur auf eine Neubekesselung. Im Grunde wurde die noch immer dringend benötigte Schnellzuglok der Baureihe 01^{0-2} ganz neu aufgebaut und somit als Rekonstruktionslokomotive (Rekolok) bezeichnet. Zunächst wurden die Schnellzuglokomotiven der Baureihe BR 01^5 mit Kohle gefeuert, nach einiger Zeit waren 28 Stück auf Ölheizung umgerüstet.

Kenndaten von Dampflokomotiven Tabelle 1 (Übersichtstabelle, alle Lokomotiven mit Regelspurweite 1.435 mm)

Nr	Bahnverwaltung	DRG	DB	DR	DB	DB
1	Baureihe	01$^{0-2}$	01$^{0-2}$ Umbau	01^5 Umbau	01^{10} Umbau	10 $^{10)}$
2	Feuerung (wenn keine Kohle)			Öl	Öl	Öl
3	Baujahr (ab)	1934	1958	1962	1956/1959	1957
4	Achsfolge/Bauart	2'C1'h2	2'C1'h2	2'C1'h2	2'C1'h3	2'C1'h3
5	Laufrad-Ø (mm)	1.000/1.250	1.000/1.250	1.000/1.250	1.000/1.250	1.000/1.000
6	Treibrad-Ø (mm)	2.000	2.000	2.000	2.000	2.000
7	Zylinder-Ø (mm)	600	600	600	500	480
8	Kolbenhub (mm)	660	660	660	660	720
9	Höchstgeschw. (km/h)	130	130	130	140	140
10	Achslast max. (t)	20,1	19,8	20,1	20,8	22,2
11	Kesseldruck (kp/cm^2)	16	16	16	16	18
12	Rostfläche R (m^2)	4,41	3,955	(4,87)	(3,955)	(3,955)
13	Heizfläche feuerber. (+VK) H_b (m^2)	17	22	23,5	22	22
14	Heizfläche Langkessel H_r (m^2)	230,25	171,09	201	184,51	194,4
15	Verdampfungs-Heizfläche H_v (m^2)	247,25	193,09	224,5	206,51	216,4
16	Überhitzer-Heizfläche $H_ü$ (m^2)	85	100,54	97,5	96,15	105,7
17	Verhältnis H_r / H_b	13,544	7,777	8,553	8,387	8,836$^{4)}$
18	Zulässige Kesselbelastung (kg/m^{2}h)	57	75	75	75	75
19	dito nach Klie'scher Kurve (kg/m^{2}h)	~47	~78	~73	~74	~70
20	Verdampfungsleistung nach 18 (t/h)	14,093	14,482	16,838	15,488	16,23
21	Verdampfungsleistung nach 19 (t/h)	11,62	15,061	16,389	15,281	15,148
22	Max. indizierte Leistung Ni (PSi)	2.283$^{1)}$	2.330$^{7)}$	~2.685$^{2)}$	2.470$^{2)}$	~2.660$^{6)}$
23	Max. Zughakenleistung Ne (PSe)	1.830$^{1)}$	1.872	<2.000	<2.000	<2.000
24	Dienstgewicht (t) (ohne Tender)	111,3	108,3	111	111,6	118,9
25	Leistungsgewicht (PSi/t)	20,51	21,51	24,19	22,13	22,37

[1] 01 140 bei 6,173 kg/PSih (gemessen), im Merkbuch für Schienenfahrzeuge der Deutschen Bundesbahn, Dampflokomotiven und Tender, gültig vom 1. Juli 1953 an, sind für alle beschafften Lokomotiven 2.240 PSi aufgeführt.

[2] bei 6,270 kg/PSih (gemessen)

[3] mit Stoker (mechanische Rostbeschickung)

[4] Eine Kürzung der Kesselrohre von 5.500 auf 5.000 mm, Verwendung des Rohrbildes des Kessels der BR 01^{10} und eine Verlängerung der Verbrennungskammer von 1.122 auf 1.622 (500 mm) hätte zu einer wesentlich höheren Kesselleistung geführt und damit eine zulässige Dauerheizflächenbelastung von ca. 82 kg/m^{2}h ermöglicht. Die Verdampfungsleistung hätte in diesem Falle bei (184,51 + 24,5 = 209,01) x 82 = 17,139 t/h gelegen. Bei H_b= 24,5 und H_r = 184,51 hätte sich die Klie'sche Zahl von 184,51 : 24,5 = 7,53 ergeben. Damit wären wären rund 2.800 PSi erreicht worden (17.139 kg/h : 6,1 kg/PSih = 2.810 PSi).

[5] bei 5,5 kg/PSih (gemessen)

[6] bei 6,1 kg/PSih (berechnet)

[7] bei 6,21 kg/PSih (berechnet)

[8] mit Thermosyphon (Wassertasche in der Feuerbüchse, auch Feuerbüchssieder genannt), die 141 R besitzt zwei Thermosyphons

[9] mit Kylchap-Doppelblasrohr

[10] mit doppelter Saugzuganlage

🔺 Abb. 032 - Hier sind alle relevanten technischen Daten der zehn in diesem Kapitel behandelten Lokomotiven zu finden. Besonders interessant fällt der Vergleich der deutschen Baureihe 10 mit der englischen A1 aus. Trotz vieler identischer Abmessungen liegt das Leistungsgewicht der A1 rund 14 % höher als das der erst acht Jahre später gefolgten BR 10.

Nr	Bahnverwaltung	LNER/BR	CSD	CSD	SNCF	SNCF
1	Baureihe	A1 [9])	498.1 [9])	556.0 [9])	141 R	241 P [9])
2	Feuerung (wenn keine Kohle)				Öl	
3	Baujahr (ab)	1948	1954	1952	1945	1947
4	Achsfolge/Bauart	2'C1'h3	2'D1'h3	1'Eh2	1'D1'h2	2'D1'h4v
5	Laufrad-Ø (mm)	965/1.118	880/1.150	900	914/1.067	1.000/1.330
6	Treibrad-Ø (mm)	2.032	1.830	1.400	1.651	2.000
7	Zylinder-Ø (mm)	483	500	550	597	446/674
8	Kolbenhub (mm)	660	680	660	711	650/700
9	Höchstgeschw. (km/h)	150/160	120	80	100	120
10	Achslast max. (t)	22,7	18	16,7	20	20,4
11	Kesseldruck (kp/cm²)	17,6	16	18	15,5	20
12	Rostfläche R (m²)	4,65	4,85 [3])	4,34 [3])	(5,16)	5,052 [3])
13	Heizfläche feuerber. (+VK) H_b (m²)	22,79	26,48)	24,28)	27,318)	30,668)
14	Heizfläche Langkessel H_r (m²)	192,4	202	176,8	223,43	213,91
15	Verdampfungs-Heizfläche H_v (m²)	215,19	228,4	201	250,74	244,57
16	Überhitzer-Heizfläche $H_{\ddot{u}}$ (m²)	63,2	73,25	75,2	64,4	108,38
17	Verhältnis H_r / H_b	8,442	7,651	7,306	8,181	6,969
18	Zulässige Kesselbelastung (kg/m²h)	75	80	80	75	85
19	dito nach Klie'scher Kurve (kg/m²h)	~74	~80	~83	~75	~85
20	Verdampfungsleistung nach 18 (t/h)	16,139	18,272	16,08	18,805	20,788
21	Verdampfungsleistung nach 19 (t/h)	15,924	18,272	16,683	18,805	20,788
22	Max. indizierte Leistung Ni (PSi)	2.700	~2.914	~2.565	~2.999	~3.7805)
23	Max. Zughakenleistung Ne (PSe)	<2.200	<2.500	<2.000	<2.500	<2.700
24	Dienstgewicht (t) (ohne Tender)	105,765	116,6	99	116,25	131,42
25	Leistungsgewicht (PSi/t)	25,53	24,99	25,91	25,80	28,76

Hervorzuheben ist hier die Position der beiden Ölbrenner. Diese waren ganz unten an der hinteren Feuerbüchswand montiert. Durch die Beibehaltung des Feuerschirms erfolgte die Verbrennung des Öls in einer S-förmigen Kurve mit doppelter Umlenkung. Sie ermöglichte hierdurch einen wesentlich längeren Verbrennungsweg als bei der Ölfeuerung in der Feuerbüchse der Reihe 01[10] der DB. Damit konnte das Schweröl nicht nur effizienter verbrannt werden, sondern durch den längeren Flammenweg konnte die Strahlungswärme noch intensiver zur Wirkung kommen.

Obwohl diese Lok aufgrund ihres Kessels zur wohl leistungsfähigsten 01-Maschine auf deutschen Schienen geworden war, hätte man noch manches besser machen können. Mit Stoker, Hulson-Schüttelrost und doppelter Kylchap-Saugzuganlage wäre eine Schnellzuglokomotive auf der Basis der Reihe 01 entstanden, die vermutlich mehr als 2.500 PS am Zughaken gebracht hätte und trotzdem sparsam im Betrieb gewesen wäre.

Eine Frage bleibt: Wenn man im oftmals wankelmütigen Land Böhmen den Mut bewies, 510 Lokomotiven der Reihe 556.0 sowie 147 Maschinen der Reihe 475.1 und 15 Loks der Reihe 498.1 mit mechanischer Feuerung (Stoker), Hulson-Schüttelrost und doppelter Kylchap-Saugzuganlage auszurüsten, warum hat man im hochtechnisierten Mitteldeutschland bei der Anwendung von Neuerungen für Dampfloks nicht eine vergleichbare Courage an den Tag gelegt?

Somit galt die Rekolok-Baureihe 01[5] der DR als eine gut gelungene Maschine, die aber um einiges noch hätte besser werden können.

Von dieser Umbaulokomotive sind zwei Maschinen betriebsfähig vorhanden. Die Lok 01 509 lief zunächst bei den Ulmer Eisenbahnfreunden und ging 2007 an die Eisenbahn-Bau- und Betriebsgesellschaft Pressnitztalbahn in Espenhain. Die Maschine wurde 1935 unter der Betriebsnummer 01 143 von Krupp für die Deutsche Reichsbahn-Gesellschaft gebaut. Sie gehört zu den 35 Lokomotiven der Baureihe 01 0-2, die von der mitteldeutschen Reichsbahn im RAW Meiningen neu aufgebaut wurden, und zwar mit Datum vom 13. Februar 1963. Sie fährt mit Ölfeuerung.

Die Lok 01 533 steht im Besitz der Österreichischen Gesellschaft für Eisenbahngeschichte und war 1934 von Krupp unter der Nummer 01 116 an die Reichsbahn geliefert worden. Im Jahr 1964 durchlief sie im RAW Meiningen die gleichen Umbaumaßnahmen wie die zuvor genannte Maschine 01 509. Sie wird noch mit Kohle gefeuert und ist Zugpferd vieler Sonderfahrten in Österreich.

Abb. 033 - Schnellzuglokomotive der Bauart 2'C1'h3 mit Nummer 012 071-7 im Bw Rheine. Die gelben Markierungen an den Rädern resultieren aus deren Vermessung. Die vom Lokomotivinspektor (Werkmeister) mit Kreide vorgegebenen Instandsetzungsarbeiten müssen von den Werkstätten noch ausgeführt werden.

4.15 Die Schnellzuglokomotive der Baureihe 01¹⁰, Umbau der DB mit Ölfeuerung

Im Vergleich zur mitteldeutschen Rekolok der Baureihe 01⁵ besaß der Kessel dieser westdeutschen Dreizylinder-Pacificlok der Reihe 01¹⁰ etwa 6,4 Prozent weniger Strahlungsheizfläche und etwa 8,2 Prozent weniger Konvektionsheizfläche. Die beiden Ölbrenner waren in der vorderen Feuerbüchswand ganz unten angebracht, der Feuerschirm noch verlängert worden. Damit verbrannte das Öl nur in einer U-förmigen Kurve. Der Weg der Flammen vom Brenner bis zur Rohrrückwand fiel daher im Mittel rund zwei Meter kürzer aus als in der Feuerbüchse der mitteldeutschen Rekolokomotiven der Reihe 01⁵. Bei dieser waren die Ölbrenner an der hinteren Feuerbüchswand ganz unten montiert. Der Feuerschirm zur zweckmäßigen Umlenkung der Flammen war ebenfalls beibehalten worden. Der Kessel der Reihe 01¹⁰ lieferte bei normaler Belastung über eine Tonne Dampf pro Stunde weniger als der Kessel der Baureihe 01⁵.

🔻 Abb. 034 Tabelle 2 - Hier wird zunächst der Leistungszuwachs der Bayerischen Pacific 2'C1'h4v nach der Neubekesselung dargestellt und im Anschluß mit einer neubekesselten 001 (01) verglichen. Strahlungs- und Konvektionsheizflächen fallen bei beiden Maschinen fast gleich aus.

Kenndaten von Dampflokomotiven Tabelle 2

Nr	Bahnverwaltung	DB	DB	DB
1	Baureihe	S 3/6 18⁵	S 3/6 18⁶ ¹⁾	01⁰⁻² Umbau
2	Feuerung (wenn keine Kohle)			
3	Baujahr (ab)	1930	1953³⁾	1958⁵⁾
4	Achsfolge/Bauart	2'C1'h4v	2'C1'h4v	2'C1'h2
5	Laufrad-Ø (mm)	950/1.206	950/1.206	1.000/1.250
6	Treibrad-Ø (mm)	1870	1870	2000
7	Zylinder-Ø (mm)	440/610	440/610	600
8	Kolbenhub (mm)	651/670	650/670	660
9	Höchstgeschw. (km/h)	120	120	130
10	Achslast max. (t)	18,1	19,1	19,8
11	Kesseldruck (kp/m²)	16	16	16
12	Rostfläche (m²)	4,53	4,09²⁾	3,955
13	Heizfläche feuerber. (+VK) H_b (m²)	14,36	22,03	22
14	Heizfläche Langkessel H_r (m²)	183,05	174,34	171,09
15	Verdampfungs-Heizfläche H_v (m²)	197,41	196,4	193,09
16	Überhitzer-Heizfläche $H_ü$ (m²)	74,16	73,6	100,54
17	Verhältnis H_r / H_b	12,747	7,914	7,777
18	Zulässige Kesselbelastung (kg/m²h)	57	75	75
19	dito nach Klie'scher Kurve (kg/m²h)	~50	~77⁶⁾	~78
20	Verdampfungsleistung nach 18 (t/h)	11,252	14,73	14,482
21	Verdampfungsleistung nach 19 (t/h)	9,87	15,123	15,061
22	Max. indizierte Leistung (PSi)	1.830	2.250⁴⁾	2.330
23	Max. Zughakenleistung (PSe)	~1.592	~1.910	1.872
24	Dienstgewicht (t) (ohne Tender)	96,2	100,3	108,3
25	Leistungsgewicht (PSi/t)	19,02	22,43	21,51

¹⁾ 18 601 - 18 605 mit geschweißtem Kessel, Verbrennungskammer und Feuerschirm-tragrohren

²⁾ ~ 4,5 m² Rostfläche war von KM (Krauss Maffei) geplant, 4,09 m² vom BZA Minden gefordert worden!

³⁾ Umbau DB mit rund 23 % Leistungssteigerung

⁴⁾ Laut Merkbuch für Schienenfahrzeuge der Deutschen Bundesbahn, Dampflokomotiven und Tender, gültig vom 1. Juli 1953 an, schleppt die Baureihe 18⁶ in der Ebene einen Schnellzug mit 515 to Gewicht mit 120 km/h . Die 01¹ war unter gleichen Bedingungen nur für eine Zuglast von 500 to Gewicht aufgeführt.

⁵⁾ Umbau DB mit nur ca. 3 % Leistungssteigerung (zu kleine Rostfläche, anstelle der vorhandenen 3,955 wären ca. 4,5 m² angemessen gewesen)

⁶⁾ Laut Aussage von J. B. Kronawitter, Leiter Maschinenamt München III, konnte der Kessel der Baureihe 18⁶ bis 16,5 t Dampf pro Stunde liefern. Dies bedeutet im Umkehrschluß, daß der Kessel bis 85 kg/m²h zulässige Dauer-Heizflächenbelastung vertragen hat. Damit konnten max. 2.100 PS am Zughaken erbracht werden! Eine ideale Möglichkeit, bei Bedarf Verspätungen wieder hereinzufahren. - Die installierte Motor-Leistung der Brennkraftlokomotive 218, die auf der Allgäuer Strecke eingesetzt wird, liegt bei nominal 2.500 PS. Die Antriebsanlage ist so ausgeführt, daß im Sommer 2.020 PS und im Winter bei 360 KW Heizleistung 1.960 PS am Getriebeeingang vorhanden sind. Damit liegt die maximale Zughakenleistung im Sommer bei ca. 1.800 und im Winter bei ca. 1.750 PS. Zu beachten sind aber auch das jeweilige Dienstgewicht, welches bei der 218 bei 76,5 t und bei der S 3/6 18⁶ bei 155,4 t liegt. Diese Gewichtsdifferenz macht ca. zwei Reisezugwagen aus. Auch heute werden die Reisezüge zwischen München und Lindau mit der Brennkraftlokomotive 218, meist jedoch in Doppeltraktion, gefahren.

Abb. 035 - Neubekesselte S 3/6 18 612 im Bw München-Ostbahnhof. Dort begannen engagierte Eisenbahnfreunde mit der äußerlichen Aufarbeitung dieser Maschine. Später kam diese Lok in das Deutsche Dampflokmuseum in Neuenmarkt-Wirsberg.

Aber auch bei dieser Lok sollte man sich vorstellen, was hier allein eine doppelte Kylchap-Saugzuganlage ermöglicht hätte: Durch den wesentlich geringeren Blasrohr-Gegendruck hätte jeder der drei Zylinder weit über 100 PSi mehr gebracht und schon bei normalem Betrieb die Leistung Ne am Zughaken auf über 2.300 PS anwachsen lassen! Und das Ganze noch verbunden mit Einsparungen von Wasser und Öl! Bei der Neubekesselung hätte man aber auch andere relevante Bereiche mit vertretbarem Aufwand verbessern können. Als Beispiel betrifft dies ganz offensichtlich die Dampfleitungen, die vom Dampfsammelkasten zu den Zylindern führen. Anstelle alle drei Zylinder mit strömungsmechanisch identischen Einströmrohren zu versehen, wurden im Prinzip nur noch zwei Zuleitungen ausgeführt. Auf dem linken Zylinder wurde dann ein Verzweigungsstück aufgesetzt, welches den Dampfstrom teilte und damit den linken und den inneren Zylinder mit Heißdampf versorgte. Dass solche Konstruktionen nicht nur zur ungleichen Versorgung der drei Zylinder führten, sondern auch für zusätzliche Strömungsverluste sorgten, dürfte jedem Fachmann klar sein. – Ein Blick in die geöffnete Rauchkammer der englischen Dreizylinder-Pacific A1 zeigt, wie man es richtig macht. Hier verbinden drei in Form, Länge und Durchmesser identische Einströmrohre den Dampfsammelkasten mit den drei Zylindern! Damit ist für die gleichmäßige Versorgung aller drei Zylinder sicher gesorgt!

Trotz allem lieferten die ölgefeuerten Lokomotiven der Baureihe 01[10] beachtliche Leistungen und blieben bis kurz vor dem Ende der Dampflokzeit in Betrieb. Sie galten auch als die besten Dampflokomotiven der Deutschen Bundesbahn!

Unter Eisenbahnfreunden wird oftmals nach einem Vergleich zwischen den ölgefeuerten Schnellzuglokomotiven 01[5] der DR und der 01[10] der DB gefragt. Hier würden jedoch Äpfel und Birnen verglichen werden. Die Pacific 01[5] der DR stellt eine neu aufgebaute, ehemalige Reichsbahn-Lokomotive der Baureihe 01[0-2] dar, die im modernisierten Zustand das gleiche Beförderungsprogramm zu erfüllen hatte wie die ursprüngliche Ausführung, nur mit höherer Leistung und größerer Kesselreserve. Auf deutschen Mittelgebirgsstrecken war sie beim

Beschleunigen und auf Steigungen der Ursprungsbauart deutlich überlegen und konnte unter gleichen Bedingungen auch wesentlich schwerere Zuglasten bewältigen.

Die bei der DB umgebaute 01[10] basierte auf einem Lokomotiv-Konzept für höhere Geschwindigkeiten bis 150 km/h, welches eine Dreizylinderausführung zwingend vorschreibt. Leider sind in der Literatur keine Zugkraft/Geschwindigkeits-Diagramme der ölgefeuerten 01[5] und 01[10] zu finden, welche unter gleichen Bedingungen erstellt wurden. Hier soll vielleicht der Hinweis genügen, dass wegen der Bauart-Unterschiede bei der Lok 01[10] Zugkraft und Leistung bei Geschwindigkeiten über 130 km/h deutlich höher lagen als bei der mitteldeutschen 01[5]. Diese Aussage sei auch ohne messtechnischen Nachweis erlaubt, weil der Kessel der 01[10] bei einer Geschwindigkeit von 140 km/h noch kurzfristig mit einer Belastung von 85 kg/m^2h gefahren werden konnte und dabei rund 18,4 t Dampf pro Stunde sowie 1.600 PS am Zughaken erzeugt wurden.

Vier dieser imposanten Schwerathleten sind heute noch betriebsfähig vorhanden. Die Ulmer Eisenbahnfreunde unterhalten die Schnellzuglokomotive 01 1066. Diese 1940 an die Deutsche Reichsbahn gelieferte Maschine besaß anfangs noch eine Stromschale und konnte mit 150 km/h Höchstgeschwindigkeit gefahren werden. Zuletzt lief die Maschine 01 1066 unter der Betriebsnummer 012 066-7 beim Bw Rheine. Ihre allerletzte Leistung erbrachte sie am 31. Mai 1975 vor dem Schnellzug D 715 Norddeich – Rheine – München. Auch diese Fahrt durfte der Verfasser auf dem Führerstand der Lokomotive erleben. Die Lok 01 1066 wird heute von den „Ulmer Eisenbahnfreunde – Historischer Dampfschnellzug e. V." betrieben und ist im Süddeutschen Eisenbahnmuseum in Heilbronn untergebracht.

Die Lok 01 1075 gelangte, noch mit Stromschale versehen, am 12. August 1940 zur Deutschen Reichsbahn. Sie war von der Berliner Maschinenbau-AG, vormals Louis Schwartzkopff, unter Fabriknummer 11 331 gebaut worden. Die Schnellzuglokomotive lief bis zuletzt beim Bw Rheine und wurde am 1. Juni 1975 von der Ausbesserung zurückgestellt. Heute gehört die Lok 01 1075 dem Eisenbahnmuseum „Stoom Stichting Nederland" in Rotterdam und wird für Sonderfahrten eingesetzt. Bei dieser Maschine wurde die Ölfeuerung entfernt und der frühere Rost wieder eingebaut, sodass sie mit Kohle gefeuert werden kann (www.stoomstichting.nl).

Die Lok 01 1100 ist im Bw Oberhausen-Oberfeld stationiert und steht für Sonderfahrten zur Verfügung. Sie gehört zwar dem DB-Museum, ein langjähriger Nutzungsvertrag erlaubt jedoch dem Verein „Dampflok-Tradition Oberhausen e. V." die Betriebsführung. Die Maschine 01 1100 wurde ebenfalls von der BMAG in Wildau bei Berlin hergestellt und am 29. Juli 1940 von der Deutschen Reichsbahn abgenommen. Auch diese Maschine war – bis zum Fahrplanwechsel - am 31. Mai 1975 im Bw Rheine stationiert. Im AW Offenburg erhielt sie 1984 eine Hauptuntersuchung und war anschließend 1985 das Paradepferd beim 150-jährigen Jubiläum der Deutschen Eisenbahnen in Nürnberg.

Abb. 036 - Rekolokomotive 01 0501-5 im Bw Bebra. Von dieser gelungenen Umbaulokomotive, auch Reko-Lok genannt, wurden 35 Maschinen aus der früheren Reichsbahn-Baureihe 01 ausgesucht und neu aufgebaut. Neben dem gefälligen Aussehen war für den Betriebsmaschinendienst die pünktliche Beförderung schwerer Reisezüge, so auch die Interzonenzüge, von Bedeutung. Leistungsbestimmend war der neue Kessel vom Typ 01E, der im Dauerbetrieb bis 16,8 t Dampf pro Stunde liefern konnte. Mit dieser Kesselleistung ließen sich bei einer Geschwindigkeit von ca. 60 km/h rund 2.100 PS am Zughaken verwirklichen.

Die vierte betriebsfähige Dreizylinder-Schnellzuglok 01 1102 wurde, wie alle anderen Maschinen dieser Baureihe, von der BMAG gebaut und am 13. August 1940 in Betrieb genommen. Während ihrer letzten Jahre diente sie unter der Nummer 012 102-0 im Bw Hamburg-Altona und war bis zum 29. Dezember 1972 im Bw Rheine stationiert. Schließlich wurde sie in die Eisenbahnerstadt Bebra überführt und dort als Denkmal aufgestellt. Am 31. Mai 1974 folgte die feierliche Einweihung dieses Lok-Denkmals durch den Bürgermeister und Vertreter der DB. Doch 1995 wurde die Lok 01 1102 vom Sockel in Bebra gehoben und im Dampflokwerk Meiningen wieder betriebsfähig aufgearbeitet. Hierbei erhielt die Maschine auch eine der Ursprungsausführung nachempfundene Stromschale. Am 25. November 2003 erlitt sie im Bw Gießen auf der Drehscheibe einen fremdverschuldeten Unfall. Wann diese Lokomotive wieder betriebsbereit sein wird, war bis zum Redaktionsschluss dieses Buches noch offen.

4.16 Die Neubau-Schnellzuglokomotive der Baureihe 10 der Bundesbahn

Die Geschichte dieser Neubaulok der Bundesbahn mutet tragisch an. Ein erfahrener Maschinenbau-Ingenieur wird nach intensiver Betrachtung an ihr nur noch das Design beeindruckend finden, nicht die Technik selbst.

Beginnen wir mit unseren Verbesserungsvorschlägen beim Kessel. Wenn schon keine Tauschbarkeit der Kessel zwischen den Baureihen 01^{10} und 10 gegeben ist, hätte man bei den baulichen Abweichungen die richtigen Entscheidungen nutzen sollen. Da auch die Stehkessel der beiden Typen nicht in den Feinmaßen konstruktionsgleich sind, hätte man beim Kessel der BR 10 nicht die Rohre im Langkessel, sondern lieber die Verbrennungskammer um 500 mm länger machen sollen. Damit wäre die Strahlungsheizfläche auf rund 24,5 m² angestiegen. Beim Langkessel hätte man eher das Rohrbild der BR 01^{10} sowie die Rohrlänge von 5.000 mm übernehmen können. Bei einer Strahlungsheizfläche von 24,5 m² und einer Konvektionsheizfläche von 184,51 m² wäre die Klie'sche Zahl von 7,53 entstanden. Diese wiederum hätte eine Dauerheizflächenbelastung von 82 bis 85 kg/m²h erlaubt und im Normalbetrieb eine indizierte Leistung von 2.800 bis 2.900 PS ermöglicht. Eine genauere Betrachtung folgt.

Die Baureihe 10 war mit Zweiachsantrieb versehen. Die beiden Außenzylinder wirkten auf die mittlere Kuppelachse. Ein zweites offensichtlich kritisch zu sehendes Thema liefert das Innentriebwerk. Zum einen betrifft dies die viel zu kurze Treibstange des Innenzylinders auf die erste Kuppelachse, zum anderen gilt dies für den konstruktiven Zusammenbau der geteilten Kropfachse selbst. Hier wurde die Verbindung beider Achsteile durch „Aufschrumpfen" hergestellt. Bei der Demontage dieser Achse wurde die Bohrung der einen Seite durch das Krupp-Drucköverfahren geweitet und durch axialen Öldruck der Lagersitz sowie der andere Teil der Achse wie ein Kolben ausgeschoben. Diese Achsverbindung war trotz der zum Teil sehr rauen und stoßartigen Belastungen des Eisenbahnbetriebs nicht durch eine Passfeder am Lagersitz gesichert. Hätte ein junger Maschinenbaustudent bei einer seiner konstruktiven Übungen eine derartige Lagerung vorgeschlagen, so hätte ihm wohl jeder Oberassistent diese Arbeit mit der Benotung „ungenügend" zurückgegeben.

Von einem Manager bei BMW stammt das folgende Zitat: „Monopolisten sind bequem und einfallslos." Diese Aussage mag auch für einige Vertreter der Deutschen Reichsbahn und später der Bundesbahn zutreffen. Denn wer nicht im direkten Wettbewerb steht und nicht vom eigenen Erfolg abhängt, ist meist weniger einfallsreich, verantwortungsbewusst und couragiert!

Auch wegen der teilweise unklaren oder nicht immer zutreffenden Angaben in der Literatur soll auf die Leistungsbewertung der Baureihe 10 genauer eingegangen werden. In seinem Buch „Die Baureihe 10" hat Jürgen-Ulrich Ebel in vorbildlicher Weise sowohl die Vorgeschichte als auch den Werdegang der beiden Lokomotiven 10 001 und 002 beschrieben. In Ergänzung zu den Aussagen seines Buches sollen in diesem Kapitel die Technik und die Leistung der Baureihe 10 näher betrachtet werden.

In der Fachzeitschrift „Glasers Annalen" vom November 1956 schrieb Friedrich Witte, damals Bauartdezernent für Dampflokomotiven am BZA Minden, den Artikel „Die neuen Dampflok-Reihen 66 und 10 der Deutschen Bundesbahn". Aus seinem Beitrag wird hier die Tafel 1 mit den Hauptabmessungen als Tabelle 6 (Seite 58) wiedergegeben. In dieser Tafel wird die indizierte Leistung der BR 10 mit 3.200 PS angegeben. Dazu Friedrich Witte: „Bei kleinerer Gesamtheizfläche gegenüber der alten Reihe 01^{10} wird der Kessel bis zu 50 Prozent mehr Dampf erzeugen, das Konstruktionsgewicht der Lokomotive bleibt dabei nahezu das gleiche. Einem Mehrgewicht des Tenders von 3,7 t stehen 2 m³ Wasser und dem Wärmeinhalt nach 5,5 t mehr Brennstoff gegenüber."

In dem Buch „Krupp im Dienste der Dampflokomotive", Ausgabe 1957, werden die Kesselleistung der Baureihe 10 mit 18 t/h und die indizierte Leistung mit 2.900 PS angegeben. Im Almanach der Deutschen Eisenbahnen, Ausgabe 1966, wird die Reihe 10 erneut erwähnt, aber nur noch mit einer indizierten Leistung von 2.600 PS vorgestellt. Bei der DB sind in den Leistungstabellen für die Fahrplangestaltung schließlich noch 2.500 PSi aufgeführt. Wohl auf diesem Niveau erlebte der Autor die beiden Maschinen bei mehreren Führerstands-Mitfahrten auf der Strecke Frankfurt – Gießen – Kassel und zurück. Bei dem Studenten standen damals das technische Interesse sowie die Begeisterung im Vordergrund. Erfahrungen und Kenntnisse von heute waren aber damals noch nicht vorhanden.

Hier sollen die zuvor zitierten Angaben Friedrich Wittes noch einmal genauer angesehen werden. Die in der Tabelle 6, Seite 58, genannten 3.200 PSi wären wohl erreicht worden, wenn bei einem Dampfverbrauch von 6,1 kg/PSi h der Kessel tatsächlich 6,1 x 3.200 = 19.520 kg/h Dampf geliefert hätte.

Die zweite Aussage zu den 50 Prozent mehr an Verdampfungsleistung als beim Altbaukessel der BR 01^{10} sollte auch relativiert werden. Der genannte Kessel erlaubte bei einer Heizflächenbelastung von 57 kg/m²h die Erzeugung von 14.073 kg/h Dampf. Eine Mehrleistung

Abb. 037 - Blick auf den Führerstand der Schnellzuglokomotive 012 066-7 in voller Fahrt. Am Ölschieber (Steuerrad mit Öffnungsskala) Heizer Josef Wisch, daneben Oberlokführer Hermann Bartella, beide Bw Rheine.

von 50 Prozent, somit von 7.037 kg/h, hätte eine Gesamtleistung von 21.110 kg/h ergeben. Eine solche Kesselleistung wurde jedoch nie erreicht! Zur Begründung muss auf die Konstruktion des Kessels der Baureihe 10 genauer eingegangen werden. Wie schon die DB-Neubaukessel der Baureihen 01^{0-2} und 01^{10} weist der Stehkessel der Baureihe 10 mit Verbrennungskammer eine Strahlungsheizfläche von 22 m^2 auf. Der Feuerrauminhalt der Reihe 01^{0-2} misst 9,350 m^3, derjenige in der Reihe 01^{10} beträgt 9,630 m^3, und der Feuerrauminhalt der Reihe 10 beläuft sich auf 9,870 m^3. Die Längen ihrer Verbrennungskammern liegen in gleicher Reihenfolge bei 1.122 mm, bei 1.050 mm und wieder bei 1.122 mm. Alle drei Stehkessel waren im Detail, das heißt in den Feinabmessungen, konstruktiv nicht einmal ganz identisch und somit nicht untereinander tauschbar.

Im Gegensatz zu den Neubaukesseln der Baureihen 01^{0-2} und 01^{10} mit 5.000 mm Rohrlänge wurde der Langkessel der Reihe 10 wieder um 500 mm verlängert und verfügt damit über eine Rohrlänge von 5.500 mm. Aus welchen Gründen diese Konstruktionsänderung gewählt wurde, ist für einen international informierten Fachmann nicht nachvollziehbar.

Zuvor haben wir gelernt, dass die Strahlungsheizfläche eine acht- bis neunmal höhere Verdampfungsleistung bewirkte als die Konvektion

Abb. 038 - Die Baureihe 10 war die letzte Maschine des Neubauprogramms für Dampflokomotiven der Deutschen Bundesbahn. Diese 2'C1'h3 Lokomotive sollte gleich mehrere der vorhandenen Schnellzuglokomotivbaureihen ersetzen. Die imposant auftretende Maschine wurde aber nur in zwei Exemplaren gebaut. Der fortschreitende Strukturwandel in der Zugföderung ließ den Dampflokomotiven keine Chancen mehr. Diese Aufnahme entstand im Mai 1973 in ihrem früheren Heimat-Bw Kassel-Bahndreieck. In der Bewertungstabelle für Dampflokomotiven auf Seiten 46/47 wird jedoch ersichtlich, daß durch die arrogante Ignoranz internationaler Erfahrungen seitens der entscheidungsverpflichteten Stellen der Deutschen Bundesbahn das technische Niveau dieser Konstruktion nur durchschnittlich ausgefallen war.

Tabelle 6 - Hauptabmessungen der Baureihen 66 und 10[1]

Technische Angaben vor Inbetriebnahme der beiden Lokomotiven

Reihe			66	10
Achs- und Zylinderanordnung			1'C2'h2	2'C1'h3
Höchstgeschwindigkeit	V_{max}	km/h	100	140
Indizierte Leistung	N_i	PSi	1.300	3.200
Zylinderdurchmesser	d	mm	470	480
Kolbenhub	s	mm	660	720
Kesseldruck	P_K	atü	16	18
Rostfläche	R	m²	1,95	3,96
Strahlungsheizfläche	H_{vs}	m²	11,4	22
Berührungsheizfläche	H_{vb}	m²	76	194,4
Verdampfungsheizfläche	H_v	m²	87,4	216,4
Überhitzerheizfläche	$H_ü$	m²	44,7	105,7
Dampferzeugung	D_h	t/h	7	18[2]
Heizflächenbelastung	b	kg/m²h	~ 80	~ 80
Treibraddurchmesser	D	mm	1.600	2.000
Gesamtachsstand (Lok)	a_L	mm	11.050	12.525
Länger über Puffer	Lü P	mm	14.750	26.455
(Lok + Tender)				
Gewicht leer	G_{Ll}	t	69,15	103+30,5
Dienstgewicht	G_{Ld}	t	93,75	199,8
Reibungsgewicht	G_r	t	47,25	66
Größte Achslast	2 Q	t	15,75	22
Tender-Achsanordnung			-	2'2'
Tender-Dienstgewicht	G_{Td}	t	-	84
Kohle + Öl		t	5	9+4,5
Wasser		m³	14	40

[1] Tabelle zu dem Artikel von Friedrich Witte in Glasers Annalen 11/1956 (im Originaltext abgedruckt)

[2] 18.000 kg/h Dampf und eine Leistung von 3.200 Psi hätten einen spezifischen Dampfverbrauch von 5,625 kg/PSih ergeben.

🔺 Abb. 039 - Tabelle 6 - Aus dieser Tabelle wird ersichtlich, wie weit Friedrich Witte mit seinen prognostizierten Leistungswerten seiner Baureihe 10 von der späteren Wirklichkeit entfernt war. In der Tabelle auf den Seiten 46/47 finden wir die tatsächlichen Leistungsangaben.

im Langkessel. Hätte man beim Kessel der BR 10 das Rohrbild der BR 01[10] mit einer Länge von 5.000 mm beibehalten und die Verbrennungskammer um 500 mm verlängert, wäre ihre Strahlungsheizfläche auf etwa 24,5 m² angestiegen. Damit hätte sich die Gesamtheizfläche auf 24,5 + 184,51 = 209,01 m² erhöht und mit der Klie'schen Zahl von 7,53 eine zulässige Dauerheizflächenbelastung von 82 kg/m²h möglich gemacht. Der Kessel hätte bei einem Dampfverbrauch von 6,1 kg/ PSih im Normalbetrieb, also ohne Überanstrengung, 17.100 kg/h Dampf bringen, die Lokomotive damit rund 2.800 PSi leisten können. Bei dieser Betrachtung muss noch berücksichtigt werden, dass die beiden Ölbrenner der BR 10 identisch mit jenen der BR 01[10] (Öl) waren. Ob diese Ölbrenner bei Spitzenbelastungen auch die dafür notwendige Verbrennungsleistung hätten erbringen können, wurde nie empirisch ermittelt.

Auch wenn man die weiteren Unterschiede der Baureihen 01[10] und 10 berücksichtigt, zum Beispiel die Verwendung von Wälzlagern in allen Funktionsbereichen, die um 60 mm länger arbeitende Zylindersteuerung sowie die doppelte Auspuffanlage, kann sich der fachbelastete Leser kaum vorstellen, woher die von Jürgen Ulrich-Ebel in seinem Buch mit 18,5 t/h genannte Kesselleistung sowie die mit 3.030 PSi aufgeführte Maschinenleistung herkommen sollte. Auch weitere von ihm aufgeführte Attribute, wie „praktisch unerschöpflicher Kessel" oder „enorme Leistungsfähigkeit", stoßen beim Fachmann auf Unverständnis. Die bereits neun Jahre vor der Baureihe 10 der DB eingeführte Class A1 der LNER war in allen relevanten Bereichen schlichtweg besser gelungen, die 1954 lancierte böhmische Schnellzuglokomotive der Reihe 498.1 in ihren konstruktiven Inhalten gar von keiner anderen vergleichbaren Maschine mehr zu toppen! Keine der beiden Neubau-Schnellzuglokomotiven der Baureihe 10 ist betriebsfähig erhalten geblieben.

4.17 Die Schnellzuglokomotive Class A1 der London and North Eastern Railway (LNER)

Vergleicht man in Tabelle 1, Seite 46/47, die nebeneinander aufgeführten Baureihe 10 der DB mit der Class A1 der London and North Eastern Railway (LNER), stimmen viele der technischen Daten überein oder sind sich sehr ähnlich. Auf den ersten Blick unterscheiden sich zugunsten der Class A1 nur die Rostfläche um + 17,6 Prozent sowie das Leistungsgewicht um + 12,3 Prozent. Die Überhitzerheizfläche der Class A1 fällt jedoch um 40 Prozent kleiner aus. Vergleicht man aber diese beiden Konstruktionen in Tabelle 5, Seite 76, so ist zu erkennen, dass bis auf den Stoker in der Class A1 fast sämtliche Neuerungen im Dampflokbau konsequent Eingang gefunden haben, bei der BR 10 aber allein die Verbrennungskammer.

Vor der im Jahre 1948 durchgeführten Verstaatlichung der vier großen britischen Eisenbahngesellschaften zu British Railways gehörte die LNER als zweitgrößte Gesellschaft zu den bedeutendsten Privatbahnen in Großbritannien. International wurde die LNER spätestens durch die Rekordfahrt der 2'C1' h3-Pacific-Lokomotive der Class A4 „Mallard" (deutsch: „Stockente") bekannt. Diese Maschine besaß eine Verbrennungskammer und war mit einer doppelten Kylchap-Saugzuganlage versehen. Bei ihrer Rekordfahrt am 3. Juli 1938 erreichte sie mit 244 t Anhängelast auf einem Gefälle von 4 ‰ eine Geschwindigkeit von 125 mph, also 201,8 km/h. Ob sie unter vergleichbaren Umständen wirklich schneller gewesen wäre als die deutsche Stromlinienlok 05 002, die am 11. Mai 1936 die Rekordmarke von 200,4 km/h berührte, bleibe dahingestellt, zumal die Lokomotive bei der Versuchsfahrt einen Heißläufer des mittleren Treibstangenlagers erlitt. Für eine vergleichende Bewertung beider Lokomotivtypen sind in Tabelle 7 die relevanten technischen Daten aufgeführt.

🔺 Abb. 040 - Detailaufnahme mit Treibrad der Baureihe 10 001. Auf dem Fabrikschild können wir Werk-Nummer 3351 und das Baujahr 1956 ablesen. Auf dem Lagerdeckel des Treibstangenlagers ist der Firmenname des Wälzlagerlieferanten SKF eingeprägt. Diese Aufnahme entstand am 10. Juni 1972 bei einer Lokomotivausstellung anläßlich des offenen Tages im BZA Minden/W (10./11.06.1972).

Abb. 041 - Die Baureihe A1 mit der Radsatzfolge 2'C1'h3 gehörte zu den leistungsstärksten Neubaulokomotiven in England. Obwohl diese erfolgreiche Konstruktion acht
Jahre vor dem Erscheinen der deutschen Baureihe 10 in Betrieb genommen wurde,
war sie in vielen Kriterien besser und leistungsfähiger. Hier sehen wir die A1 60157
beim Verlassen des Londoner Bahnhofes Kings Cross auf dem Wege nach Edinburgh
(Bleistiftradierung von Prof. Lawrence Hammonds, im Besitze des Verfassers).

Dennoch ist ein Vergleich besonders für Techniker und Eisenbahnfreunde informativ, weil die Class A4 mit der Maschine „Mallard" eigentlich nur für eine Höchstgeschwindigkeit von 90 mph (=144,8 km/h) vorgesehen war. Die Lokomotive „Mallard" war jedoch im Vergleich zur deutschen Lok 05 002 rund 20 Prozent leichter, brachte aber schon im Normalbetrieb 15 Prozent mehr Leistung.

Arthur Henry Peppercorn, der Schöpfer der Class A1, war der letzte Chief Mechanical Engineer der LNER und hatte diesen Posten erst am 1. Juli 1946 übernommen. In dieser Funktion war er nur ganze 18 Monate tätig, weil er im Anschluss zur neu entstandenen British Railways und bereits 1949 in Pension ging.

Unter seiner Verantwortung entstand die letzte, aber auch überragende „Pacificlok" der LNER, die erwähnte 2′C1′ h3-Class A1. Die Konstruktion gilt auch als beste und leistungsstärkste Dampflokomotive, welche jemals in England gebaut wurden. 49 Stück dieser imposanten, bis zu 160 km/h schnellen „Pacifics" wurden beschafft. Die erste Lokomotive mit der Nummer 60 114 kam im August 1948 in Betrieb, die letzte Maschine dieses Typs mit der Nummer 60 145 wurde im Juni 1966 ausgemustert. Die fünf im Jahre 1949 gebauten Lokomotiven mit den Nummern 60 153 bis 60 157 erhielten Timken-Rollenlager an allen Achsen.

Von den 49 gebauten Schnellzuglokomotiven der Class A1 blieb aber kein einziges Exemplar betriebsfähig erhalten. Im Jahr 1990 formierte sich in England der „A1 Steam Locomotive Trust", ein Wohltätigkeitsverein, der den kompletten Neubau einer Schnellzuglokomotive der Class A1 initiierte. Im Jahr 2008 war es schließlich soweit, und die neu erbaute Lokomotive erhielt folgerichtig die Nummer 60 163. Damit war diese Maschine das fünfzigste Exemplar der Class A1. Sie zog am 21. September 2008 ihren ersten Reisezug. Am 19. Februar 2009 wurde diese Maschine von Kronprinz Charles, Prince of Wales, und seiner Gattin Camilla, Herzogin von Cornwall, offiziell auf den Namen „Tornado" getauft. Die Lok der Class A1 mit der Nummer 60 163 könnte wie ihre Vorgängerinnen konstruktiv wohl eine Höchstgeschwindigkeit von 160 km/h fahren, jedoch wurde sie durch die BR –Betriebsführung Network Rail zunächst auf 75 mph (= 121 km/h) begrenzt. Sonderfahrten mit dieser Maschine können über www.a1steam.com erfragt und gebucht werden.

4.18 Die Schnellzuglokomotive der Reihe 498.1 der Tschechoslowakischen Staatsbahn (ČSD)

Schon beim Studium der Tabellen 1 und 5 lassen die technischen Daten und die konstruktiven Inhalte der 2′D1′ h3-Reihe 498.1 der Tschechoslowakischen Staatsbahn (ČSD) erkennen und belegen, dass es sich um eine besonders gelungene Lokomotive handelt. Zum Zeitpunkt der Bestellung der beiden Lokomotiven der Baureihe 10 durch die Deutsche Bundesbahn, datiert auf den 26. Mai 1955, befanden sich die 15 Lokomotiven dieser imposanten „Mountain-Maschine" längst im schweren Schnellzugeinsatz. Als Weiterentwicklung und Nachfolgemodell der 1946 eingeführten Reihe 498.0 fanden bei dieser Konstruktion alle Neuerungen der

internationalen Dampflokentwicklung Eingang, wobei der französische Einfluss dominierte. Die von Škoda in Pilsen gelieferten Maschinen wurden unverzüglich und ohne Anlaufschwierigkeiten in Betrieb genommen. Ein profunder Kenner der böhmischen Lokomotiven, Helmut Griebl, schreibt in seinem Buch „ČSD-Dampflokomotiven" auf Seite 49 dazu: „1954 gab es die letzte Neuauflage der tschechoslowakischen Schnellzug-Dampflokomotiven in der Weiterentwicklung der 498.0. Bei gleichem Triebwerk und 18,6 Mp Achslast ist die 498.1 durch ihren geschweißten Hochleistungskessel mit Verbrennungskammer nicht nur sehr stark, sondern auch recht wirtschaftlich. Sie beschleunigt gut und nimmt lange Steigungen mit erheblicher Geschwindigkeit. Die 498.1 gilt überdies als besonders zuverlässig und ist leicht zu bedienen. Teilweise hat sie SKF-Kuppel- und Treibstangenlager. Mechanische Rostbeschickung (ebenfalls im Tender Reihe 935.2) und Kylchap-Doppelblasrohr sind obligat; ein Mehrfachventilregler Bauart Škoda und ein im vorderen Dom untergebrachter Wasserreiniger sind Neuerungen. Während die 498.0 große Normalbleche hat, erhielt die 498.1 Witte-Windleitbleche."

Schon als Student im Jahr 1965 durfte der Verfasser mehrfach bei Maschinen dieses Typs auf dem Führerstand mitfahren. Die favorisierte Strecke war hierbei die Verbindung von Prag nach Pilsen, die von Prag Hauptbahnhof (Praha hlavní nádraží) oder von Prag Westbahnhof (Praha Smichov) befahren wurde. Auf dieser 109,2 km langen Strecke konnten die Loks der Reihe 498.1 tagtäglich beweisen, welche leistungsstarken Maschinen sie waren. Ein früherer Bekannter des Verfassers, Dr. J. Dufek aus Prag, wusste zu berichten, dass diese Lokomotiven im Bedarfsfall, etwa beim Beschleunigen vor schweren Zügen oder beim Bewältigen anspruchsvoller Steigungen, auch über einen längeren Zeitraum mit einer Heizflächenbelastung bis zu 100 kg/m²h gefahren wurden. Dies entsprach fast 3.000 PS am Zughaken!

Bei der Abschiedsfahrt der letzten, im Jahr 2003 noch betriebsfähigen Lokomotive dieser Reihe, der Maschine 498.106, durfte der Verfasser noch einmal auf dem Führerstand mitfahren. Die Aktion fand am 12. April 2003 statt. Der Sonderzug fuhr am Vormittag zunächst vom Brünner Hauptbahnhof nach Märisch Branitz (Moravské Bránice) zu den bekannten Viadukten bei Eibenschütz (Invančice) und zurück. Am Nachmittag ging die Fahrt über die alte Hauptstrecke in Richtung Prag nach Wilkau (Vlkov) zum Eisenbahnviadukt bei Unter Loutschka (Dolni Loučky) und zurück. Bei der ersten Fahrt jenes Tages versprach die schwere Steigung nach Märisch Branitz (Moravské Bránice) ein besonderes Mitfahr-Vergnügen zu werden. Doch wurden die Erwartungen des Autors bei dieser Fahrt nicht ganz erfüllt. In besagter Steigung pendelte der Geschwindigkeitsmesser nur zwischen 35 und 40 km/h. Obwohl im Normalfall die Maschine den nur 350 t wiegenden, aus acht Reisezugwagen bestehenden Sonderzug auf gut über 60 km/h hätte beschleunigen müssen, war an dem Tag wohl nicht mehr zu erreichen. Führer und Heizer hinterließen einen deutlich nervösen Eindruck. Die Schmetterlings-Feuertür wurde in kurzen Intervallen immer wieder geöffnet, das Feuer viel zu oft inspiziert. Es erreichte auch nicht die „blendende Weißglut", an die sich der Autor noch von früheren Mitfahrten her erinnerte. Wollte man die Lokomotive schonen, oder zeigte der Kessel, dessen Frist in der folgenden Woche ablaufen sollte, bereits Anzeichen von Schäden, die eine volle Belastung nicht mehr zuließen?

Ein anderer bemerkenswerter Zug blieb dem Verfasser bis heute in Erinnerung, der in den 1960er Jahren planmäßig mit zwei Loks der Reihe 498.1 geführt wurde. Es handelt sich um den „Balt-Orient-Express" in der Langstreckenverbindung Berlin – Prag – Preßburg – Budapest – Bukarest mit einem Gesamtlaufweg von 1.894 km Länge. Dieser bis zu 14 Wagen umfassende Schnellzug forderte viel von seinen Lokomotiven. Gerade auf den langen Steigungen, die im böhmischen Mittelgebirge zu finden sind, konnten die beiden Maschinen der Reihe 498.1 ihre besondere Leistungsfähigkeit unter Beweis stellen.

Selbst nach der Umstellung auf elektrischen Betrieb und nach Verbesserungen am Oberbau verkürzten sich die Fahrzeiten nur geringfügig. Die später eingesetzten elektrischen Lokomotiven der Reihc S 489 (Achsfolge Bo' Bo' mit einer Dauerleistung von 3.080 kW bei 51 km/h) durften nur 110 km/h schnell fahren und hatten lediglich den Vorteil des geringeren Eigengewichts von 84 t. Die beiden 498.1er brachten auf den genannten Steigungen unter Einbeziehung der Kesselreserve die hervorgehobenen 2 x 3.000 = 6.000 PSe oder etwa 4.410 kW, dagegen die Ellok S 489 nur ihre maximale Stundenleistung von 3.200 kW, ermittelt bei 51 km/h. Dafür waren allerdings vier Mann auf den Dampfloks beschäftigt und nur ein Führer auf der Ellok.

Gab es neben den beschriebenen Vorteilen noch andere Gründe für die besondere Leistungsfähigkeit dieser exzellenten Lokomotive? Bei noch in den 1960er Jahren absolvierten Mitfahrten auf dem Führerstand fiel dem Verfasser immer wieder die Form der Feuerhaltung auf. Je nach Kohlensorte wurde entweder mit „niedrigem" oder „hohem" Feuer gefahren. Bei Volllast kam dabei der Stoker, die mechanische Rostbeschickung, kaum noch zur Ruhe. In der Feuerbüchse herrschte dabei blendende Weißglut, sodass man eine Heizflächenbelastung von stets über 80 kg/m²h annehmen konnte.
Hier sei auch noch einmal an das Kapitel 4.5 erinnert, in dem die Bedeutung einer blendenden Weißglut beschrieben ist.
Doch das ist heute Geschichte!

Die Dampflokomotive 489.106 wird betriebsfähig unterhalten und ist heute in Preßburg, der Hauptstadt der Slowakei, stationiert. Ob die in Brünn, Mähren, hinterstellte Maschine 489.104 wieder eine Ausbesserung erhalten wird, war bei Redaktionsschluss dieses Buches noch offen.

4.19 Die Güterzuglokomotive der Reihe 556.0 der Tschechoslowakischen Staatsbahn (ČSD)

Neben der in 1.324 Exemplaren eingeführten, aus den USA gelieferten Universallokomotiven der Serie 141 R der SNCF, die später behandelt werden soll, zählt die böhmische Güterzuglokomotive der Reihe 556.0 der ČSD zu den nach dem Zweiten Weltkrieg meistbeschafften Lokomotiven der Welt. In den Jahren von 1952 bis 1957 lieferte Škoda in Pilsen beeindruckende 510 Exemplare dieser erfolgreichen 1'E h2-Güterzuglokomotive. Keine andere europäische Bahnverwaltung hat nach dem Zweiten Weltkrieg eine so wirtschaftliche, leistungsfähige und einfach zu bedienende Maschine eingeführt.

Auch die von British Railways ab 1954 mit 251 Maschinen beschaffte Class 9F mit der Achsfolge 1'E h2 besaß mit normaler Saugzuganlage (Self-cleaning Front End) eine Kesselleistung von 12,25 t/h und mit ihrer doppelten Saugzuganlage eine Kesselleistung von 13,61 t Dampf pro Stunde. Mit 1.524 mm Treibraddurchmesser konnte die britische Lokomotive bei 85 Prozent Kesseldruck (17,58 x 0,85 = 14,94 kg/cm²) noch 17,858 t Zugkraft und bei vollem Kesseldruck sogar 21 t Zugkraft aufbringen. Damit entsprach ihr Leistungsspektrum etwa dem der deutschen Baureihe 50. Nur bei der Höchstgeschwindigkeit lag die Class 9F deutlich höher, sie war nicht auf 50 mph (80,5 km/h) begrenzt. Vor Reisezügen und Eilgüterzügen soll sie mit Geschwindigkeiten von 60 bis 70 mph (rund 96,5 bis 112,6 km/h) eingesetzt gewesen sein. Mit dem bereits genannten Raddurchmesser von 1.524 mm und einem Kolbenhub von 711,2 mm errechnen sich bei 112,6 km/h eine Treibraddrehzahl von rund 392 U/min sowie eine mittlere Kolbengeschwindigkeit von rund 9,3 m/sec! Zum Vergleich: Der neue V8-Motor aus Untertürkheim mit nur 86 mm Kolbenhub kommt bei einer Drehzahl von 5.000 U/min auf eine mittlere Kolbengeschwindigkeit von rund 14,3 m/sec! Dieser Vergleich ist jedoch nicht real, da aufgrund des deutlich kleineren Kolbendurchmessers auch die Massenkräfte des V-Motors viel geringer sind. Bei Dampflokomotiven sollte im Dauerbetrieb aus Verschleißgründen eine mittlere Kolbengeschwindigkeit von ca. 11 m/s nicht überschritten werden. Allerdings sind bei Versuchsfahrten vereinzelt auch Werte bis zu 14,3 m/s erreicht worden, wie z. B. bei der Class J der Norfolk & Western.

Eine weitere in größerer Stückzahl beschaffte 1'E h2-Güterzuglokomotive soll hier noch Erwähnung finden: 1947 erhielt die Polnische Staatsbahn insgesamt 100 Exemplare der schweren Güterzuglokomotiv-Reihe Ty 246 aus den USA. Sie wurden von den Firmen Alco, Baldwin und Lima geliefert und von der UN-Aufbauhilfe finanziert. Diese schweren Lokomotiven hatten eine größte Radsatzlast von 21,6 t und ein Lok-Dienstgewicht von 117 t. Bei 6,27 m² Rostfläche besaß der Kessel eine Strahlungsheizfläche von 20,9 m² sowie eine Rohrheizfläche von 234,2 m². Die Gesamtheizfläche von 255,1 m² lag somit um rund 7,3 Prozent höher als bei der deutschen Baureihe 44. Der im Vergleich zur Baureihe 44 um rund 38 Prozent größere Rost wurde mit Hilfe eines Stokers gefeuert.

In den Jahren von 1953 bis 1957 wurde die Reihe Ty 246 in Polen mit einigen Änderungen neu aufgelegt und unter der Typenbezeichnung Ty 51 nochmals in 232 Exemplaren gebaut. Ihre Strahlungsheizfläche wurde auf 23,86 m² vergrößert, die Gesamtheizfläche jedoch auf 241,96 m² und das Lokdienstgewicht auf rund 110 t reduziert. Über die Zughakenleistung Ne beider Lokomotiven sind keine verlässlichen Angaben bekannt. Sie dürfte jedoch über 2.000 PS gelegen haben, wobei aufgrund der Stoker-Feuerung noch mit einer erheblichen Überlastungsmöglichkeit gerechnet werden konnte. In der Unterhaltung waren die amerikanischen Originale dank ihres Stahlgussrahmens mit

⊙ Abb. 043 - Weil die meisten Eisenbahnfreunde mehr national orientiert sind, stehen ausländische Lokomotiven nicht zu sehr im Fokus ihres Interesses. Schade eigentlich, weil eine der technisch besten Lokmotiven nicht den Bekanntheitsgrad erlangt, den sie eigentlich verdient hätte. Die böhmische Schnellzuglokomotive 498.1 in der Bauart 2'D1'h3 gehört zu den erfolgreichsten Maschinen der fünfziger Jahre. Der Verfasser durfte schon als Student auf dem Führerstand dieser gelungenen Lokomotive mitfahren und war über deren Leistung mehr als erstaunt. Im Bild sehen wir die 498.106 in ihrem Heimat-Bw Brünn (Brno).

▷ Abb. 044 - 498.106 auf Sonderfahrt am 13. April 2003, einem Sonntag, auf der alten Hauptstrecke von Brünn nach Prag bei Kilometer 32.3. Die Lokomotive braucht sich nicht mehr anstrengen, eine elektrische Lokomotive lief am Ende des Zuges als Schub- und Sicherheitslok mit.

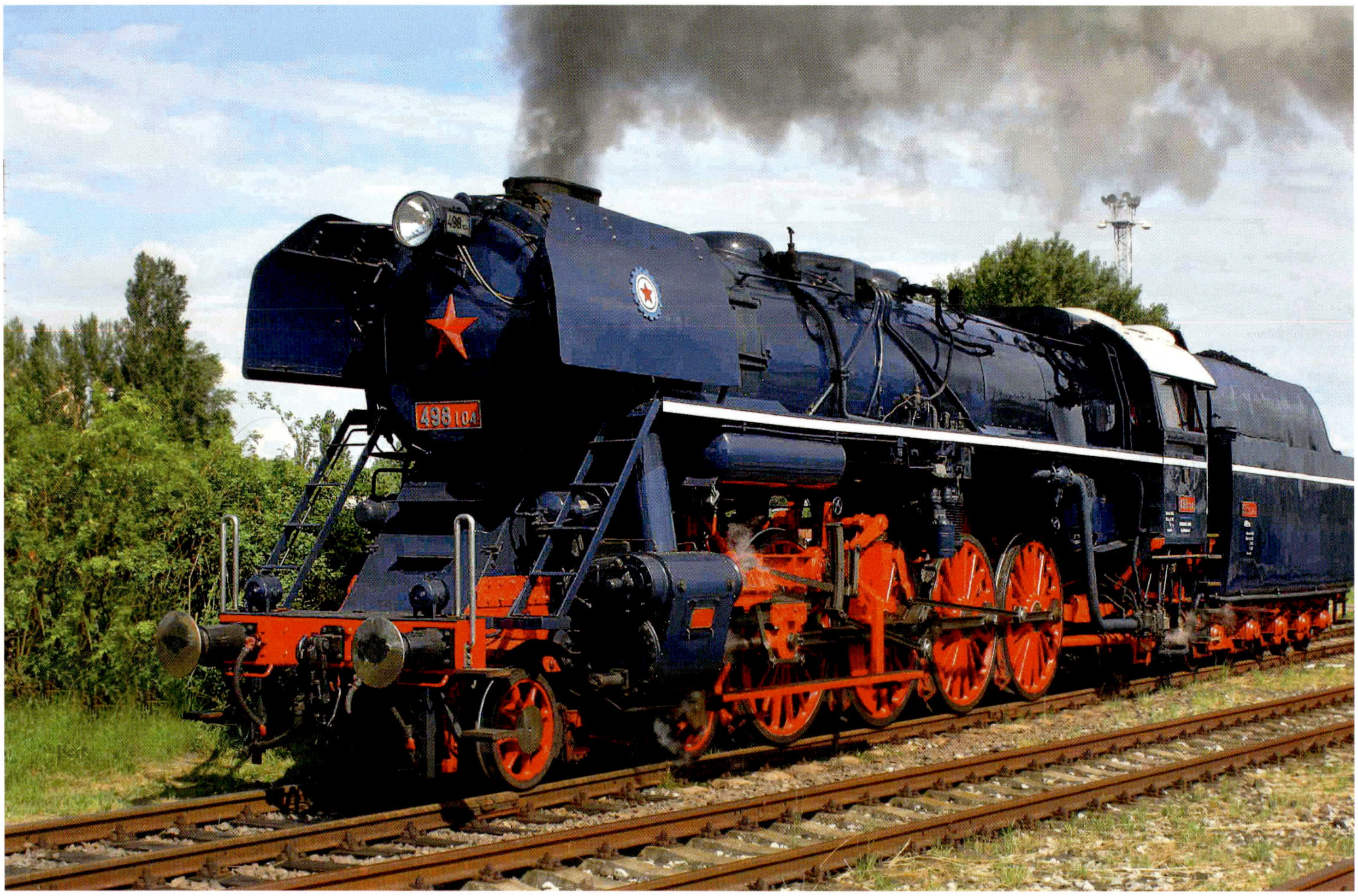
498 104

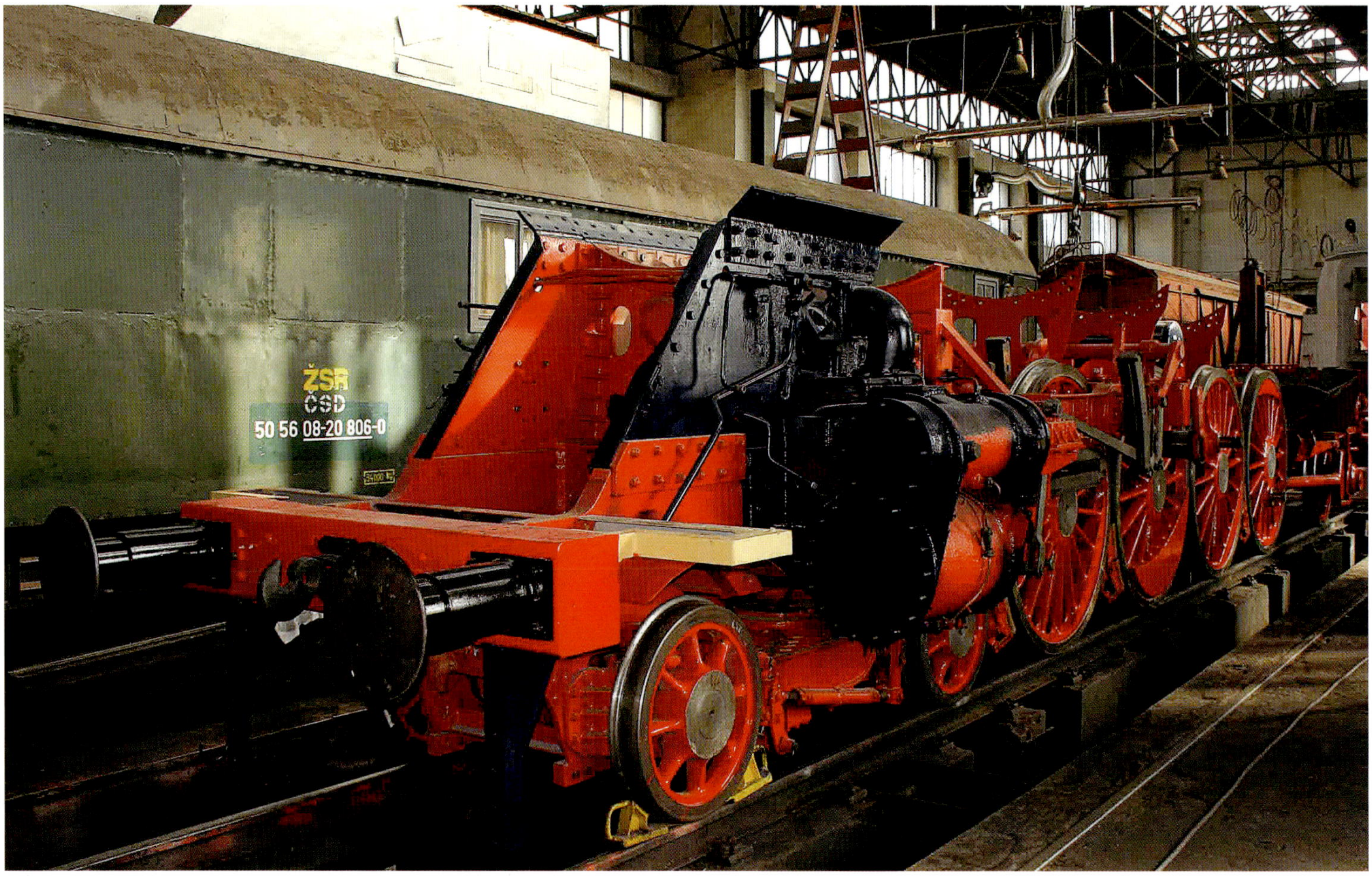
ŽSR
ČSD
50 56 08-20 806-0

angegossenen Zylindern den polnischen Nachbauten mit geschweißtem Rahmen deutlich überlegen. Beide Lokomotivtypen blieben bis zum Ende der Dampftraktion in den 1990er Jahren im Betrieb.

Nach diesem Ausflug zur Güterzuglokomotive der Class 9F in England und zu den polnischen 1'E h2-Maschinen nun wieder zurück zu Details der böhmischen Güterzuglokomotivreihe 556.0. In den Tabellen 1 und 5 sind die wichtigsten Daten dieser gelungenen Maschine aufgeführt. Der Kessel der Reihe 556.0 war mit jenem der nur in drei Exemplaren gebauten 2'D1' h3v-Verbundlokomotive der Reihe 476.0 identisch, wurde jedoch nicht mit 20 kp/cm², sondern nur mit 18 kp/cm² Kesseldruck betrieben. Der geschweißte Kessel verfügte über eine Verbrennungskammer, Thermosyphon, Wassertragrohre und einen Hulson-Schüttelrost. Die Feuerung übernahm ein Stoker, für gute Verbrennung sorgte zudem eine doppelte Kylchap-Saugzuganlage.
Weder die bei Betrieb und Unterhaltung manchmal spürbare böhmische Mentalität noch die zum Teil schlechte Kohlenqualität konnten diesen robusten Lokomotiven etwas anhaben. Durch ihre gelungene Konzeption sowie hohe Überlastbarkeit erfüllten sie größte Herausforderungen und zogen weit schwerere Züge als die deutsche Einheitslokomotive der Reihe 44 mit ihren drei Zylindern und einem rund 11 t höherem Reibungs- und Dienstgewicht!

Der bekannte englische Technikautor Dr. Patrick Ransome-Wallis schrieb über die Reihe 556.0 in seinem Buch „The last Steam Locomotives of Eastern Europe" von 1974 wie folgt: „The engines of the class 556.0 were, perhaps, the most advanced and economical of all European freight locomotives and their design incorporated the best of both German and French practice." Diesem Urteil schließen wir uns an.
Mit der Abstellung der letzten Lokomotive der Reihe 556.0 im Jahre 1980 endete der Dampflokbetrieb bei den Tschechoslowakischen Staatsbahnen. Von den 510 beschafften Lokomotiven dieser Reihe sind nur noch zwei Stück betriebsfähig erhalten. Die Lok 556.0506 ist in Budweis in Südböhmen stationiert. Die noch mit großen Windleitblechen versehene Maschine 556.036 wird in Preßburg in der Slowakei unterhalten und steht für Sonderfahrten zur Verfügung.

Abb. 045 - Eine betriebsfähige Lokomotive der böhmischen Baureihe 498.1 befindet sich in Preßburg (Bratislava), der Hauptstadt der Slowakei. Die 498.104 wurde frisch revidiert und war schon auf zahlreichen Eisenbahnveranstaltungen zu sehen. Im Gegensatz zur 498.106 besitzt diese Schwestermaschine noch das original cremeweiß lackierte Führerhausdach. Die eleganten, vorne oben abgeschrägten Windleitbleche waren auch Vorbild für die Windleitbleche der acht Jahre später erschienen Reichsbahn-Rekolok Baureihe 01⁵ (Foto: Dipl.-Ing. Eduard Sassmann, Wien).

Abb. 046 - Die Lokomotive 498.104 bei der Revision. Rahmen, Lauf- und Triebwerk sind bereits ausgebessert. Kessel und Führerhaus werden erst im Anschluß montiert (Foto: Dipl.-Ing. Eduard Sassmann, Wien).

4.20 Die Mehrzwecklokomotive der Serie 141 R der Französischen Staatsbahnen (SNCF)

Die Serie 141 R stellte eigentlich ein Kuriosum auf den Schienen der Französischen Staatsbahnen (SNCF) dar, weil sie nicht den französischen Konstruktionsprinzipien entsprach, sondern das robuste Design der US-Dampflokomotiven aufwies. Diese 1'D1' h2-Universalmaschinen war in einer Stückzahl von 1.340 Lokomotiven in Nordamerika bestellt und mit 1.323 Maschinen in Betrieb genommen worden. 17 Lokomotiven gingen auf dem Weg nach Europa verloren, weil der mit der Verschiffung beauftragte norwegische Frachter „Belpamela" im April 1947 während eines Sturms vor Neufundland im Atlantik sank.

Die Lieferung dieser Dampflokomotiven erfolgte in zwei Serien. Das erste Los umfasste 700 Maschinen, die von den amerikanischen Firmen Alco, Baldwin und Lima gefertigt wurden. Am zweiten Los mit 640 Maschinen waren auch die kanadischen Lokomotivfabriken Canadian und Montreal beteiligt. Von den 623 in Dienst gestellten Lokomotiven der zweiten Bauserie besaßen 584 Stück eine Ölfeuerung und 39 Stück eine Kohlefeuerung.

Die nach amerikanischen Baugrundsätzen konzipierten Lokomotiven wiesen entweder einen Barren- oder Monobloc-Stahlgussrahmen und einen leistungsfähigen Kessel auf. Die erste Serie wurde mit Kohle gefeuert, besaß einen Stoker sowie eine amerikanischen Saugzuganlage (Self-cleaning Front End). Die zweite Serie erhielt bereits durchgehend die Kylchap-Saugzuganlagen. Die Maschinen verfügten über Bissel-Gestelle für die Laufachsen und erreichten daher nicht die exzellenten Laufeigenschaften der französischen Serie 141 P mit der vergleichbaren Achsfolge 1'D1' h4v, die jedoch als Vierzylinder-Verbundlokomotive gebaut worden war. Letztere hatte die Laufachse mit der ersten Kuppelachse zu einem italienischen ZARA-Gestell vereinigt.

Der Kessel der Serie 141 R besaß eine Verbrennungskammer sowie zwei Nicholson-Thermosyphons und wurde im Druck auf 15,5 kp/cm² begrenzt. Mit seiner Gesamtheizfläche von 250,74 m² und einer hohen Überlastbarkeit konnten auch im Alltagsbetrieb mehr als 2.500 PS am Zughaken erzielt werden.

Natürlich bewegte sich die Serie 141 R im höheren Geschwindigkeitsbereich recht rau im Gleis und beanspruchte den Oberbau viel mehr als die butterweich laufende Serie 141 P. Die stabilen Barren- oder Stahlgussrahmen boten beste Voraussetzungen für hohe Geschwindigkeiten, nicht jedoch die in einem Bissel-Gestell gelagerten Laufachsen. So durfte mit der Serie 141 R nur eine Höchstgeschwindigkeit von 100 km/h gefahren werden. Diese Maschinen waren über ganz Frankreich verteilt und zogen gleichermaßen schwerste Express- wie ellenlange Güterzüge. Sie waren im Unterhalt anspruchslos und nicht so aufwändig wie die Vierzylinder-Verbundlokomotiven. Die kohlegefeuerten Maschinen verarbeiteten dank des Stokers und großer Rostfläche ohne Probleme die unterschiedlichsten Kohlequalitäten.

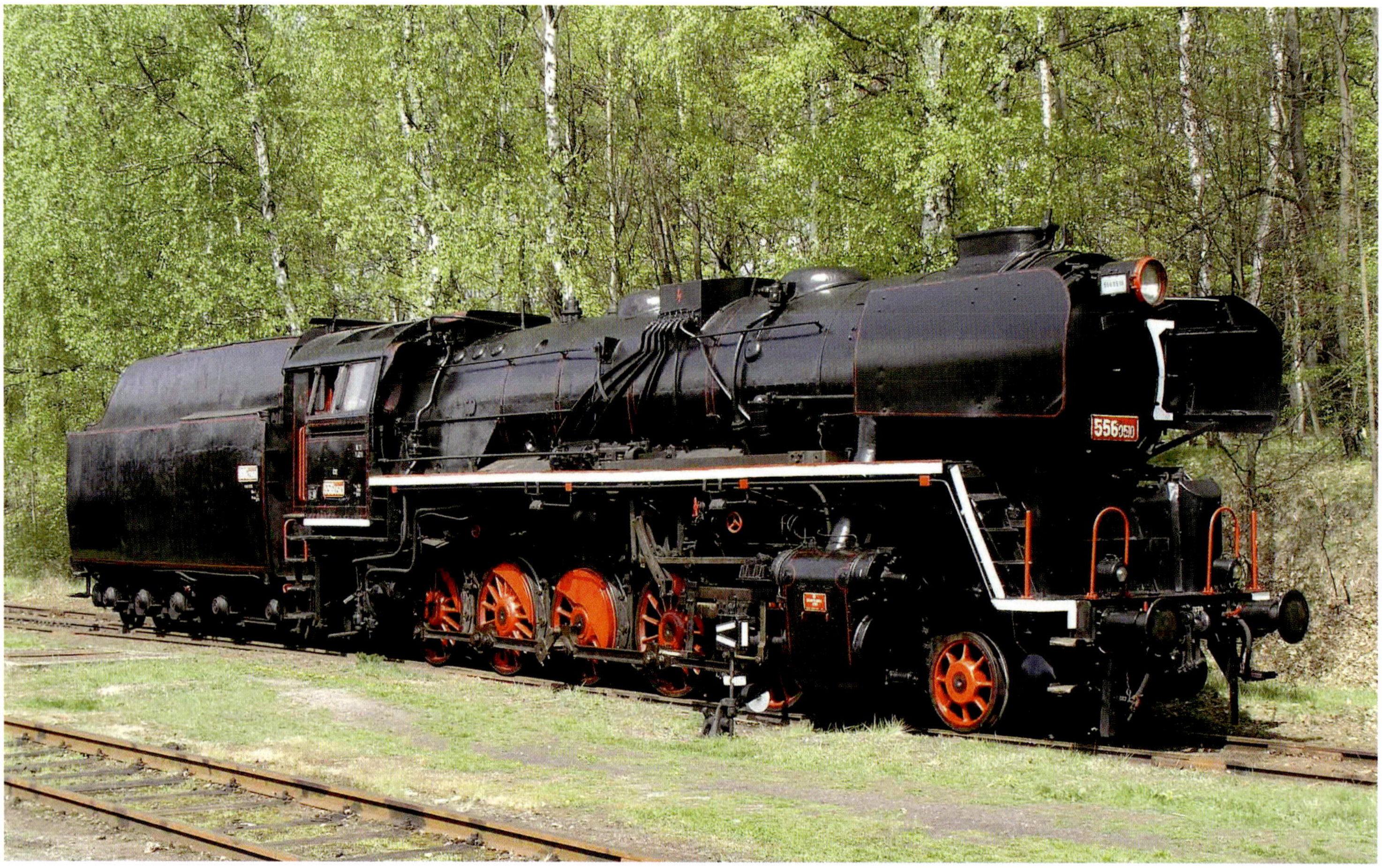

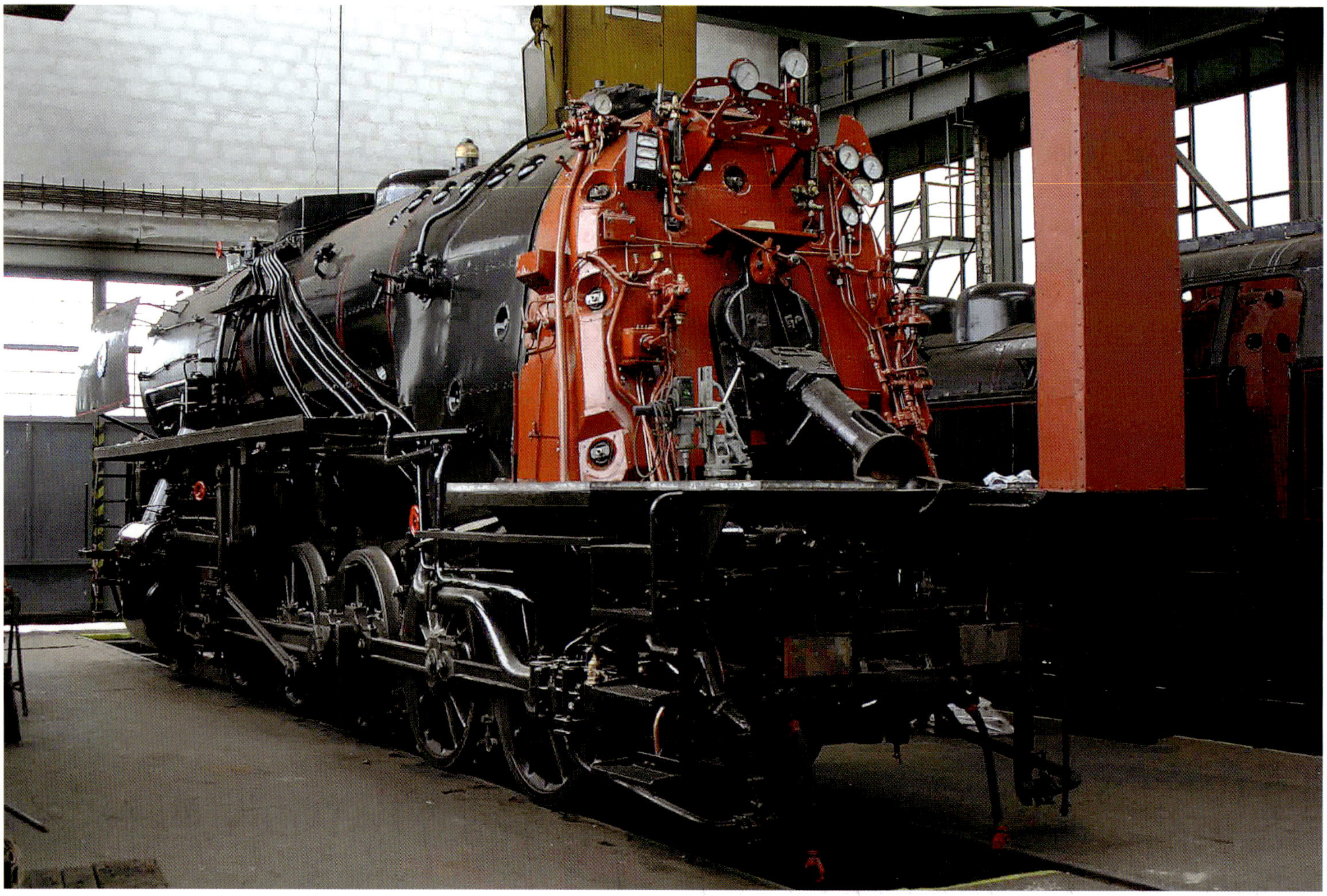

In den ersten Jahren nach dem Zweiten Weltkrieg übernahmen die 1.323 Lokomotiven der Serie 141 R bei den SNCF rund ein Drittel aller Zugkilometer sowie 49 Prozent der gesamten Bruttotonnenkilometer. Die Serie 141 R bildete damit die bestimmende Größe im Zugbetrieb der SNCF.

Selbst am Ende des Dampfbetriebes bewiesen die Maschinen der Serie 141 R auf Sonderfahrten noch einmal ihre besondere Leistungsfähigkeit. So zeigt Bild Nr. 238, Seite 322, einen Sonderzug mit rund 250 t Anhängelast, der von der Lok 141 R 1187 mit einer Geschwindigkeit von fast 60 km/h über eine 25 Promille messende Steilstrecke gezogen wird. Für die gleiche Leistung hätte man in Deutschland gleich zwei Lokomotiven der 1′D1′ h2-Baureihe 41 benötigt. Respekt!

Die Serie 141 R blieb bis zum offiziellen Ende des Dampfbetriebs der SNCF im Jahr 1974 im Einsatz. Die letzte noch im Dienst befindliche Maschine war die Lok 141 R 72 vom Depot Saargemünd im Elsass, die am 4. April 1974 abgestellt wurde.

Zwei betriebsfähige Maschinen dieser Serie sind heute in der Schweiz stationiert. Die Lokomotive 141 R 568 befindet sich in Privatbesitz und hat ihre neue Heimat in Schaffhausen gefunden. Sie wird mit Kohle befeuert und verfügt über eine amerikanische Saugzuganlage (Self-cleaning Front End).

Die Lok 141 R 1244 gehört dem Verein „Mikado" in Zürich und ist im Depot Brugg hinterstellt. Sie wird mit Öl gefeuert und weist eine Kylchap-Saugzuganlage auf. Wenn man sich die beiden Lokomotiven im Betrieb vornimmt, kann man recht deutlich die unterschiedlichen Auspufftöne dieser zwei Maschinen heraushören. Die 141 R 568 hat beim Anfahren recht laute Auspuffschläge vorzuweisen, vergleichbar mit den deutschen Einheitslokomotiven. Die 141 R 1244 klingt durch ihre Kylchap-Saugzuganlage dagegen viel verhaltener, hochtöniger und fast schon etwas heiser (www.141R568.ch und www.141R1244.ch).

Abb. 047 - Die böhmische Güterzuglokomotive Baureihe 556.0510 zählt zu den gelungensten Maschinen der Nachkriegszeit. Mit 510 Lokomotiven in dieser Bauart vertreten, galt sie als eine der wirtschaftlichsten und leistungsfähigsten Lokomotiven ihrer Zeit. In dieser Lokomotiv-Konstruktion waren alle technischen Errungenschaften des Dampflokbaues vertreten. Stokerfeuerung, Hulson-Schüttelrost, Verbrennungskammer, Thermosyphons, günstiges Verhältnis von Strahlungs- und Konvektionsheizfläche, 18 kg/cm² Kesseldruck und doppelte Kylchap-Saugzuganlage waren Attribute, von denen deutsche Lokomotiven nur träumen konnten (Foto: Dipl.-Ing. Eduard Sassmann, Wien).

Abb. 048 - Güterzuglokomotive 556.0510 bei der Revision im Ausbesserungswerk. Die Arbeiten an Kessel und Fahrwerk sind abgeschlossen, nun folgt das Aufsetzen des Führerhauses. Interessant auch das letzte Rohrstück des Stokers, der mechanischen Kohlezuführung (Foto: Dipl.-Ing. Eduard Sassmann, Wien).

4.21 Die Schnellzuglokomotive der Serie 241 P der Französischen Staatsbahnen (SNCF)

Um es gleich vorwegzunehmen: Die optisch imposante Schnellzuglokomotive der Serie 241 P in der Bauart 2′D1′ h4v konnte im Betrieb weder bei ihren Laufeigenschaften noch bei der Zughakenleistung mit der Chapelon-Umbaulokomotive der Serie 240 P gleichziehen. Hier war wieder einmal zu erkennen, wie nachteilig es sich bei der Konzeption einer leistungsfähigen Lokomotive auswirken kann, wenn zu viele Verantwortungsträger ihre Meinungen verwirklicht sehen möchten. Beim Umbau einer älteren 2′C1′ h4v-Lok in eine hochmoderne 2′D h4v-Lok hatte André Chapelon im Jahr 1931 mit dem Segen seines Chefs Epinay von der Paris-Orléans-Bahn noch freie Hand gehabt. Er berechnete alle thermodynamischen Prozesse und Funktionsbereiche der Lok und legte ihre Komponenten konstruktiv entsprechend aus. Große Strahlungsheizfläche, weite, strömungsgünstige Dampfleitungen, hoher Füllgrad sowie gleiche Leistungswerte der jeweils zwei Hoch- und Niederdruckzylinder bildeten das Konstruktionsziel. Hinzu kam noch die doppelte Kylchap-Saugzuganlage.

Wie schon gesagt, erhielt die Umbaulokomotive Nr. 4521 damals als 2′D h4v-Maschine die neue Nummer 240.701. Die Leistung dieser Maschine übertraf alle Erwartungen und erreichte Werte von über 3.000 PS am Zughaken! Wie sehr André Chapelon überall mit Gewicht geizte, erkennt der Fachmann an den beiden Windleitblechen. Um bei dünnerer Blechstärke trotzdem mehr Stabilität zu erreichen, hatte er die Bleche einfach rundum abkanten lassen.

Für die Realisierung der Neubaulokomotiven der Serie 241 P wurde im Jahre 1947 als Vorbild die Serie 241 C der Paris-Lyon-Mediterranée-Bahn genommen. Chapelon konnte in seiner damaligen Verantwortung nur noch die Dimensionierung der Dampfleitungen und der Zylinder beeinflussen. Der von der Serie 241 C übernommene, viel zu schwach konstruierte Lokomotivrahmen mit 28 mm Blechstärke (1,1 Zoll) konnte prinzipiell nicht verändert, sondern nur durch eingesetzte Stahlguß-Querverstrebungen zusätzlich versteift werden.
Die in den Jahren 1948 bis 1952 in Dienst gestellten 35 Schnellzuglokomotiven der Serie 241 P kamen für die vorgesehene Aufgabe bereits zu spät. Längst hatte die elektrische Traktion die ursprünglich für sie vorgesehenen Hauptstrecken erobert.

Trotz ihres guten Aussehens sind die Lokomotiven der Serie 241 P nur als Durchschnitt zu betrachten und mit den Umbauten von Chapelon nicht zu vergleichen. Zu viele Personen, unter anderen der Generaldirektor der SNCF sowie der zuständige Direktor für Lokomotiv- und Wagenbeschaffung, wollten dabei ihre Meinungen durchsetzen, obwohl sie rein fachlich nicht über das notwendige Wissen verfügten. André Chapelon konnte sein Können nur noch am Rande einbringen, obwohl er mit seiner 2′D2′ h3v-Maschine 242 A 1 einen schlagkräftigen Beweis für eine gelungene Hochleistungslokomotive mit 4.000 PS am Zughaken erbracht hatte.

Abb. 049 - Universallokomotive 141R 1187 der SNCF, Bauart 1'D1'h2, im Depot Vénissieux bei Lyon. Diese Lokomotive gehört zur letzten Lieferserie der in den USA und Kanada gebauten Maschinen und besitzt Ölfeuerung. Die hintere Schleppachse ist außengelagert. Treib- und Kuppelräder sind in Hohlstahlgußbauweise gehalten, auch Boxpok-Räder genannt. Für den leistungsfähigen Saugzug sorgt eine einfache Kylchap-Anlage (18.10.1975).

Hier zeigt sich ein Fehler im Entwicklungsprozess, der bis in die heutige Zeit auch bei der Automobilindustrie beobachtet werden kann. Ebenso wie ein Automobil ist eine Lokomotive das Ergebnis verschiedener Kompromisse. Die Kunst besteht im fachgerechten Erstellen der Architektur eines Fahrzeugs, die in möglichst optimaler Weise alle Komponenten aufeinander abstimmt. Das bloße Konfektionieren aus noch so hochwertigen, bereits vorhandenen Bauteilen kann sonst am Ende womöglich nur zu einer mittelmäßigen Funktion führen.

Die 35 neuen Lokomotiven der Serie 241 P wurden an den noch nicht elektrifizierten Strecken der Regionen West, Ost und Nord stationiert und versahen dort einen nicht gerade sensationellen, aber zuverlässigen Dienst. Ihr Rahmen neigte zum Biegen und bewirkte öfters warm- oder ausgelaufene Lager. Die Zughakenleistung Ne bewegte sich zwischen 2.500 und 2.800 PS, erreichte aber nie die außerordentlichen Werte der Reihe 240 P. Hinzu kamen die höheren Beschaffungs- und Unterhaltungskosten.

Trotz ihres eindrucksvollen Aussehens und großer Anerkennung beim Publikum blieb die Serie 241 P beim Betriebsmaschinendienst ein nicht allzu sehr geschätztes Kind. Sie wurde bereits 1970, somit nach nur 18 bis 22 Jahren im Einsatz, für immer abgestellt.
Am Ende haben diese letzte Vierzylinder-Verbundlokomotiven der SNCF weder die Leistung noch die Wirtschaftlichkeit der Chapelon'schen Umbaulokomotiven erreicht, also die für ihre hohen Beschaffungskosten erforderlichen Einnahmen nicht mehr eingefahren.

Die Maschinen der Serie 241 P waren nicht mehr Lokomotiven mit einer stimmigen Architektur, sondern ein aufgrund unterschiedlicher Einflüsse konfektioniertes Stückwerk. Der Vorteil des enormen technischen Aufwandes wurde verschenkt. Hier hat eine sämtliche relevanten Einflüsse einbindende und wohlberechnete Konstruktion gefehlt, die bei allen Umbaulokomotiven von Chapelon sonst vorhanden war. Die wohlausgewogene thermodynamische Auslegung aller zusammenwirkenden Prozesse sowie deren gründliche Verifizierung im Versuchsbetrieb können eben nur durch verantwortliche Fachkräfte erarbeitet werden, die das Wissen, das Können sowie den Willen zum Erfolg besitzen und nicht aufgrund demokratischer Abstimmung unter Einbeziehung technischer Laien entstehen. Bei anspruchsvollen technischen Herausforderungen wird jegliche Einmischung von Dritten ohne Systemkenntnisse und Sachkompetenz zwangsläufig zum Misserfolg führen. Beispiele aus der Automobilindustrie sind hinreichend bekannt. Pas seulement dans la Grande Nation!

Die Schnellzuglokomotive 241 P 17 ist heute wieder betriebsfähig vorhanden und wurde vom Herstellerwerk Schneider in Le Creusot zuletzt im Jahre 2003 ausgebessert. Sie gilt als leistungsstärkste Dampflokomotive Europas. Im Jahr 2012 befand sie sich zur Durchführung diverser Reparaturen erneut im Herstellerwerk und wird voraussichtlich 2013 wieder für Sonderfahrten zur Verfügung stehen (www.241P17.com).

4.22 Wie wäre es gekommen, wenn … Eine Schlußbetrachtung

Bevor wir die vier deutschen Lokomotiven, die ab den 50er Jahren um- oder neugebaut wurden, somit 01^{0-2}, 01^5 , 01^{10} und 10 näher betrachten und mögliche Optionen andenken, sollen die verschiedenen technischen Komponenten, welche große Vorteile bringen können, noch einmal betrachtet werden.

Stoker

Auf der Dampflokomotive erfolgt der steuerbare, mechanische Transport der Kohle vom Tender auf den Rost durch den Stoker. Als Beispiel sei hier der weit verbreitete Stoker vom Typ HT-1 ausgewählt, der von der Standard Stoker Co., USA, geliefert wurde. In Europa wurde dieser Stoker von der Pariser Firma Stein & Roubaix in Lizenz hergestellt.
Der Stoker besteht aus einem im Tender befindlichen Kohleaufnahmetrog, aus einer meistens zweigeteilten Förderschnecke und der Verteilerplatte in der Feuerbüchse. Der Antrieb des Stokers erfolgt mittels Dampfmotor, der im Tender untergebracht ist.
Auf der Basis einer Kleinserie wurde von der Firma Stein & Roubaix der HT-1 Stoker für 4.700 US $ angeboten. Ein Hulson-Schüttelrost war in diesem Angebot enthalten. Hochgerechnet auf die erst 1948 stattgefundene Währungsreform mit einem Wechselkurs von 4,20 DM für einen US $ hätte diese Investition bei 19.740 DM gelegen.
Einschließlich Dampfmotor und Hulson-Schüttelrost wog diese Anlage 3.700 kg, von denen rund 2.900 kg von der Lokomotive und der Rest vom Tender aufzunehmen waren. Auf der Lokomotive fiel jedoch der dort vorhandene Rost weg, so dass sich das Mehrgewicht der Stokeranlage in Grenzen hielt.
Die mechanische Rostbeschickung war weit verbreitet, nicht nur wegen des in den USA 1937 erlassenen Stoker-Gesetzes, welches ab einer bestimmten Rostgröße den Einbau eines Stokers zwingend vorschrieb. In Frankreich waren u.a. alle Dampflokomotiven der Baureihen 141 P, 141 R Charbon und 241 P mit Stokern ausgerüstet. In Böhmen galt dies für die Reihen 375.1, 498, 498.1, 556.0 und diverse Tenderlokomotiven. Dies bedeutet, dass nahezu alle nach dem Zweiten Weltkrieg in Böhmen beschafften Lokomotiven Stoker-gefeuert waren.

Bei der SAR (South African Railway) in Südafrika fuhren die Reihen 15 F, 23, 25, 25 NC und GMAM nur mit Stoker-Feuerung. Das Leistungsbild der Garret GMAM mit Radsatzfolge 2'D1'h2 + 1'D2'h2 entsprach z.B. der deutschen Baureihe 45.

In Verbindung mit einem Hulson-Schüttelrost und einer doppelten Kylchap-Saugzuganlage besaß der Stoker die folgenden Vorteile:

1. Rostbeschickung nach Leistungsbedarf quantitativ steuerbar
2. Gleichmäßige Beschickung der gesamten Rostfläche
3. Hohe Oberflächenglut-Temperatur, daher hohe Leistungsabstrahlung (Planck´sche Strahlungsformel) und hohe Kesselleistung
4. Ungestörter, kontinuierlicher Verbrennungsprozeß der Kohle auf dem Rost, da im Gegensatz zur geöffneten Feuertür keine Kalt- und Fremdluft in die Feuerbüchse eindringen kann

5. Rostbeschickung mit Kohle immer gleicher Korngröße, da die erste Förderschnecke in Verbindung mit dem Kohlenbrecher für stets gleichgroße Kohlestücke sorgt. Damit wird ein homogenes, bzw. gleichmäßig beschichtetes Feuerbett erreicht.

6. Laut den Versuchen mit der böhmischen Reihe 550.0 liegt der Kohleverbrauch von Lokomotiven mit Stoker um 8-10 % unter dem Wert von handgefeuerten Lokomotiven gleicher Bauart.

7. Die Entlastung des Heizers von schwerer körperlicher Arbeit, damit mehr Zeit für Überwachung und Bedienung des Kessels sowie für die Streckenbeobachtung. Insgesamt Erhöhung der Betriebssicherheit auf der Lokomotive.

Kylchap-Saugzuganlage

Eine doppelte Kylchap-Saugzuganlage, die strömungsmechanisch und dimensionell richtig ausgelegt ist, kann die folgenden Vorteile bringen:

1. Signifikante Leistungssteigerung des Kessels mit erheblicher Einsparung von Wasser und Kohle.

2. Kontinuierlicher Verbrennungsablauf in der Feuerbüchse durch geringe Druckschwankungen und gleichmäßigem Saugzug. Erhöhung der Zylinderleistung bis ca. 150 PS pro Zylinder, verursacht durch größere Entspannung im Dampfzylinder aufgrund des geringeren Gegendrucks der Saugzuganlage (abhängig von der Leistung der Lokomotive).

Thermo-Syphon oder Wassertasche in der Feuerbüchse

Mit dieser Konstruktion lässt sich die direkte Strahlungsheizfläche in der Feuerbüchse zusätzlich erhöhen, ohne die Gesamtabmessungen von Feuerbüchse und Stehkessel zu vergrößern zu müssen. Bei einigen großen amerikanischen Lokomotiven waren nicht nur Thermosyphons in der Feuerbüchse, sondern weitere in der langen Verbrennungskammer eingebaut. Da dort jedoch keine direkte, vom Feuer ausgehende Strahlung vorhanden ist, wird die Wirksamkeit eingeschränkt.

Hier die Vorteile eines Thermo-Syphons:

1. Erhöhung der Strahlungsheizfläche ohne Vergrößerung der Feuerbüchse

2. Durch erhöhte Strahlungsheizfläche Verkleinerung des Verhältnisses zwischen der Konvektions- und Strahlungsheizfläche. Damit Erhöhung der Heizflächenbelastung durchführbar (siehe Klie´sche Kurve).

3. Verbesserte Zirkulation des Wassers im Kessel und damit weniger Kesselablagerungen sowie Vermeidung von sogenannten „Hot Spots" (überhitzte Stellen).

Tabelle 5 - Ausrüstung und Bewertung der 10 betrachteten Dampflokomotiven (Wichtigste Aussage dieses Buches)

Nr	Bahnverwaltung	DRG	DB	DR	DB	DB	LNER/BR	CSD	CSD	SNCF	SNCF
1	Baureihe	01[0-2]	01[0-2] Umbau	01[5] Umbau [3)]	01[10] Umbau [3)]	10	A1	498.1	556.0	141 R [3)]	241 P
2	Baujahr (ab)	1934	1958	1962	1956/1959	1957	1948	1954	1952	1945	1947
3	Achsfolge/Bauart	2'C1'h2	2'C1'h2	2'C1'h2	2'C1'h3	2'C1'h3	2'C1'h3	2'D1'h3	1'Eh2	1'D1'h2	2'D1'h4v
4	Feuerung	Kohle	Kohle	Kohle/Öl	Kohle/Öl	Kohle/Öl	Kohle	Kohle	Kohle	Kohle/Öl	Kohle
5	Stoker	-	-	-	-	-	-	ja	ja	ja[4)]	ja
6	Hulson-Schüttelrost	-	-	-	-	-	ja	ja	ja	ja[4)]	ja
7	Verhältnis H_r / H_b	13,544	7,777	8,553	8,387	8,836	8,442	7,651	7,306	8,181	6,969
8	Verbrennungskammer	-	ja	ja	ja	ja	ja	ja	ja	ja	ja
9	Thermosyphon	-	-	-	-	-	ja	ja	ja	ja[5)]	ja
10	Wassertragrohre	-	-	-	-	-	ja	ja	ja	ja	ja
11	Kylchap-Saugzuganlage	-	-	-	-	-	2	2	2	1[1)]	2
12	Leistungsgewicht (PSi/t)	20,51	21,51	24,19	22,13	22,37	25,53	24,99	25,91	25,80	28,76
13	Abschließende Bewertung[2)]	3	2,5	2	2,5	2,5	2	1,5	1,5	2	2,5

[1)] ab der zweiten Lieferserie

[2)] Nach Abschätzung der Kriterien Konstruktionsniveau, Leistungsfähigkeit und Betriebstüchtigkeit zusammengefaßt. Die jeweilige Benotung 1 bis 6 (sehr gut bis ungenügend)
gibt die Meinung des Verfassers wieder und soll als Diskussionsgrundlage dienen.

[3)] Mit Kohle- und Ölfeuerung

[4)] Bei Kohlefeuerung

[5)] Zwei Thermosyphons

🔺 Abb. 051 - Tabelle 5 – Ausrüstung und Bewertung der zehn betrachteten Dampflokomotiven Die Stunde der Wahrheit könnte man diese Vergleichstabelle nennen. Man kann hieraus ersehen, daß bis auf die Verbrennungskammer alle weiteren leistungsrelevanten Konstruktionselemente bei den deutschen Lokomotiven nicht zu finden sind. Schade, daß in Deutschland die entscheidungsverpflichteten Beamten die internationalen Errungenschaften im Dampflokbau völlig ignoriert haben.

Abb. 050 - 2'D1'h4v-Schnellzuglokomotive 241 P 17 im Depot Le Mans. Diese optisch eindrucksvolle Maschine gehört zu den 35 letzten Dampflokomotiven, die in Frankreich konstruiert und gebaut wurden. Ohne Tender betrug das Dienstgewicht dieses Giganten ca. 131,4, mit Tender 212,2 t. Die Konstruktion dieser Maschine war jedoch kein großer Wurf, wie wir noch im zugehörigen Text nachlesen können.

Die Konsequenzen

Jetzt folgt natürlich die spannende Frage, was aus den deutschen Um- und Neubaulokomotiven geworden wäre, wenn die hier beschriebenen Neuerungen in die Konstruktionen dieser Lokomotiven Eingang gefunden hätten.

Obwohl diese Frage hypothetisch ist, möchten wir ihr hier trotzdem einmal nachgehen.

DB-Umbaulokomotive 01$^{0-2}$

Mit dem günstigen Verhältniswert von 7,777 zwischen der Rohrheizfläche H_r und Strahlungs- bzw. Feuerbüchsheizfläche H_v besaß der Neubaukessel der DB gute Voraussetzungen für eine Leistungssteigerung durch zusätzlichen Einbau von Stoker, Hulson-Schüttelrost und doppelter Kylchap-Saugzuganlage. Die Stoker-Feuerung hätte die etwas zu klein geratene Rostfläche von 3,955 m^2 weitgehend kompensiert. Die doppelte Kylchap-Saugzuganlage hätte in Verbindung mit der Optimierung des Verbrennungsprozesses und Erhöhung der Zylinderleistung durch den geringeren Gegendruck der Saugzuganlage eine erhebliche Leistungssteigerung bewirkt. Man kann davon ausgehen, dass die indizierte Leistung der DB Umbau 01$^{0-2}$ mindestens um ein Drittel gestiegen und damit in den Bereich von ca. 3.000 PSi gekommen wäre. Und dies bei gleichzeitig geringerem Verbrauch an Kohle und Wasser!

Reko-Lokomotive 01^5 der Mitteldeutschen Reichsbahn

Bei der Reichsbahn in Mitteldeutschland hat man gleich mehrere Chancen verpasst. Die nach dem Krieg dort verbliebene SNCF-Lokomotive 231 E 18 mit Radsatzfolge 2′C1′h4v war eine nach André Chapelons Vorgaben gebaute Pacific. Neben dem ausgeglichenen Vierzylinder-Verbundtriebwerk hoher Leistung war dort auch eine doppelte Kylchap-Saugzuganlage installiert. Damit stand der DR eine funktionsfähige doppelte Kylchap-Saugzuganlage als Konstruktionsbeispiel und zur Durchführung von praktischen Versuchen zur Verfügung.

Zur Zeit der Umbauplanung für die später 01^5 genannte Reko-Lokomotive waren in der Tschechoslowakei schon längst die erfolgreichen Neubaulokomotiven, insbesondere die 498.1 und die 565.0, in Betrieb. – Warum hat man zu jener Zeit nicht die doppelte Kylchap-Saugzuganlage und einen von den Skoda Werken in Pilsen gebauten Stoker (Nachbau des Stokers HT-1) beschafft und ausprobiert? Beim östlichen Bruderstaat waren zu jener Zeit bereits über 700 neue Lokomotiven mit Stoker und Kylchap-Doppelblasrohr erfolgreich unterwegs. Wollte man hier das Rad noch einmal neu erfinden?

Wenn man die kohlegefeuerte Version der 01^5 mit einem Stoker einerseits und mit einer doppelten Kylchap-Saugzuganlage andererseits ausgerüstet hätte, wäre die 01^5 nicht nur mit weit höherer Wirtschaftlichkeit, sondern auch mit einer brillianten Leistungssteigerung gefahren. Hochgerechnet wäre die indizierte Leistung in einen Bereich von rund 3.200 PS gekommen. Diese Mehrleistung hätte trotz der streckenseitigen Geschwindigkeitsbegrenzung auf 120 km/h eine deutliche Verkürzung der Fahrtzeiten gebracht. Die bessere Beschleunigung schwe-

rer Züge sowie die zügige Bewältigung von anstrengenden Steigungen wären für den Lokführer kein Problem gewesen, weil er in den genannten Fällen mit deutlich höherer Füllung hätte fahren können.

Umbaulokomotive 01^{10} der Deutschen Bundesbahn

Auch beim ehemaligen Paradepferd der Deutschen Bundesbahn, der Dreizylinder-Pacific 01^{10}, hätte sowohl bei der Kohle- als auch bei der Öl-Version noch vieles erreicht werden können.

Beschränken wir uns bei der folgenden Betrachtung auf die ölgefeuerte Lokomotive. Hier hätten schon zwei nicht sehr aufwändige Maßnahmen erhebliche Verbesserungen bewirkt. Mit einer doppelten Kylchap-Saugzuganlage wäre die Verbrennung des Öls in der Feuerbüchse erheblich effizienter abgelaufen, weil dort die hohen Unterdruckschwankungen fast gänzlich unterblieben wären. Weiterhin hätte man vom Dampfsammelkasten bis zu den drei Zylindern wohl dimensionierte, gleichlange Einströmrohre, zum Beispiel aus Edelstahl, montieren können, damit die Dampfversorgung für alle drei Zylinder völlig gleich und störungsfrei abläuft. Leitungssteigerung und bessere Laufruhe wären die Folge gewesen. Die englische A1 hat dies ja vorgemacht (Siehe Abb. 027, Seite 36)! Alle Massnahmen im Paket hätten bei der 01^{10} mit Ölfeuerung zu einer voraussichtlichen Leistungsentfaltung von ca. 3.200 PSi geführt.

Neubaulokomotive Reihe 10

Bei der Neubaulokomotive Reihe 10 mit Ölfeuerung hätte die Verlängerung der Verbrennungskammer um 500 mm gleich mehrere Vorteile gebracht. Zum einen wäre die Verhältniszahl zwischen Rohrheizfläche H_r zur Feuerbüchsheizfläche H_v viel günstiger ausgefallen, zum anderen hätte man im Langkessel das Rohrbild der Baureihe 01^{10} übernehmen können. Neben diesem praktischen Vorteil hätte man laut der Klie'schen Zahl mit weit höherer Kesselbelastung fahren können, z.B. mit 90 kg/m^{2}h! Eine doppelte Kylchap-Saugzuganlage hätte schließlich noch jene Vorteile gebracht, die bereits bei der 01^{10} beschrieben wurden.

Mit diesen Verbesserungen und ihrem ausgewogenen Dreizylindertriebwerk hätte die Reihe 10 die Chance besessen, Witte's unerfüllte Träume nicht nur zu realisieren, sondern noch zu übertreffen. Eine indizierte Leistung von 3.600 PS oder mehr wäre wohl leicht zu erreichen gewesen.

Wer die hier behandelten ausländischen Lokomotiven kennegelernt hat und auch auf diesen mitgefahren ist, wird die Aussagen des Verfassers bestimmt bestätigen können.

Aber dies ist heute Geschichte!

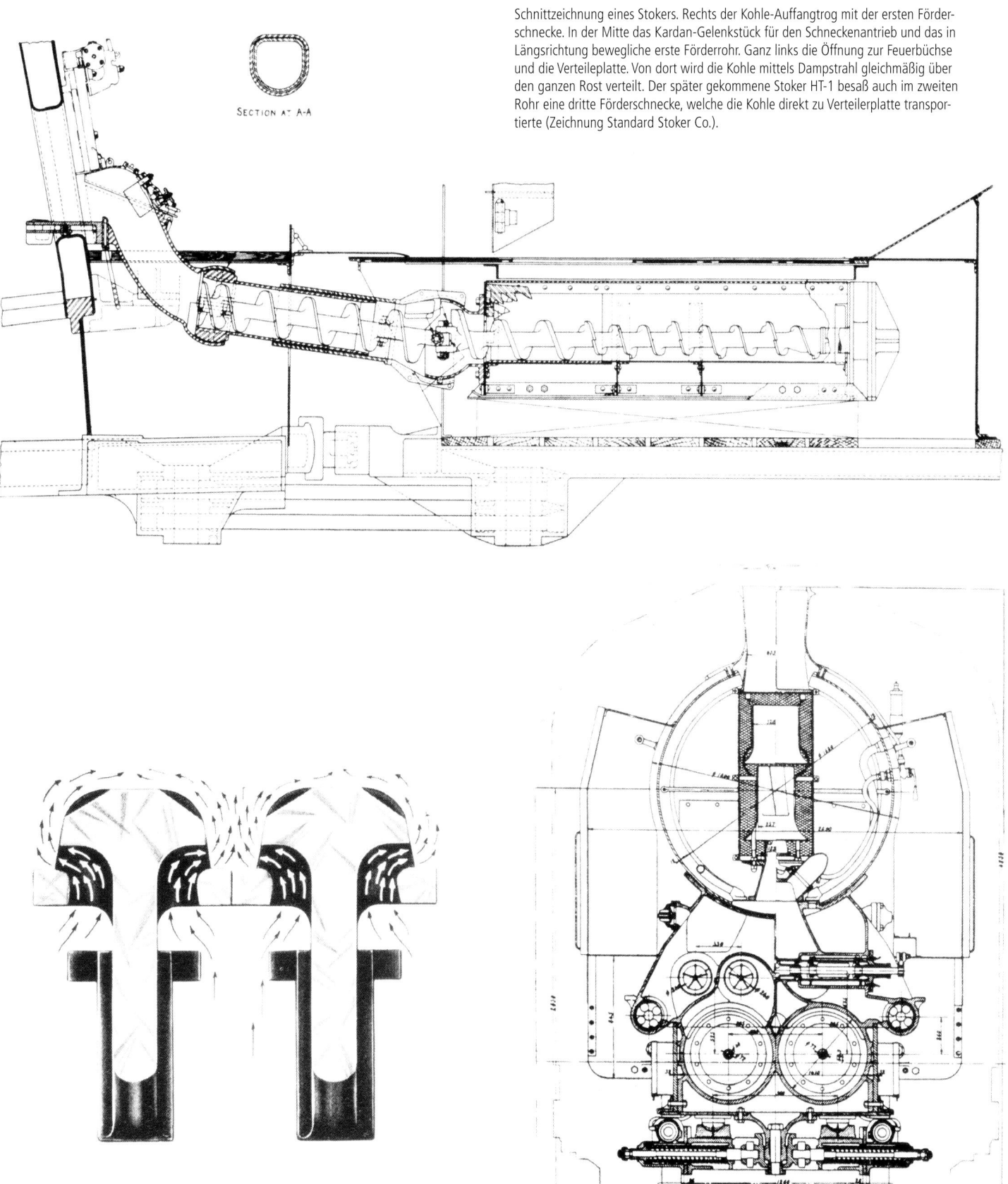

SECTION AT A-A

Schnittzeichnung eines Stokers. Rechts der Kohle-Auffangtrog mit der ersten Förderschnecke. In der Mitte das Kardan-Gelenkstück für den Schneckenantrieb und das in Längsrichtung bewegliche erste Förderrohr. Ganz links die Öffnung zur Feuerbüchse und die Verteileplatte. Von dort wird die Kohle mittels Dampfstrahl gleichmäßig über den ganzen Rost verteilt. Der später gekommene Stoker HT-1 besaß auch im zweiten Rohr eine dritte Förderschnecke, welche die Kohle direkt zu Verteilerplatte transportierte (Zeichnung Standard Stoker Co.).

Im Gegensatz zu den in Deutschland üblichen, einfachen Roststäben besitzt der Hulson-Rost eine besondere Führung der Verbrennungsluft. Die von unten zugeführte Luft umströmt die geometrisch fast T-förmig ausgebildeten Roststäbe. Durch diese Konstruktion wird damit die Verbrennungsluft auch noch vorgewärmt (Zeichnung Stein & Roubaix).

Einen Schnitt durch die Rauchkammer einer französischen 2'C1'h4v-Pacific mit doppelter Kylchap-Saugzuganlage gibt diese Zeichnung wieder. Wie schon bei der offenen Rauchkammer der A1 auf Abb. 027, Seite 36 zu sehen ist, folgt hier nach dem Blasrohr erst die Kylälä-Düse, dann die zylindrische Zwischendüse. Durch die drei übereinander liegenden Einströmzonen wird das gesammte Rohrbild gleichmäßig beaufschlagt. Der im Umfang zylindrisch und in zwei Hälften ausgebildete Funkenfänger beteht aus Maschendraht (Zeichnung SNCF).

5. Auf deutschen Strecken

5.1 Unvergessliches Hof und Oberfranken

5.1.1 Einführung

Am 1. Februar 1972 standen bei der Deutschen Bundesbahn noch genau 1.384 Dampflokomotiven in Betrieb. 52 Maschinen davon besaßen die Radsatzfolge 2'C1' und gehörten damit zu den letzten deutschen Schnellzuglokomotiven der Baureihe Pacific.

Die klassischen Zweizylindermaschinen der Baureihe 01, ab 1968 unter der Nummer 001 geführt, waren zu diesem Zeitpunkt noch mit 20 Lokomotiven vertreten. In Hof und Ehrang bei Trier standen diese bekannten Schnellzuglok noch im täglichen Einsatz, auch wenn ab nächstem Fahrplanwechsel alle noch einsatzfähigen Maschinen in Hof konzentriert wurden.

Hof sowie die „Schiefe Ebene", jene berühmte Steilstrecke auf der Route von Bamberg nach Hof, strahlten eine Faszination aus, die nicht nur auf Eisenbahnfreunde wirkte, sondern auch alle anderen ansprach, die nur ganz allgemein Freude an Technik und Landschaft hatten.

Selbst der Verfasser konnte sich dieser Faszination nicht entziehen, obwohl er sich vorrangig für den Betriebsmaschinendienst interessierte. Hinzu kommt noch, dass die Verbindung von München nach Hof fast durchgehend über die Bundesautobahn führt und die Distanz von rund 285 km in gut zweieinhalb Stunden bewältigt werden kann. Der Bahnhof Neuenmarkt-Wirsberg und die „Schiefe Ebene" liegen nur rund 250 km von München entfernt und sind leicht in zwei Stunden zu erreichen. Wenn man einen schnellen fahrbaren Untersatz zur Verfügung hatte und in München kurz vor fünf Uhr in der Frühe aufbrach, konnte man schon vor sieben Uhr an der „Schiefen Ebene" seine Fotogeräte aufbauen. Der um 7.06 Uhr in Neuenmarkt-Wirsberg ausfahrende und mit einer Baureihe 050 bespannte Personenzug N 2805 Lichtenfels - Hof passierte die Blockstelle Streitmühle ungefähr um 7.16 Uhr. Damit hatte man im Regelfall noch rund 15 Minuten Zeit, eine Linhof 9x12 in Stellung zu bringen und das gewünschte Bild genau zu justieren. Eine Hasselblad 6x6 war natürlich mit dabei, auch wenn - im Gegensatz zur Linhof - deren Einstellung einschließlich Lichtmessung eine Angelegenheit von wenigen Minuten war.

Abb. 052 - Eilzug E 658 „Frankenland" mit den zwei Hofer Schnellzuglokomotiven 001 168-4 und 001 202-1 durcheilt talwärts den Bahnhof Marktschorgast. Auf die Bitte des Verfassers hin fahren beide Maschinen statt mit schon geschlossenem hier im Bild mit offenem Regler und machen mächtig Dampf. Laut Buchfahrplan für den E 658 darf dieser Zug von Münchberg (km 103.0) bis Marktschorgast (km 81.6) mit einer Geschwindigkeit von nur 70 km/h fahren. Die „Schiefe Ebene" kann er dann mit 80 km/h hinab donnern und muß ab Einfahrsignal Neuenmarkt-Wirsberg (km 75.4) auf 40 km/h heruntergehen. Kurz vor der Bahnhofseinfahrt (km 74.7) leitet der Zug dann seine Bremsung ein (10.02.1973).

Die morgendliche Sonne leuchtete zu diesem Zeitpunkt aus östlicher Richtung, so dass von dem in Fahrtrichtung links leicht ansteigenden Hang passende Aufnahmen erstellt werden konnten (Seite 123).

Knapp eine Stunde später, genau um acht Uhr, verließ der Eilzug E 1961 den Bahnhof Neuenmarkt-Wirsberg in Richtung „Schiefe Ebene". Zeit genug, auch beim Arbeiten mit der aufwendigen Plattenfotografie bei dieser Strecke weiter oben einen geeigneten Standort einzunehmen. Eine favorisierte Fotoposition lag bei Streckenkilometer 80.1, weil dort aus einer erhöhten Position die gesamte Strecke und Stützmauer - Brücke VI genannt - einzusehen war. Diese Stützmauer nimmt gewaltige Dimensionen ein und besitzt auf halber Länge einen weiten Durchlass. Die Gesamthöhe dieses Kunstwerkes reicht bis 32 m. Hinzu kam der glückliche Umstand, dass damals vor diese Stützmauer noch mit dem Auto gefahren werden konnte und der Fußweg zum ausgesuchten Fotostandort nur einige zehn Meter betrug.

Wenn der Eilzug E1961 Neuenmarkt-Wirsberg planmäßig verlassen hatte, passierte er den Streckenkilometer 80.1 ungefähr um 9.08 Uhr. Im Regelfall bestand dieser Zug aus sieben bis acht Wagen, wobei die Wagengarnitur aus einem Postwagen, einem Behelfsgepäckwagen, einem normalen Gepäckwagen und vier bis fünf Reisezugwagen bestand. Als Zuglast bedeutete dies für die Lokomotive eine Anhängelast von rund 280 bis 310 t, so dass die Beistellung einer Schiebelokomotive (Drucklok) obligatorisch war. Beim hier aufgeführten Eilzug E1791 kam im Regelfall eine Brennkraftlok der Baureihe 220 (V 200) vom Bw Würzburg zum Einsatz. Laut Buchfahrplan waren auf diesem

Streckenabschnitt der Schiefen Ebene eine Höchstgeschwindigkeit von 60 km/h zugelassen.

Nach der Leistungstafel für die Dampflokomotive Baureihe 001 (01) kann diese Maschine bei 25 Promille Steigung (1:40) und einer Geschwindigkeit von 50 km/h rund 175 t, bei 60 km/h 140 t Zuglast übernehmen. Da die Brennkraftlokomotive 220 (V 200) mit vier Antriebsrädern ein Leistungsgewicht von rund 27,5 PS/t und die Dampflokomotive BR 01 ca. 13,89 PSi/t aufbringt, war die Schiebelokomotive (Drucklok) auf den ersten Blick natürlich im Vorteil. Hier wird jedoch oft vergessen, dass ein Dieselmotor erst in der höchsten Fahrstufe seine größte Leistung erbringt. Ein Dieselmotor kann aber nicht überlastet werden. Die zwei Dieselmotoren auf der BR 220 leisten in der Summe maximal 2.200 PS. Von diesem Leistungsaufkommen müssen jedoch noch alle Hilfsantriebe, sowie Stromerzeuger, Motorkühlung und andere Einrichtungen versorgt werden, so dass am Radumfang maximal 1.800 PS zur Verfügung stehen.

Eine Dampflokomotive, wenn sie die technischen Voraussetzungen mitbringt, kann kurzzeitig ihre Leistung ganz erheblich steigern. Neben einem guten Allgemeinzustand liegt es an einer optimalen Feuerungstechnik in der Feuerbüchse sowie an der Ausnutzung der vorhandenen Kesselreserve.

Hier auf der berühmten „Schiefen Ebene", eine zweigleisig geführte Hauptbahn, bei der eine 7,5 km messende Strecke 157 Höhenmeter überwunden werden muß, beträgt die Steigung fast durchgehend

Abb. 053 - Schnellzuglokomotive 001 180-9 stellt sich dem Fotografen auf der Drehscheibe im winterlichen Bw Hof (09.12.1972). Diese Maschine war 1936 unter Fabrik-Nr. 22 923 bei Henschel & Sohn gebaut und am 16. Mai des gleichen Jahres an die Deutsche Reichsbahn geliefert worden. Ihr betrieblicher Einsatz begann am 29. Mai 1936 bei der Reichsbahndirektion Kassel im Bw Paderborn. Ihre letzte Planleistung beim Bw Hof vollbrachte sie am 29.05.1973 vor dem Eilzug E 1648 Hof – Bamberg. – Nach Umwegen in die Schweiz gehört diese Lokomotive nun dem Bayerischen Eisenbahnmuseum in Nördlingen. Eine Aufarbeitung und Wiederinbetriebnahme ist geplant.

25 Promille (auch 1:40). Durch die engen Kurven bedingt, sind die jeweiligen Kurvenwiderstandsbeiwerte noch hinzuzurechnen, so daß sich für den Bahnbetrieb Steigungen bis zu 28 Promille ergeben.

Bevor wir nun genauer der Streckenführung von Hof nach Bamberg - dem letzten Dorado der Hofer Schnellzuglokomotiven - widmen, wollen wir uns noch das Bahnbetriebswerk (Bw) Hof und die dort stationierten Dampflokomotiven näher ansehen.

5.1.2 Das Bahnbetriebswerk Hof mit seinen Menschen und Maschinen

Im Rahmen des schrittweisen Rückbaus der Bundesbahndirektion Regensburg wechselten Maschinenamt und Bahnbetriebswerk Hof zum 1. Januar 1972 zur Bundesbahndirektion Nürnberg. Leiter dieses Maschinenamtes war damals Bundesbahnoberrat (BOR) Rudolf

Schneider (geb. 6.12.1926), der zuständige Betriebsingenieur (Bing) der technische Oberamtsrat (TOAR) Karl Beyer und der Lehrlokführer Ludwig Übel.

Zugeordnet war dieses Maschinenamt der Abteilung II (bzw. L) der Bundesbahndirektion Nürnberg (DirNür), dem Abteilungs-Präsident (APr) Paul Schläger (geb. 11.04.1913) vorstand. Schläger war in Personalunion Dezernent 21 und für den Zugförderungsdienst zuständig. In dieser Abteilung war Bundesbahndirektor (BDir) Otto Thiel als Dezernent 21A für den Triebfahrzeugdienst in den Bahnbetriebswerken zuständig sowie auch Direktor des Verkehrsmuseums Nürnberg. Anfangs wurde der Verfasser bei diesen beiden Herren vorstellig, wenn es um eine Führerstandsmitfahrt ging. Die Mitfahrerlaubnis selbst wurde zumeist von Bundesbahnoberrat Hartmut Kreiner (geb. 9.03.1939), Dezernent 21a, ausgestellt und im Auftrag unterschrieben. Voraussetzung für die Mitfahrt auf dem Führerstand einer Lokomotive waren

Abb. 054 - Zugbegegnung mit Blick vom Führerstand der Hofer 001 008-2, die mit dem Schnellzug D 854 Hof – Bamberg mit rund 70 km/h den Bahnhof Falls durcheilt. In Gegenrichtung wartet 001 150-2 mit Eilzug E 1863 auf das Ausfahrtsignal, da ein Teil der Strecke zwischen den Bahnhöfen Marktschorgast und Stammbach mit nur einem Gleis geführt wird.

der Abschluß einer Haftpflichtversicherung sowie die Vorlage einer gültigen Fahrkarte.

Manchmal wurde die Genehmigung für eine Führerstandsmitfahrt auch direkt vom Maschinenamt Hof organisiert, weil der Mentor des Verfassers, Bundesbahnoberrat a.D. Johann B. Kronawitter, stets mit dabei war. Weiterhin verbanden den Verfasser mit den dort verantwortlichen Hofer Beamten fast schon freundschaftliche Beziehungen. Dass seine Publikationen bereits einen bestimmten Bekanntheitsgrad erreicht hatten, war oftmals auch förderlich.

Dem Bahnbetriebswerk Hof stand damals der technische Bundesbahn-Oberamtsrat Rudolf Fischer als Dienststellenleiter vor. Amtsrat Hannes Haßlocher diente als B-Gruppenleiter (Dienstpläne, Personal, Ausbildung etc.), der technische Amtsrat Erwin Vogel als C-Gruppenleiter (Lokomotiven, Werkstätten, Ausbesserung). Besondere organisatorische Bedeutung kam der Lokdienstleitung zu, weil dort nicht nur die

besonderen Bespannungswünsche des Verfassers umgesetzt, sondern auch die diversen schriftlichen Regieanweisungen an die Lokpersonale erläutert und weitergereicht wurden. Ganz besonderen Dank gebührt hier den beiden Lokdienstleitern Alfred Rödl I und Alfred Rödl II, wobei letzterer in seiner besonderen Hilfsbereitschaft kaum zu übertreffen war.

Stets kooperativ und engagiert verhielten sich auch die zahlreichen Hofer Lokpersonale, von denen die Lokführer und Heizer Fischer und Putzer, Benker und Erben und Höpfer und Hermann für alle anderen genannt werden sollen. Nicht zu vergessen sind die Drehscheibenwärter und sonstigen Mitarbeiter, die immer mit Freude dabei waren, wenn im Bw Hof die eleganten Schnellzuglokomotiven der Baureihe 001 (01) ins „richtige Licht" gerückt werden sollten.

Dem Verfasser war bei allen diesen Sonderaktionen nicht entgangen, dass die gewährte Unterstützung nicht nur wegen der Absegnung

Abb. 055 - Dampflokparade im Bw Hof, sieben der neun letzten 001 (01) sind hierzu angetreten. Die Schnellzuglokomotiven 001 111-4 und 001 173-4 waren zu diesem Zeitpunkt mit Reisezügen unterwegs. – Diese Aufnahme entstand vom Führerhausdach einer Hofer Güterzuglokomotive BR 050. Sie diente als fahrbarer Untersatz für die Platten- bzw. Großbildkamera Linhof Super Technika 9 x 12. Auf Kommando zogen alle Lokführer die Dampfpfeifen, so daß spätestens ab diesem Zeitpunkt ganz Hof wußte, daß im Bahnbetriebswerk der DB wieder einmal eine Dampflokparade abgehalten wird (08.04.1973).

durch die Vorgesetzten oder die später zugesandten Bilder erfolgte, sondern oft auch aus echter Begeisterung, die Erinnerung an den Hofer Dampflokbetrieb wach zu halten. Stellvertretend hierfür seien die Drehscheibenwärter Rödiger, Ausschlacker Kaiser und Feuermann Tietze genannt, ohne deren Hilfe nicht alle Pläne des Verfassers hätten wunschgemäß erfüllt werden können.

Zu den Höhepunkten der diversen Aktionen, die der Verfasser mit den Hofer Eisenbahnern inszenierte, gehörten insbesondere die größeren Lokparaden. Über drei davon wurden nur mit Maschinen der Baureihe 001 (01) abgehalten, die anderen auch zusammen mit Maschinen der Baureihen 044, 050 und 086. Einige von diesen imposanten Arrangements sind in diesem Buch zu finden (Seiten 8/9, 82/83 und 103). Das besondere an diesen aufwendigen Fahrzeugpräsentationen war der Umstand, dass die Fotoapparate, somit Linhof und Hasselblad, mit ihrem schweren Stativ auf das Führerhausdach einer Dampflok Baureihe 050 (50) gehievt und dort aufgestellt werden mußten. Die Lok diente damit als fahrbarer Untersatz und wurde mit Hilfe des Lokführers in die jeweils gewünschte Position dirigiert. Nach Einstellung von Mattscheibe und Verschlußzeit waren die Kameras schußbereit. Im Anschluß stiegen alle Lokführer auf ihre Maschinen und zogen auf Kommando „1, 2, 3" die Dampfpfeifen. Spätestens nach diesem lautstarken

Pfeifkonzert wußte dann ganz Hof, dass im bekannten Bahnbetriebswerk wieder einmal eine Lokparade stattfindet.

Eine der letzten Lokparaden fand am 8.04.1973 statt, an der sieben der damals noch neun im Einsatz befindlichen Schnellzuglokomotiven der Baureihe 001 (01) teilnahmen (Seiten 82/83). Eigentlich wären an jenem Tag nur fünf Maschinen zur Verfügung gestanden, weil sich damals vier Lokomotiven planmäßig im Zugförderungsdienst befanden. C-Gruppenleiter Erwin Vogel ließ aber zwei der zu führenden Reisezüge mit Brennkraftlokomotiven der Baureihe 220 (V 200) bespannen und deklarierte diese Fahrten mit dem Titel „Ersatzbespannung als Ausbildungsfahrt auf Brennkraftlok 220".

Bei einer anderen Lokparade, die auf dem Titel dieses Buches sowie den Seiten 8/9 zu finden ist, wurden hintereinander mehrere Aufnahmen inszeniert. Bei einer davon klemmte bei der Lok 001 211-2 kurz einmal der Pfeifenzug, bei einem anderen Bild ließ sich auf der Güterzuglok 044 657-4 die Dampflokpfeife kurzzeitig nicht mehr abstellen. Ein bereitstehender Betriebsschlosser behob diesen Defekt umgehend mit seinem Hammer.

Dass bei allen diesen Lokparaden auch Erinnerungsbilder mit den Teilnehmern erstellt wurden, war für den Verfasser selbstverständlich (Seite 101). Eine weitere Aktion, die hier Erwähnung verdient, sind die verschiedenen Aufnahmen des Bw Hof, die vom Dach des hinteren

Abb. 057 - Die Hofer Schnellzuglokomotive 001 173-4 mit
Eilzug E 1863 (Tübingen – Würzburg – Hof) auf der "Schiefen
Ebene" bei Streckenkilometer 76.9, fotografiert von der
Überführung bzw. Brücke der Bundesstraße 303.
Die fünf Eilzugwagen, auch Silberlinge genannt, hängen mit
rund 180 t am Zughaken unserer Lokomotive. Nach den
Leistungstafeln für Dampflokomotiven kann sie mit der ge-
nannten Last die 25 ‰-Steigung mit rund 50 km/h bezwingen
(17.03.1973).

Abb. 058 - 001 111-4 durcheilt mit Schnellzug D 854 ohne Halt den Bahnhof Neuenmarkt-Wirsberg. Auf der Regie-Anweisung des Verfassers, welche die Hofer Lokleitung an den „Meister" weitergereicht hatte, stand wortwörtlich zu lesen: „Lokführer D 854, bitte bei Durchfahrt Neuenmarkt-Wirsberg erst unter der Brücke den Regler auf einen Schlag aufmachen, danke! „. Daß hierbei die Zylinder rechtzeitig vorgewärmt worden sind, verrät uns dieses Bild. Auf der Pufferbohle können noch die Untersuchungsfristen nachgelesen werden: Unt. L2 L, 16.11.70 !

Abb. 059 - Schnellzuglokomotive 001 131-2 verläßt mit dem Eilzug E 1863 (Tübingen – Würzburg – Bamberg – Hof) pünktlich um 12.28 Uhr von Gleis 4 den Bahnhof Neuenmarkt-Wirsberg in Richtung "Schiefe Ebene" und Hof. Die Verstellung der Plattenkamera 9x12 nach "Scheimpflug" erlaubt erst das ganze Geschehen auch in der Tiefe genau zu verfolgen. Unser Eilzug umfaßt exakt sechs Wagen, am Schluß des Zuges wird auch die Schiebelokomotive BR 260 (V 60) identifiziert. Auf Gleis 3 wartet eine Dampflok Baureihe 050 mit Nahverkehrszug N 2826, der um 13.09 Uhr den Bahnhof in Richtung Lichtenfels verlassen wird. Und schließlich wartet auf Gleis 2 der Personenzug N 2819, der mit 052 339-0 um 13.02 Uhr in Richtung Hof abfahren wird (11.03.1973).

Abb. 060 - Die stimmungsvolle spätherbstliche Stimmung an der „Schiefen Ebene" gibt diese Aufnahme wieder. Auch nach dem Ausscheiden der eleganten Schnellzuglokomotiven der Baureihe 001 (01) zum 3. Juni 1973 verkehrten bis zum Ende des Jahres 1974 immer noch Hofer Dampflokomotiven auf der „Schiefen Ebene". Hier sehen wir 050 098-3 mit N 5819 Lichtenfels – Hof kurz vor der Blockstelle Streitmühle . Auf der Lok erkennt man hinter dem „Meister" Lehrlokführer Ludwig Übel (mit Hut) vom Maschinenamt Hof (02.11.1973).

Abb. 061 - Nach der spektakulären Dampflokparade am Sonntag, den 8. April 1973, wurde der Schnellzug D 854 Hof – Bamberg – Würzburg mit der Schnellzuglokomotive 001 150-2 bespannt. Abfahrt Hof war um 12.10 Uhr. Hier sehen wir diesen Zug kurz hinter Seulbitz, auf dem Führerstand arbeiten Lokführer Bayreuter und Heizer Rietsch. Ab Streckenkilometer 108.8 durfte von 75 auf 90 km/h beschleunigt werden (08.04.1973).

Rundschuppens erstellt wurden (Seite 91). Um zu dieser Perspektive kommen zu können, mußte der Aufgang zum Vordach dieses Rundschuppens erst wieder instand gesetzt werden. Auch die dortigen Ausstiegsfenster waren über Jahre nicht mehr benutzt worden, zumal die laufende Bauplanung den Abriß des Rundschuppens vorgesehen hatte. Eine der Hauptszenen bei dieser Fotoaktion war der Ausblick über die Kessel von drei 001 Lokomotiven, vom Führerhaus gehend bis zum Schornstein (Seite 103). Deutlicher wie auf diesem Bild lassen sich die Unterschiede zwischen Alt- und Neubaukessel wohl kaum erkennen.

Eine der schönsten Erinnerungen an das Bw Hof geht auf den 14.09.1973 zurück. Dortmals besuchte der Verfasser in Begleitung seines Mentors Johann B. Kronawitter die Bahnbetriebswerke Regensburg und Hof, um Szenen und Vorschläge für die letzte Planfahrt einer Hofer 001 (01) im Reisezugdienst zu besprechen. In Regensburg sollte eine Lokparade mit einer Brennkraftlok der Baureihe 218 und einem elektrischen Triebfahrzeug der Baureihe 118 erstellt werden. Als dieses Thema im Anschluß an den Besuch von Regensburg mit den Hofer Kollegen Rudolf Fischer, Karl Beyer, Erwin Vogel und Hannes Haßlocher besprochen wurde, kam man zu einem ganz besonderen Ergebnis. Zu jener Zeit standen in Hof noch die folgenden Maschinen unter Dampf, auch wenn nur noch eine Lokomotive pro Tag planmäßig

benötigt wurde: 001 008, 111, 150 und 173. Im Hinblick darauf, dass die Lok 001 150-2 einerseits zum Verkauf vorgesehen war, andererseits am 29.09.1973 die letzte Planleistung einer Hofer 001 erbringen sollte, empfahl Erwin Vogel seinem Dienststellenleiter Rudolf Fischer, diese Maschine noch einmal neu spritzen zu lassen. Vogel im Originalton: „Rudolf, wir haben noch tonnenweise Farbe auf Lager und viele Leute herumstehen. Komm´, lass´und die 001 150 für die Abschiedsfahrt noch einmal neu spritzen!" Da an diesem Freitag Nachmittag der Leiter des Maschinenamtes Hof, Bundesbahnoberrat Rudolf Schneider, sich bereits auf dem Weg zum heimatlichen München befand und sein Stellvertreter Oberamtsrat Karl Beyer seine Zustimmung gab, wurde dieser Plan schon in der nächsten Woche umgesetzt. Auf den Seiten 12, 22, 40/41, 107 und 140/141 können wir diese fast wie neu hergerichtete Maschine ganz oder in Ausschnitten bewundern.

Ein weiterer Fall, den der Verfasser nicht vergessen möchte, sei gleichfalls hier erwähnt. Bis zum Ende des Winterfahrplanes 1971/72 wurden noch einige Züge nach Selb mit Lokomotiven der Baureihe 086 (86) geführt. Dazu gehörte auch der Nahverkehrszug N 3415, der um 14.08 Uhr den Hauptbahnhof Hof in Richtung Selb verließ. Da hier aber früher als geplant Brennkraftlokomotiven der Baureihe

Abb. 062 - Blick vom Rundschuppendach auf das rege Geschehen im Bw Hof. Noch stehen hinten die drei Hofer 001 (01) in der Position, die für die Kesselstudie (Seite 103) erforderlich war. Die 052 184-9 macht sich auf den Weg, um im Hofer Güterbahnhof eine Leistung zu übernehmen.

211 (V 100) eingesetzt wurden, konnte die vorgesehene Aufnahme nicht mehr erstellt werden. Als dieses Mißgeschick bei der Lokdienstleitung Hof angesprochen wurde, zeigte Lokdienstleiter Alfred Rödl II besonderes Verständnis und brachte nach kurzem Nachdenken den folgenden Vorschlag: „Herr Mehltretter, wir haben auf Gleis 5 noch eine Wagengarnitur stehen, die dem angesprochenen Nahverkehrszug nach Selb entspricht. Ich gebe dem Fahrdienstleiter im Hauptbahnhof Bescheid und sage ihm, dass wir eine Lok Baureihe 086 dorthinschicken und für Presseaufnahmen eine kurze Anfahrt durchführen werden."

Flugs gingen Lokführer und Heizer vom Bereitschaftspersonal zum Rundschuppen, fuhren die Lok 086 407-4 über Drehscheiben und Verbindungsgleis in den Hauptbahnhof auf Gleis 5. Anschließend setzten sie vor die vorgesehene, dort stehende Wagengarnitur. Bis auf den Behelfsgepäckwagen war der Zug typisch für Nebenstreckenverbindungen, z.B. auch nach Selb. Nach Kuppeln und Durchführung der Bremsprobe fuhr der Lokführer den Zug mit viel Dampf kurz an und verschaffte dem Verfasser die gewünschte Aufnahme. Dieses Bild findet sich auf Seite 47 des Buches „Die Lokomotiven der Deutschen Bundesbahn", welches 2004 letztmalig und in 9. Auflage als Sonderband erschienen ist. - Nach diesem speziellen Manöver kuppelte die 086 407-4 wieder ab und dampfte ins Bw zurück.

Hier könnte der Verfasser noch von vielen weiteren, vergleichbaren Aktionen sowie von außergewöhnlicher Hilfsbereitschaft berichten, doch diese sind heute Vergangenheit.

5.1.3 Auf der „Schiefen Ebene" und anderen Strecken

In den letzten zwei „Dampfjahren" der Hofer 001 von 1971 bis 1973 waren auch Lokomotiven der Baureihen 086 (86) und 050 (50) noch im Reisezugdienst zu finden. Für den Eisenbahnexperten waren vornehmlich die zu bespannenden Schnell- und Eilzüge von Interesse, die über die „Schiefe Ebene" führten, zumal die großrädrige Baureihe 001 (01) auch für die Bedienung von Nahverkehrszügen eingesetzt wurde, für die sie eigentlich nicht geeignet war. Die vielen Zwischenhalte mit ständigem Abbremsen und Anfahren sowie die bescheidenen Anhängelasten, die oftmals unter dem Dienstgewicht von Lokomotive und Tender (167,8 t) lagen, entsprachen nicht dem Leistungsbild der einst so stolzen Schnellzuglokomotive. In diesem Sinne wurden auch die Motive für die zu erstellenden Bilder ausgesucht. Die Strecke von Bamberg nach Hof war natürlich die vom Verfassern favorisierte Strecke.

● Abb. 063 - Der Eilzug E 1649 von Bamberg nach Hof wurde immer mit Vorspann gefahren. Damit entfiel in Neuenmarkt-Wirsberg die Stellung einer Schiebelokomotive (Drucklok). Hier sehen wir diesen Zug mit den Maschinen 001 211-2 und 001 168-4 auf der "Schiefen Ebene" bei der Blockstelle Streitmühle. Das Abendlicht schafft fast eine gespenstige Atmosphäre (10.03.1973).

Abb. 064 - Auf der Verbindung Bamberg – Neuenmarkt-Wirsberg – Hof verfügt der Streckenabschnitt Marktschorgast – Seulbitz nur noch über ein Gleis, das zweite wurde nach dem zweiten Weltkrieg zurückgebaut. Unser Bild zeigt den Güterzug Dg 16 825 mit Lok 052 945-3 im verschneiten Wald. Die schwerste Anstrengung über die "Schiefe Ebene" liegt hinter ihm und bald wird der noch vor Falls liegende Brechpunkt erreicht (06.12.1973).

Letztendlich war es nur die Bewältigung der „Schiefen Ebene", die von den manchmal schon über 40 Jahre alten Maschinen immer noch gnadenlos deren Höchstleistung abverlangte.

Und diese tägliche Leistung galt auch für das Lokpersonal auf der 001 (01) immer wieder als ganz besondere Herausforderung. Hierüber soll einmal aus ganz persönlicher Sicht berichtet werden.

Auf der Lok über die „Schiefe Ebene"

Neben den verschiedenen Führerstandsmitfahrten, die der Verfasser auf den Hofer Schnellzuglokomotiven absolviert hat, sind zwei in besonderer Erinnerung geblieben. Bei diesen durfte er auf der 001 (01) einmal von Neuenmarkt-Wirsberg bis nach Münchberg und ein anderes Mal von Lichtenfels bis nach Hof die Heizerdienste übernehmen. In beiden Fällen waren Maschinen mit Neubaukessel gewählt worden, nämlich 001 211-2 und 001 131-2. Die Entscheidung für diese neu bekesselten Lokomotiven resultierte in beiden Fällen aus dem Rat seines väterlichen Freundes J. B. Kronawitter. Dessen Meinung nach konnten diese Maschinen eine wesentlich höhere Kesselleistung erzielen als die nicht umgebauten Schwestermaschinen. Voraussetzung hierfür waren die richtige Feuerungsweise, eine bedarfsgerechte Speisung des Kessels sowie eine auf die Besonderheiten des Heißdampfreglers ausgerichtete Anfahrweise. Diese Aussagen sollten sich später auch in

der Praxis bewahrheiten. Die erste Gelegenheit, einen neu bekesselte Hofer 001 heizen zu dürfen, fiel auf Freitag, den 20. Oktober 1972. Diesen Tag hat man als bewölkt und nasskalt in Erinnerung. Mehr als fünf bis sechs Grad Celsius zeigte das Thermometer kaum an. Dieser mit nur wenigen Sonnenstrahlen bedachte Tag war auch nicht für professionelle Fotoaufnahmen geeignet.

Der von Saarbrücken kommende und ab Bamberg von der 001 211-2 übernommene Eilzug E 659 „Frankenland" traf pünktlich um 14.19 Uhr in Neuenmarkt-Wirsberg ein. Der dort vorgegebene Aufenthalt war auf vier Minuten bestimmt. Mit einer gültigen Fahrkarte, Mitfahrgenehmigung und Lehrlokführer Ludwig Übel vom MA Hof als Begleiter ging es sofort auf den Führerstand. Nach einer freundliche Begrüßung des bereits vorinformierten Lokpersonals, vertreten durch Hauptlokführer Eberhard Müller und Heizer Erben, fragte der Verfasser höflich an, ob er auf der Fahrt über die Schiefe Ebene bis Marktschorgast die Lok heizen dürfe. Nach allseitiger Zustimmung wurde der Heizer noch gebeten, das für ihn bisher unübliche „Türeschwenken" zu übernehmen. Bei diesem sogenannten „Türeschwenken" bedient ein dritter Mann auf dem Führerstand die Feuertüre genau nach Bedarf. Der Heizer kann sich voll auf das Feuern konzentrieren. Lediglich zum Schaufelwurf wird die Feuertüre kurzzeitig geöffnet, so dass während des Heizens nur ganz wenig Fremd- bzw. Kaltluft in die Feuerbüchse gelangen kann. Mit dieser Technik kann die Kesselleistung erheblich gesteigert

Abb. 065 - Der Eilzug 1622 Hof – Frankfurt – Dortmund verließ Neuenmarkt-Wirsburg um 7.35 Uhr. Der strahlendblaue Himmel und die Morgensonne lassen die Zuglok 001 131-2 in bestem Licht erscheinen. Die aus einem Gepäck- und vier Reisezugwagen bestehende Garnitur dürfte wohl 200 t wiegen. Immer noch eine Leichtigkeit für unsere 001 131-2 mit ihrem Neubaukessel (17.03.1973).

sowie der Brennstoffverbrauch bedeutend gesenkt werden (siehe auch Kapitel 4.5, Seite 29).

Der mit Spannung erwartete Abfahrbefehl erfolgte pünktlich um 14.23 Uhr. Zuvor hatte der Heizer schon die Feuertür geschlossen, den Hilfsbläser abgestellt und die zwei Aschkastenklappen geöffnet.

Nach dem Achtungspfiff unseres Lokführers auf der 001 antwortete der Kollege auf der Drucklok (Schiebelokomotive), einer Brennkraftlokomotive der Baureihe 211, mit einem kurzen Achtungssignal. Nun konnte es losgehen.

Der Lokführer hatte schon vor der Abfahrt die Zylinder auf Temperatur gebracht, d.h. vorgewärmt, die Steuerung voll ausgelegt und schob langsam den Seitenzugregler nach vorne. Ohne Schleudern zog die 001 211-2 kräftig an und polterte lautstark über die Weichenstraßen nach links in Richtung Schiefe Ebene hin. Der Führer nahm schon bei rund 30 km/h Fahrt die Steuerung etwas zurück und beschleunigte zügig bis auf rund 50 km/h Zuggeschwindigkeit mit Volldampf weiter. Schon nach wenigen hundert Metern Fahrstrecke begann das Heizen mit dem „Türeschwenken", ein vom Heizer Erben bisher noch nicht geübtes Ritual. Lokführer Müller nahm das ungewohnte Heizen mit einigen Seitenblicken mißtrauisch zur Kenntnis und wunderte sich über die Bitte des Verfassers, die Füllung (Füllgrad der Steuerung) bis auf weiteres auf 60% zu belassen. Trotz maximaler Kesselbelastung pendelte das Manometer immer um die rote 16 kp/cm² Marke und die Ackermannventile säuselten vernehmbar vor sich hin. Die Kolbenspeisepumpe arbeitete mit höchster Leistung und förderte minütlich rund 250 Liter Wasser in den Kessel.

Der aufmerksam zuschauende Lehrlokführer Übel wies den frischgebackenen Heizer auch darauf hin, dass bei dieser starken Steigung von 25 ‰ die Wasserstandsanzeiger im Glas immer rund 12 cm über dem Normalstand zu liegen haben, um den tatsächlichen Wasserstand anzuzeigen.

Selbst beim Passieren der Blockstelle Streitmühle, die einen freien Blick über die reizvolle oberfränkische Landschaft ermöglichte, wurde immer noch mit einer Geschwindigkeit von fast 60 km/h gefahren. Langsam gewann der Lokführer Vertrauen zur ungewöhnlichen Arbeitsweise seines Heizerteams und nahm erst nach dem Einfahren der Linkskurve in das Waldstück die Steuerung auf 50 % zurück.

„Schippen, Werfen und zurück", lautete der Dreitakt beim Heizen und auch das „Türeschwenken" folgte genau diesem Takt. Durch die wohlgezielten Streuwürfe brannte ein weißglühendes Feuer gleichmäßig über die gesamte Rostfläche; für den Lokführer eine bisher ungewohnte Situation.

Auch bei Streckenkilometer 80,0 fuhr der Zug noch mit den schon zuvor gehaltenen 60 km/h Geschwindigkeit, wobei die Drucklok mit einer Schiebeleistung von rund 880 PSe das ihre dazu beitrug. Die Last des aus sieben Eilzugwagen bestehenden Zuges lag bei rund 250 t.

Abb. 066 - Eilzug 658 "Frankenland" Hof – Bamberg in voller Fahrt bei Untersteinach. Laut Buchfahrplan durfte der Zug dort mit einer Geschwindigkeit von 80 km/h fahren. Die hier zu sehende Formation gehörte zu den reizvollsten Leistungen der Hofer 001 (01). Diese Doppelbespannung resultierte aus der Zusammenfassung der beiden Eilzüge E 658 und E 852, die von Hof aus gemeinsam bis Bamberg liefen. An diesem Tag wurde der abgebildete Doppelpark von dem Hofer 001 180-9 und 001 202-1 geführt.

Abb. 067 - Eilzug E 1649 Ludwigshafen – Würzburg – Bamberg – Hof auf dem letzten Streckenabschnitt der "Schiefen Ebene" kurz vor Marktschorgast. Die Zuglok 001 168-4 mit Vorspann durch 001 131-2 fährt mit rund 50 km/h die 25 ‰ starke Steigung hoch. Typisch an der ersten Lok die "Rauchkravatte" am kurzen Schornstein, ein strömungsmechanisches Phänomen. Die zweite Lok hat gut geheizt, die Sicherheitsventile Bauart Ackermann blasen bereits ab. Am Bahndamm kurz vor der Unterführung der Mentor des Verfassers, Johann B. Kronawitter, der auf seine Weise versucht, ein gutes Bild zu "schießen".

Kurz vor Marktschorgast, genau bei Kilometer 81,0, wurde das Heizen eingestellt und der Bahnhof mit gleichbleibender Geschwindigkeit von 60 km/h durchfahren. Jetzt erst drehte sich Lokführer Eberhard Müller zu seinem Heizerteam herum und sagte anerkennend nur ein einziges Wort: „Hund", bevor er sich scheinbar ungerührt wieder seiner Lokomotive und der Streckenbeobachtung zuwandte.

Im Bahnhof Marktschorgast meldete sich unsere Drucklok mit einem Achtungspfiff ab und ließ uns alleine weiterfahren. Ein Blick auf die Armbanduhr verriet uns, dass für die Fahrt nach Marktschorgast nur knapp neun Minuten benötigt worden waren. Über eine ganze Minute schneller als im Buchfahrplan vorgegeben war!

Hinter Marktschorgast verlief die Streckenführung zunächst in einem großen Rechtsbogen und dann nach einer Linksschleife parallel ein Stück der Autobahn entlang. Dann ging es durch den Wald weiter. Durch nur noch temporäres Speisen des Kessels mit der Kolbenspeisepumpe und nunmehr gemäßigtem Feuern wurde dem nachlassenden Dampfbedarf der Lokomotive entsprochen. Die Aschkastenklappen wurden halb geschlossen.

Der Bahnhof Falls wurde mit den vorgegebenen 70 km/h durchfahren. Nun ging es mit der Strecke bis zum nächsten Halt im Bahnhof Münchberg nur noch bergab. Die planmäßige Ankunft belief sich auf 14.52 Uhr. Münchberg wurde fast zwei Minuten vor Plan erreicht. Nach kurzem Händeschütteln und einem herzlichen Adieu stieg der Verfasser etwas mitgenommen, aber zufrieden von der Lok. Dort wurde er auch von seinem in Münchberg wartenden Begleiter in Empfang genommen. Das Experiment mit dem speziellen Heizen einer 001-Umbaulok mittels „Türeschwenken" war offensichtlich gelungen!

Eine andere Führerstandsmitfahrt, diesmal auf der 001 131-2, war dem Verfasser am 2. Dezember 1972 auf der Strecke von Lichtenfels nach Hof genehmigt worden. An diesem Samstag herrschten Temperaturen zwischen 3° und 5°C, der Himmel war zeitweise bewölkt. Während der Fahrt wechselten sich einzelne Sonnenstrahlen mit kurzen Regenschauern ab. Zum Fotografieren im Großformat hätte sich dieser Tag nicht geeignet.

Der ausgesuchte Schnellzug D 853 Nürnberg-Bamberg-Hof wurde bis Lichtenfels mit einer elektrischen Lokomotive der Baureihe 118 (E 18)

Abb. 068 - Schnellzug D 854 durchfährt ohne Halt den Bahnhof Neuenmarkt-Wirsberg. Schnellzug D 853, der Gegenzug, verlässt mit 001 173-4 pünktlich um 12.49 Uhr diese Station und nimmt Anlauf auf die "Schiefe Ebene". – Auf der Zuglok 001 008-2 erkennt man noch die Silhouette von Lehrlokführer Ludwig Übel vom MA Hof. Übel war immer der Wunschkandidat des Verfassers, wenn für eine Führerstandsmitfahrt eine Begleitperson gesucht wurde.

bespannt und kam dort um 12.06 Uhr an. Für den Lokwechsel waren sieben Minuten vorgesehen, so dass um 12.13 Uhr die Fahrt nach Hof weitergehen konnte. Nach Ankuppeln der Hofer 001 131-2 sowie der obligatorischen Bremsprobe übernahm Lehrlokführer Ludwig Übel vom Maschinenamt Hof die Maschine. Der Mentor des Verfassers, Johann B. Kronawitter, übernahm die Heizerdienste, so dass nach gemeinsamer Überprüfung von Feuer, Dampfdruck und Wasserstand das Lokpersonal von Lehrlokführer Übel bis nach Hof in den ersten Wagen dieses Schnellzuges verabschiedet werden konnte. Johann B. Kronawitter (geb. 26.07.1906) war als Bundesbahnoberrat in Pension gegangen und besaß die Eignung zum Führen einer Dampflokomotive. Weiterhin hatte er auch die Berechtigung zur Abnahme der Lokführerprüfung, so dass der geschilderten Personalablösung nichts im Wege stand.

Die Frage, ob damals eine Lokbesetzung in dieser Konfiguration von der Bundesbahndirektion Nürnberg auch genehmigt worden wäre, bleibt bis heute noch offen.

Die Schnellzuglokomotive 001 131-2 wurde von Henschel & Sohn unter Fabrik-Nr. 23469 im Jahre 1935 gebaut und war von der Deutschen Reichsbahn am 15. März des gleichen Jahres abgenommen worden. Als die Deutsche Bundesbahn in den Jahren 1958 bis 1961 genau 50 Lokomotiven der Baureihe 001 (01) mit neuen Kesseln ausrüsten ließ, war damals die mit 01 131 geführte Maschine nicht hierfür vorgesehen. Sie erhielt aber zum 25. Januar 1966 nachträglich im AW Nied den zuerst in der 01 122 eingebauten Neubaukessel. Letztere hatte am 21.04.1965 einen Unfall erlitten und war danach ausgemustert worden. Die ganze Geschichte und auch dieser Vorgang waren im Betriebsbuch der damals noch mit 01 131 benannten Lokomotive zu finden.

Die Strecke von Lichtenfels nach Kulmbach, unserem nächsten Halt, umfasste 30 Kilometer und musste in 21 Minuten Fahrzeit bewältigt werden. Auf den ersten fünf Kilometern waren 110 km/h, dann für vier Kilometer 120 km/h und auf dem Rest der Strecke nach Kulmbach 100 km/h Geschwindigkeit erlaubt. Obwohl dieser Streckenabschnitt von unserer 01 nicht viel forderte, gehörte die ständige Überprüfung des Wasserstandes, das richtige Heizen sowie die erforderliche

🔺 Abb. 069 - Eilzug E 1649 Ludwigshafen – Würzburg – Bamberg – Hof verläßt pünktlich um 16.38 Uhr den Bahnhof Bamberg in Richtung Hof, Ankunft dort 18.44 Uhr. Auf der Lokomotiven 001 211-2 und 001 008-2 haben die beiden Heizer der Regieanweisung gerne entsprochen. Während die erste Maschine mit fast weißem Dampf ausfährt, hat der Heizer der zweiten Lok kräftig aufgelegt. Durch diese Differenzierung konnte das Sonnenlicht voll zu Wirkung kommen (03.03.1973).

🔻 Abb. 070 - Dieses Erinnerungsbild für die beteiligten Hofer Eisenbahner wurde nach einer Lokparade erstellt (von links): Oberlokführer Erwin Ullmann, einmal Röderer, C-Gruppenleiter Erwin Vogel, Lokdienstleiter Alfred Rödel II, Lokführer Funk mit seinem Heizer, ein Unbenannter und Drehscheibenwärter Lothar Rödiger (08.04.1973).

Streckenbeobachtung und die Signalzurufe zu den Hauptaufgaben des Heizers. Das Heizen selbst wurde erst bei einer Geschwindigkeit von 40 km/h wieder aufgenommen. Mit gezielten Streuwürfen wurde dafür gesorgt, dass auf dem Rost immer ein ganz hell brennendes, lochfreies Feuer loderte. Kulmbach wurde planmäßig erreicht und nach einer Minute Aufenthalt um 12.35 Uhr vorschriftsmäßig wieder verlassen. Bis zu unserem nächsten Aufenthalt in Neuenmarkt-Wirsberg war eine Strecke von 12 Kilometern zu fahren, die Fahrzeit mit 11 Minuten bemessen. Lehrlokführer Ludwig Übel musste bei einer Geschwindigkeit von 80 km/h den Regler zurücknehmen und durfte ab Kilometer 73.5, also 800 Meter vor unserem nächsten Ziel, nur noch mit 40 km/h fahren. Planmäßig um 12.46 Uhr machten wir in Neuenmarkt-Wirsberg Halt. Der Aufenthalt war mit drei Minuten bemessen, die Abfahrt auf 12.49 Uhr terminiert. Da dieser Schnellzug am Samstag nur fünf Wagen umfasste, war in diesem Fall auch keine Schiebelokomotive (Drucklok) nötig. Unter dem Kommando seines Mentors Johann B. Kronawitter musste der gelehrige Schüler die Aschkastenklappen schließen, den Hilfsbläser anstellen sowie den Wasserstand kontrollieren.

Auf der Fahrt von Kulmbach war das Feuer langsam, aber fachgerecht aufgebaut worden, so dass in Neuenmarkt-Wirsberg schon ein relativ hohes, durchgebranntes Feuer zur Verfügung stand. Das Manometer pendelte immer um die 16 kp/cm² und die Ackermann-Ventile begannen hörbar zu säuseln. Das Zuschalten der Dampfstrahlpumpe sorgte dafür, dass der unter hohem Druck stehende Kessel nicht abließ. Vorher hatte unser Meister darauf hingewiesen, dass die Dampfstrahlpumpe (Injector) nur bei geschlossener Feuertür benutzt werden dürfe.

Kurz vor der Abfahrt wurden gemeinsam noch einmal Wasserstand, Feuer, Dampfdruck und die Kohlenlage, die Schaufeln sowie die Schürrgeräte inspiziert. Wenige Augenblicke vor dem erwarteten Abfahrtsbefehl wurde unter Anleitung des Mentors kurz die Marcotty-Feuertür geöffnet und das mittelhoch brennende Feuer für die bevorstehende Anfahrt für gut befunden. Der Hilfsbläser wurde abgestellt, die vordere sowie die hintere Aschkastenklappe geöffnet und die Kohle am Tender noch einmal kurz genässt.

Der Zugführer reichte unserem Lehrlokführer Ludwig Übel den Bremszettel hoch und wünschte gute Fahrt. Als Heizer musste man vor

der Abfahrt ans Fenster treten, einen Blick zurück zum Zug werfen und sich im Anschluß der Signalstellung und der Strecke widmen. Hörbar ging der Flügel des Hauptsignals hoch und Lehrlokführer Übel rief dem Heizer die Signalstellung zu: „Hp1, Fahrt frei!" Und der Heizer hatte diese Aussage als Bestätigung wörtlich zu wiederholen.

Dann kam der Abfahrtsbefehl! Unsere Lokomotive antwortete mit einem kurzen Achtungspfiff.

Lehrlokführer Übel hatte bereits die Steuerung voll ausgelegt, schob den Seitenzugregler langsam nach vorne und fuhr mit seinen fünf Schnellzugwagen (Anhängelast ca. 212 t) flott aus dem Bahnhof Neuenmarkt-Wirsberg. Im Gegensatz zu den 001 Lokomotiven mit Altbaukessel und Nassdampfregler konnten die Maschinen mit Neubaukessel und Heißdampfregler anfangs wesentlich besser beschleunigen. Nur musste man es gelernt haben, mit einem Heissdampfregler umgehen zu können.

Nach rund 60 Metern Fahrstrecke nahm unser „Meister „ die Steuerung auf 60 % Füllung zurück, klinkte sie fest und beschleunigte zügig weiter. Die 001 131-2 stampfte zwar kräftig im Gleis, beschleunigte jedoch kontinuierlich weiter und ging schon die Gerade an, mit der die „Schiefe Ebene" beginnt.

Jetzt ging es mit dem Heizen los. Derweil fasste Johann B. Kronawitter den Lehrlokführer Ludwig Übel kameradschaftlich an die rechte Schulter und sagte: „Gell, bleib mir bitte auf 60 Prozent, wir kommen mit dem Heizen schon nach!" Und die 001 131-2 beschleunigte knapp an der Reibungsgrenze in ein Tempo, das bei Lehrlokführer Ludwig Übel ein kurzes Lächeln der Anerkennung auslöste!

Nach einigen hundert Metern Fahrstrecke, es dürfte wohl Kilometer 75.4 gewesen sein, brannte das Feuer fast schon gleißend hell, jedoch immer noch mit recht hoher Feuerschicht und ohne Löcher. Auf Kommando seines Mentors setzte der frisch gebackene Heizer seine Heizermütze auf und griff zur Schaufel. Nun ging es im Dreiertakt los mit dem Heizen! Mit „Schippen, Wurf, zurück" und passenden Streuwürfen wurde die gesamte Rostfläche gleichmäßig beschickt. Einen wohlgezielten Streuwurf mit acht bis zwölf Kilogramm Steinkohle erreicht man mit einem kurzen Drehen der Schaufel beim Wurf. Bei dieser Heiztechnik kann der größte Teil der Rostfläche hell brennen und die volle Strahlungsleistung abgeben. Weiterhin wird durch das nur kurzzeitige Öffnen der Feuertür der in der Feuerbüchse herrschende Unterdruck nicht spürbar unterbrochen. Durch diese Heiz- und Verfahrenstechnik kann der Kessel zur Höchstleistung gebracht werden.

Hinzu kommt, dass hierbei noch 12 bis 14 % Kohle gespart werden können (siehe auch Seite 29).

Bei anderen Mitfahrten auf dem Führerstand einer Dampflok hat der Verfasser beobachtet, dass der Heizer noch vor der Abfahrt die Feuertür öffnet, gleich mehr als ein Dutzend Schaufeln auf den Rost wirft (Heizer-Chargon: Die Kiste vollhauen) und dann erst wieder die Feuertür schließt. Was passiert in diesem Fall?

Mit dieser Heiztechnik entsteht ein negativer Doppeleffekt, der die Dampfleistung des Kessels erheblich reduziert. Zum einen bricht bei der vollgeschaufelten Glutoberfläche die Wärmeabstrahlung fast ganz ein. Zum anderen fällt durch die offene Feuertüre der Unterdruck in der Feuerbüchse zusammen, so dass die Verbrennungsluft nicht mehr ausreichend durch die Rostfläche und das Feuer ziehen kann. Weiterhin tritt Fremd- bzw. Kaltluft in die Feuerbüchse und kühlt deren Seitenwände und Decke ab. Am Ende fällt durch die reduzierte Dampfproduktion die Maschinenleistung zurück, der Zug wird schon nach kurzer Zeit langsamer.

Nicht auf unserer Lok! Bei Kilometer 77.6, also kurz nach der Unterführung der Bundesstraße, warf unser Meister erst wieder einen Blick auf die Manometer für Kessel- und Schieberkastendruck, dann auf uns. Er sagte aber nichts, sondern wandte sich wortlos wieder seiner Streckenbeobachtung zu.

Der Geschwindigkeitsmesser zitterte knapp um die 60 km/h, die nach Buchfahrplan hier auch erlaubte Streckengeschwindigkeit. „Bleib auf 60!" rief Kronawitter unserem Meister zu, „Wir schaffen es!".

In der Feuerbüchse tobte auf dem Rost ein weißglühendes Feuer. Selbst unserem Meister entging nicht das immer lauter werdende Säuseln unserer Ackermann-Ventile.

Dann passierten wir die Blockstelle Streitmühle. Bei diesem schlechten Dezemberwetter standen diesmal keine Eisenbahnfans an dem sonst so beliebten Fotostandort.

Obwohl unsere Anhängelast von über 200 t an unserer Lok regelrecht zerrte, stampfte unsere 001 131-2 unbeirrt die Steigung hoch. Dann folgte die Linkskurve in den Wald. In der Steigung von 25 Promille kam nunmehr der Kurvenwiderstandsbeiwert hinzu, so dass die Lok in der Summe rund 28 Promille Steigung zu bewältigen hatte. In seinem ganzen Verhalten bewies Mentor Kronawitter wieder einmal, ein echter Meister seines Faches zu sein. Er überwachte den Wasserstand, der erst mit 12 cm über Normalstand den realen Mittelwert auf dieser

Abb. 073 - Eine der beliebtesten Szenen der Hofer Dampflokleistungen war die Ausfahrt des Eilzuges E 1649, der Bamberg pünktlich um 16.38 Uhr in Richtung Hof verließ. Dieser Zug wurde stets mit Vorspann gefahren. Einerseits ersparte diese eine Leerfahrt einer Lokomotive (Lz) zur Rückführung nach Hof, andererseits mußte für die Bewältigung der "Schiefen Ebene" keine Schiebelokomotive (Drucklok) gestellt werden. Auf der ersten Lok 001 211-2 hat Heizer Klaus Putzer wunschgemäß nur wenig gefeuert. Sein Kollege auf der 001 168-4 dagegen war gebeten worden, bei der Ausfahrt kräftig aufzulegen. Hierdurch ist ein interessanter Kontrast zwischen den beiden Lokomotiven entstanden.
Die auf dem Lokschild 001 211-2 gerade noch erkennbare Kreideaufschrift "13. Kw." verrät uns, daß in der Kalenderwoche 13 diese Maschine zum Kesselauswaschen vorgesehen war (17.03.1973).

Steigung von 25 Promille anzeigte. Er achtete auch darauf, dass bei dem in der Feuerbüchse tobenden Feuer beide Aschkastenklappen immer noch ganz geöffnet blieben. Nur so konnte die große Menge an Verbrennungsluft durch die Roststäbe strömen. Und er bestätigte auch die Signalstände, die unser Meister uns zurief, wenn einmal sein „Lehrling" zu sehr mit dem Heizen beschäftigt war.

Das ständig mit Streuwürfen beschickte Feuer tobte in der Feuerbüchse und brannte mit gleißend heller Farbe. Unser Meister hatte wohl noch nie erlebt, dass auch bei Kilometer 80.0 der Zug mit der sonst ungewohnten Geschwindigkeit von gut 60 km/h die Steigung hochdonnerte! Während einer kurzen Heizerpause öffnete der Meister selbst einmal kurz die Feuertür, um das Feuer zu inspizieren. Jedoch schloss er diese wieder ganz schnell, weil das menschliche Auge einem so gleißend hell brennenden Feuer ohne Schutzschild nur kurzzeitig widerstehen kann. Und sagte aber wieder nichts.

Jetzt sank langsam der Wasserstand des Kessels, obwohl die Kolbenspeisepumpe auf Höchstleistung lief und minütlich rund 250 Liter Wasser in den Kessel förderte. Obwohl die Strahlpumpe bei geöffneter Feuertür möglichst nicht verwendet werden sollte, wurde sie dazugeschaltet und auf eine Förderleistung von 130 Liter/min eingestellt.

Und das Feuer auf dem Rost tobte weiter! Hier war die Planck´sche Strahlungsformel am Werk, die in keinem Lehrbuch für Eisenbahnbetrieb zu finden ist (siehe Kapitel 4.5, Seite 29). Und gerade nach dieser Planck´schen Strahlungsformel weiß man, wie man ein Lokomotivfeuer zur Höchstleistung bringen kann.

Nach der Leistungstafel für Dampflokomotiven hätte unsere 001 131-2 nur noch mit einer Geschwindigkeit von rund 40 bis 45 km/h fahren dürfen. Doch hatten wir ja eine 001 (01) mit Neubaukessel, der nach der Klie´schen Kurve (Seite 27) mit einer Kesselbelastung von rund 78 kg/m²h gefahren werden durfte. Kurzzeitig konnte dieser Kessel

auch mit 10 bis 20 % überlastet werden, so dass vorübergehend eine Kesselbelastung von rund 86-94 kg/m²h gewagt werden konnte. Im Normalbetrieb wurden solche Werte jedoch nur selten erreicht. In unserem Falle lag die Verdampfungsleistung des Kessels schätzungs-weise über 16,6 t/h, was wiederum einer Leistung von deutlich über 2.000 PS am Zughaken entsprochen hätte.

Durch das kontinuierliche Heizen über die gesamte Strecke der „Schie-fen Ebene" lief unsere 001 131-2 zu Höchstleistungen auf, wie dies selbst Lokführer Ludwig Übel noch nicht erlebt hatte.

Bei Streckenkilometer 81.3, kurz vor dem Einfahrsignal vom Bahn-hof Marktschorgast, begannen die Ackermann-Ventile so merklich zu säuseln, dass das Heizen eingestellt und die hintere Aschkastenklappe geschlossen wurde. Fast hätte der Kessel abgeblasen!

Nimmt man beim Heizen minütlich sechs Streuwürfe mit ca. 10 kg Kohle pro Schaufel an und feuert auf diese Weise sieben Minuten lang,

dürften bei dieser Fahrt über die „Schiefe Ebene" rund 420 kg Kohle verfeuert worden sein.

Marktschorgast selbst wurde mit knapp 60 km/h durchfahren. Ein kur-zer Achtungspfiff galt dem freundlichen Aufsichtsbeamten Eschenba-cher, der auch den Verfasser kannte und über dessen Mitfahrten auf dem Führerstand Bescheid wusste.

Die Zeitnahme mit einem OMEGA Seamaster Chronometer verriet der Lokmannschaft, dass die Fahrt über die „Schiefe Ebene" nur knapp neun Minuten gedauert hatte. Chapeau! Dies bedeutete wieder mehr als eine Minute unter Planzeit!

Die Fahrt zum nächsten Zwischenhalt in Münchberg war fast schon ein Kinderspiel, da ab dem Bahnhof Falls fast nur noch im Gefälle ge-fahren wurde. Münchberg erreichte der Schnellzug D 853 eine Minute vor Plan. Nach zwei Minuten Aufenthalt ging es um 13.22 Uhr weiter nach Hof. Das Endziel wurde 13.44 Uhr planmäßig erreicht. Jetzt erst

Abb. 076 - Unser beliebter Eilzug E 658 "Frankenland" von Hof über Bamberg, Würzburg und Heidelberg nach Saarbrücken fahrend, wurde damals von Hof nach Bamberg mit Dampflokomotiven geführt. Hier sehen wir diesen Zug bei Untersteinach und Streckenkilometer 68, die Lokpersonale auf 001 008-2 und 001 150-2 schauen wunschgemäß aus dem Führerstand auf der Heizerseite hinaus. – Hier noch eine Anmerkung zur Platten- bzw. Großformatfotografie. Der Rückteil der Linhof Super Technika ist nach Scheimpflug in drei Dimensionen verstellt, d.h. der Zug ist von vorne bis hinten scharf abgebildet. Dies erkennt man auch an den Schienenköpfen. Hierbei ist die Bewegungsunschärfe nicht zu vermeiden. Das bei diesem Bild verwandte Objektiv Schneider Kreuznach Tele-Arton hat eine Lichtstärke von 5,6, eine Brennweite von 250 sowie eine Verschlußzeit von 1/500 sec.. Die Fläche der Fotoplatte bzw. des Planfilmes 9x12 ist jedoch 12,5 mal größer als die Fläche des üblichen Kleinbildformates 24x36 mm. Hinzu kommt noch die Einschränkung, daß man Farbaufnahmen in Großformat nur bei gutem Sonnenlicht machen kann. Der Planfilm Kodak Ektachrome Professional hat eine Empfindlichkeit von 64 ASA / 19 DIN. Für eine gelungene Aufnahme war ein Lichtwert von 14 vonnöten, um die zuvor genannte Blende von 5,6 und eine Verschlußzeit von 1/500 sec. Zu ermöglichen. Trat gerade bei der Vorbeifahrt eines Zuges eine Wolke vor die Sonne, mußte die vorgesehene Aufnahme unterbleiben. Sorry! (12.05.1973).

Abb. 077 - Schnellzug D 854 Hof – Bamberg – Würzburg noch einmal an der gleichen Stelle fotografiert wie der auf den beiden zuvor gezeigten Seiten Eilzug E 658, jedoch eine Woche später aufgenommen. Für eine Aufnahme mit einer Linhof Super Technika 9x12 war der durchwachsene Sonnenschein mit Lichtwert 13 nicht zielführend. Diese Aufnahme wurde mit einer Hasselblad EL/M 6x6 erstellt, die bei Lichtwert 13 und Kodak Ektachrome Professional 64 ASA / 19 DIN beim Objektiv Zeiss Sonnar 4/150 noch eine Verschlußzeit von 1/500 sec. erlaubte. Man kann die verschlechterten Fotobedingungen jedoch auch an 001 088-4 erkennen. Lok mit Triebwerkspartie sind nur mäßig ausgeleuchtet. Dafür hellt der Fliedergruß zum Wonnemonat Mai die Stimmung wieder auf (17.05.1973).

merkte der Verfasser, dass trotz der schon winterlichen Temperaturen seine Kleidung fast bis auf's Hemd durchgeschwitzt war. So hatte ihn das Heizen auf der „Schiefen Ebene" mitgenommen. Einem normalen Heizer hätte man solche Höchstleistungen nicht abverlangen dürfen. Es war ja sein Alltagsgeschäft ohne sportliche Ambitionen!

Auch diese Fahrt hatte wieder einmal bewiesen, wie leistungsfähig die Schnellzuglok 001 (01) mit Neubaukessel sein konnte, wenn sie fachmännisch gefahren und geheizt wurde.

Der öfters schon erwähnte Physiker Dr. rer. nat. Gerhard R. Thoma hat diese Fahrt des Verfassers über die schiefe Ebene physikalisch verifiziert und technisch erklärt. Die Einzelheiten hierzu finden sich im Kapitel „9.1 Die Fahrt des Verfassers über die schiefe Ebene aus technischer Sicht" auf Seite 348.

5.1.4 Lokführerprüfung auf der „Schiefen Ebene"

Der Verfasser möchte nicht verschweigen, dass er mehrmals eine Hofer 001 (01) selbst fahren durfte, wenn auch nur auf unproblematischen

Streckenabschnitten. Viel interessanter ist der Bericht von Dipl.-Ing. Werner Schott, der seine Lokführerprüfung am 14. September 1962 auf unserer 01 131 absolvieren durfte. Hier sein Originalbericht:

„Die Prüfung hat mir BOR Joachim Hirschfelder (geb. 21.04.1913) vom MA Bamberg abgenommen. Nachdem ich einen Güterzug von Lichtenfels bis Neuenmarkt-Wirsberg gefahren hatte, war der zweite Teil der Prüfung eine Fahrt mit dem Eilzug über die „Schiefe Ebene" nach Hof. Der Zug war mit der 01 131 bespannt und bestand aus sechs Eilzugwagen der Reichsbahnbauart, so dass keine Drucklok nötig war. Die 01 131 war mit dem Neubaukessel mit Verbrennungskammer ausgerüstet und verfügte über eine höhere Leistung als die normale 01. Nach einer kurzen Begrüßung, Vorführung des Wasserstands durch den Heizer und einen Blick in Buchfahrplan, La und Bremszettel, kam der Abfahrauftrag vom Zugführer. Die Steuerung war schon voll ausgelegt, jetzt musste vorsichtig der Regler geöffnet werden. Mit einem Schieberkastendruck von rund 5 atü setzte sich der Zug in Bewegung und nun galt es durch geschicktes Zusammenspiel von Schieberkastendruck

Abb. 078 - Güterzug Dg 16 825 auf dem ersten Abschnitt der "Schiefen Ebene" bei Streckenkilometer 76.9, von der Brücke bzw. Überführung der Bundestraße 303 aufgenommen. Der Hofer Zuglok 051 889-4 sieht man an, daß sie schwer zu kämpfen hat. Auch die nicht mehr sichtbare Schiebelokomotive Baureihe 260 (V 60), deren Antriebsmotor brutto 650 PS leistet, kann es nicht ändern, daß dieser Zug schätzungsweise nur mit einer Geschwindigkeit von rund 25 km/h den Berg hinauf kommt (11.03.1973).

Abb. 079 - Die Gegenüberstellung der zwei unterschiedlichen Ausführungen der Schnellzuglokomotive Baureihe 001 (01) war immer ein reizvolles Thema. Hier sind zum Vergleich die 001 173-4 mit Altbaukessel und 001 131-2 mit neuem Hochleistungskessel in Bw Hof angetreten. Jedenfalls konnte der Kessel der rechts gezeigten Ausführung deutlich mehr Dampf erzeugen wie wir auf Seite 98 bei der Schilderung einer Mitfahrt auf dem Führerstand nachlesen können.

und Füllungsgrad den Zug gut zu beschleunigen, denn gleich nach dem Bahnhof beginnt die Steigung der „Schiefen Ebene".

Der Geschwindigkeitsgewinn aus der zügigen Anfahrt war bald aufgebraucht und nun ging es mit einer Geschwindigkeit zwischen 40 und 45 km/h den Berg hinauf. Von Zeit zu Zeit schaute ich zum Heizer, aber der nickte freundlich und ich konnte annehmen, dass ich ihn nicht über Gebühr beanspruchte. Nach dem Block Streitmühle begann der krümmungsreiche Teil der Strecke und ich riskierte noch einen kurzen Blick in das weite Tal, während die Lok unermüdlich ihren Dienst verrichtete. Im Bahnhof Marktschorgast beschleunigte dann die Lok und es begann der Abschnitt bis Münchberg mit seinen vielen engen Kurven, die die Streckenhöchstgeschwindigkeit im Bereich um die 70 km/h wechseln ließ. Das letzte Stück der Strecke vor Münchberg lag im Gefälle. Also ein Blick zum Heizer, dann den Regler schließen, die Steuerung voll auslegen und sich im Leerlauf dem Bahnhof nähern. Am Einfahrsignal war das Ausfahrvorsignal noch in Warnstellung. Nach dem Drücken der

Wachsamkeitstaste leuchtete die gelbe Warnlampe für die angehängte Geschwindigkeitsprüfung, aber die Prüfgeschwindigkeit von 95 km/h war ja weit unterschritten. Als der Bahnsteiganfang in Sicht kam, leitete ich die erste Bremsung mit einer Druckabsenkung von 0,5 atü in der Hauptluftleitung ein. Der Zug hatte 105 Bremsprozente und bremste gut, so dass ich den Druck in den Treibradbremszylinder mit dem Löseventil vermindern konnte, um die Radreifen der Treibradsätze zu schonen. Dann wurde die Zielbremse eingeleitet und bei etwa 20 km/h der Lösevorgang begonnen. Der Zug kam ruckfrei ziemlich genau auf Höhe der H-Tafel zum Stehen, was der Prüfer mit einem wohlwollenden Nicken registrierte. Der Rest der Fahrt verlief über Schwarzenbach/Saale und Oberkotzau ohne weitere Vorkommnisse. Lediglich auf dem letzten Stück der Strecke wurden kurz 90 km/h erreicht. Die Höchstgeschwindigkeit der Lok habe ich auch während meiner Ausbildungszeit nicht ausfahren können, was ich sehr bedauert habe. 100 km/h war die höchste von mir gefahrene Geschwindigkeit, dabei zeigte die Lok eine große Laufruhe und man konnte spüren, welche Leistung noch abrufbar gewesen wäre. Ich bin

Abb. 080 - Blick ins Bw Hof sowie auf einen Teil der 1'Eh2 Güterzuglokomotiven 050 281-5 auf der Drehscheibe. Der Experte erkennt sofort den von einer Kriegslokomotive stammenden Tauschkessel sowie den Kabinentender. Nicht übersehen sollte man auch den freundlich lächelnden Heizer, der eine mit großem Schirm versehene Heizermütze auf hat. Dieser Schirm besteht aus einer dunkel eingefärbten Kunststofffolie, die auch bei weiß brennendem Feuer eine sichere Beobachtung des Verbrennungsvorganges auf dem Rost erlaubt.

später noch in der Freizeit mit verschiedenen Lokomotiven gefahren, aber die Fahrt mit der 01 131 war doch ein besonderes Erlebnis."

Anmerkung des Verfassers: Joachim Hirschfelder wurde später Dezernent 24 bei der Bundesbahndirektion Nürnberg und 1975 zum Bundesbahndirektor befördert. In Pension ging er im Jahr 1978.

5.1.5 Das Hofer Finale

In seinem Bildband „01 Abschied in Hof" hat Frank Lüdecke, selbst begeisterter Eisenbahnfreund, das Finale in Hof in den Jahren 1970 bis 1973 beschrieben. Dies ist ihm vortrefflich gelungen. Wir danken Frank Lüdecke für die Erlaubnis zum Abdruck der folgenden Zeilen:

1970 bis 1973: Das Finale!
Die besten Zeiten der Hofer 01 lagen zu Anfang der siebziger Jahre schon lange zurück: Die seit 1926 bestehenden Durchläufe Regensburg

- Leipzig (364 km) mit Personalwechsel in Hof waren aufgrund der deutschen Teilung seit Kriegsende nicht mehr möglich. Durchgehend von Hof nach Stuttgart (370 km) fuhren die Hofer 01 letztmals im September 1967. Seitdem war das Einsatzgebiet beschränkt auf die Relationen Hof - Bamberg/Bayreuth - Nürnberg sowie Hof - Regensburg. Der letzte Schnellzug auf der Regensburger Strecke entfiel zum Sommerfahrplan 1971 ebenso wie das letzte Schnellzugpaar (D 750/D 751) nach Nürnberg. Die in den fünfziger Jahren bei anderen 01-Bahnbetriebswerken üblichen Monatsleistungen von 15.000 km konnten in diesem relativ kleinen Einsatzgebiet mit seinen nicht allzu hohen Streckenhöchstgeschwindigkeiten naturgemäß nicht mehr erreicht werden: Bis 1969 lag das Monatsmittel noch bei 11.000 km, ab 1970 mussten sich die 001 mit durchschnittlich 7.000 km pro Monat begnügen. Lediglich 001 173 konnte im November 1972 noch einmal 13.000 km erreichen. Und dennoch gab es 1970 so etwas wie ein letztes Aufbäumen der großen Schnellzuglokos: Entgegen allen Befürchtungen wurden in diesem Jahr vom Erhaltungswerk AW Lingen noch einmal

Abb. 081 - Als Abschiedsfahrt des BDEF (Bund deutscher Eisenbahnfreunde) lief am 2. Juni 1973, dem letzten Tag des Winterfahrplanes 1972/73, der Sonderzug GesE 23 409 "Oberfranken-Express" von Neuenmarkt-Wirsberg nach Hof. Unsere Aufnahme zeigt diesen Zug bei der Wiederanfahrt nach einem Zwischenhalt auf der "Schiefen Ebene" bei der Blockstelle Streitmühle, Streckenkilometer 77.8. Die Hofer Schnellzuglokomotiven 001 111-4 und 001 173-4 müssen sich mächtig ins Zeug legen, um den 14 Wagen umfassenden Zug wieder in Fahrt zu bringen. Bis nach Marktschorgast schob die Hofer 086 809 nach, damit der rund 580 t schwere Zug sicher über die "Schiefe Ebene" gebracht werden konnte.
Die junge Dame in der roten Hose und hellen Jacke links unten zeigt uns überzeugend, daß die Dampflokomotive auch mit weiblichen Verehrern rechnen konnte (02.06.1973).

Abb. 082 - Porträt der Hofer Schnellzuglokomotiven 001 088-4 und 001 131-2. An diesem Bild erkennt man, daß der Fotograf ein leichtes Teleobjektiv (Zeiss Sonnar 4/150) benutzt und einen überhöhten Standpunkt gewählt hat. Die Hasselblad 500 EL/M war rund einen Meter zwanzig über dem Führerhausdach einer Hofer Baureihe 050 (50) postiert gewesen. Interessant auch der Vergleich des Frontbildes von Alt- und Neubaukessel.

sechs L2-Untersuchungen an Hofer 001 ausgeführt! Dies war der nur schleppend in Gang kommenden Ablieferung der Baureihe 218 zu verdanken. Die letzte mit einer L2 untersuchte 001 war 001 131 am 16.12.70.

Aus der nachfolgenden Aufstellung der letzten L2-Untersuchungen der verbliebenen Hofer 001 wird auch deutlich, dass die Maschinen teilweise bis zum letzten Tag ihrer Fahrwerks-Untersuchungsfrist abgefahren wurden.

001 008	L2 Lingen 12.8.70	001 181	L2 Lingen 25.11.69
001 088	L2 Lingen 13.5.70	001 187	L2 Lingen 24.7.69
001 103	L2 Lingen 4.1.67	001 190	L2 Nied 29.9.65
001 111	L2 Lingen 16.11.70	001 192	L2 Lingen 8.7.68
001 126	L2 Schwerte 17.10.66	001 200	L2 Nied 22.4.66
001 131	L2 Lingen 16.12.70	001 202	L2 Lingen 19.2.69
001 150	L2 Lingen 2.12.70	001 210	L2 Lingen 27.4.67
001 164	L2 Nied 1.5.65	001 211	L2 Lingen 23.7.69
001 168	L2 Lingen 20.11.69	001 227	L2 Lingen 5.1.67
001 169	L2 Lingen 13.9.67	001 229	L2 Lingen 23.11.66
001 173	L2 Lingen 16.11.70	001 230	L2 Schwerte 30.6.66
001 180	L2 Lingen 15.4.69	001 234	L2 Lingen 3.3.70

Abb. 083 - Das Pendant zum linken Bild geben zwei andere Hofer Schnellzuglokomotiven ab, 001 180-9 und 001 211-2. Hinter den Kesseln "säuseln" noch die Dampfpfeifen.

Mit den somit verfügbaren Loks (Januar 1971: 21; August 1971: 18; Januar 1972: 17) konnten noch einmal Dienstpläne für fünf bis acht Loks aufgestellt werden. Im nachfolgend dargestellten Plan 1 vom Sommer 1972 liefen 4 + 1 Lok mit der durchaus beachtlichen Höchstleistung von 508 km am Tag 1. Den dreitägigen Plan 2 teilten sich die 001 mit den Hofer 050-053.

Umlaufplan Baureihe 001 Bw Hof Sommer 1972 (Dienstag-Freitag): (für Neuenmarkt-Wirsberg steht Neuenmarkt-W.)

Plan 1

Tag 1:		Tag 2:	
E 1622	Hof 6.40 - Bamberg 8.26	E 1538	Hof 2.40 – Neuenmarkt-W. 3.33
E 1863	Bamberg 11.28 - Hof 13.33	N 2801	Neuenmarkt-W. 5.25 - Münchberg 5.59
E 1794	Hof 15.46 - Bamberg 17.41	N 2803	Münchberg 7.04 - Hof 7.35
E 1885	Bamberg 19.37 - Hof 21.39		Hof 12.10 – Bamberg 13.52
		N 2846	Bamberg 16.01 – Lichtenfels 16.35
		N 2839	Lichtenfels 17.09 – Hof 19.20

Tag 3:		Tag 4:	
E 1648	Hof 8.29 - Bamberg 10.23	15397	Lichtenfels – Hof
E 659	Bamberg 13.20 - Hof 15.15	N 2814	Hof 7.06 – Lichtenfels 10.00
75177	Hof - Feilitzsch	D 853	Lichtenfels 12.16 – Hof 13.47
19019	Feilitzsch - Hof	N 2852	Hof 17.29 – Lichtenfels 19.51
14056	Hof - Lichtenfels	E 1799	Lichtenfels 21.45 – Hof 23.27

Sonderlok:	
E 1791	Bamberg 7.35 – Hof 9.37
E 658	Hof 13.13 – Bamberg 15.05
E 1649	Bamberg 16.38 – Hof 18.44
E 1790	Hof 20.35 – Bamberg 22.31

Plan 2 (für Loks Baureihe 001 und Baureihe 050-053)

Tag 1:		Tag 2:	
N 3215	Hof 5.26 – Weiden 7.21	N 3280	Weiden 13.20 – Marktredwitz 14.13
N 3204	Regensburg 5.28 – Weiden 7.18	18006	Hof - Feilitzsch
	Weiden 8.03 – Regensburg 9.56	N 3293	Feilitzsch 6.03 – Hof 6.13
N 3280	Weiden 13.20 – Marktredwitz 14.13	N 3293	Feilitzsch 6.03 – Hof 6.13
N 3228	Regensburg 13.28 – Weiden 15.16	N 3235	Marktredw. 15.44 – Regensburg 18.30
N 3282	Marktredwitz 15.04 – Hof 15.48 Weiden 16.13 – Hof 18.10		

Tag 3:	
N 3204	Regensburg 5.28 – Weiden 7.18
N 3280	Weiden 13.20 – Marktredwitz 14.13
N 3282	Marktredwitz 15.04 – Hof 15.48

⬅ Abb. 084 - Zu den schönsten Abschnitten der "Schiefen Ebene" zählt der Streckenabschnitt bei Kilometer 80.0 mit dem riesigen, bis 32 m hohen und über 1 km langen Kunstbauten. Am 17. März 1973 war es dort noch einmal sehr kalt geworden, so daß der Kessel der Dampflokomotive nicht nur für die Traktion, sondern auch für Zugheizung sorgen mußte.
Um 8.45 Uhr hat der Eilzug E 1791 (Würzburg – Bamberg – Hof) den Bahnhof Neuenmarkt-Wirsberg verlassen (Streckenkilometer 74.5) und passiert mit kräftigen Auspuffschlägen jetzt den Streckenkilometer 80.0. Von der 7,5 km langen Steilstrecke sind bereits 5,5 km bewältigt. – Dieser Eilzug fährt mit einer Geschwindigkeit von über 50 km/h. Er wird von einer Schiebelokomotive (Drucklok) der Baureihe 220 (V 200) unterstützt. Mit einer Motorleistung von 2 x 1.100 PS stehen für die Traktion weniger als 1.800 PS zur Verfügung, also nicht mehr als unsere gute alte 001 (01).

⬇ Abb. 085 - Die Hofer Schnellzuglokomotive 001 150-2 auf ihrer letzten Fahrt, aufgenommen kurz hinter Marktschorgast. Am letzten Tag des Winterfahrplanes 1972/73, dem
2. Juni 1973, führte diese Maschine den Eilzug E 659 von Bamberg nach Hof. Nach dieser Kurve verläuft die nur noch eingleisige Bahntrasse eine längere Strecke der Bundesautobahn entlang, bevor sie dann in eine Linkskurve im Wald verschwindet (02.06.1973).

Am 1.1.1973 waren noch 13 Lokomotiven der Baureihe 001 beim Bw Hof betriebsfähig. Es waren die letzten 001 der Deutschen Bundesbahn. Eingesetzt wurden die Maschinen in zwei Umlaufplänen: Plan 1 für 4 + 1 Sonderlok und Plan 2 für 3 Loks Baureihe 001/050-053. Doch das Ende der 001 stand unmittelbar bevor: Die 001 wurde nicht mehr im Erhaltungsbestand geführt und L2/H2-Untersuchungen wurden nicht mehr genehmigt. Allenfalls Bedarfsausbesserungen der Schadgruppe L0 wurden noch ausgeführt. Bereits am 1.6.72 hatte das langjährige Unterhaltungs-AW Lingen die 001 an das AW Braunschweig abgegeben. Die letzte in Lingen untersuchte Lok war 001 111, die im April 1972 nochmals eine Bedarfsausbesserung erhielt.

Das Erscheinungsbild mancher 001 hatte in diesen Tagen bereits deutlich gelitten. So war vor allem 001 088 bekannt und berüchtigt für ihren weitgehend farbbefreiten und rostgeneigten Zustand, der ihre Identifikation lange vor Erkennen der Loknummer erleichterte. Aber auch der technische Erhaltungszustand der Loks hatte eine kritische Grenze erreicht. Besonders die mit Neubaukessel ausgerüsteten 001 gerieten in Hof in ein schlechtes Licht: Wasserreißen auf der Schiefen Ebene, Dampfmangel vor dem E 658/852 auf der Steigung bei Schödlas, schlechte Anzugseigenschaften (z. B. beim berühmten Weidener „Dampflokrennen" gegen die Baureihe 064!) sorgten für eine deutliche Abneigung der Personale gegenüber den eigentlich leistungsstärkeren Neubaukessel-Loks. Das führte dazu, dass die Loks mit Neubaukessel in den letzten Betriebsjahren eher auf der weniger anspruchsvollen

Abb. 086 - An einem herrlichen Februarmorgen des Jahres 1973 hatte die Hofer Schnellzuglokomotive 001 111-4 den Eilzug E 1791 (Frankfurt – Würzburg – Bamberg – Hof) mit sieben Wagen am Haken. Ganz am Ende des Zuges erkennt man noch die Schiebelokomotive Baureihe 260 (V 60), auf die man bei einem Wagen weniger hätte verzichten können. Dieser Zug war um 8.45 Uhr in Neuenmarkt-Wirsberg abgefahren und hatte den hier zu sehenden Fotostandort ca. 10 min. später passiert. Je nach Zuglast, Jahreszeit und Streckenzustand benötigte eine 001 (01) für die Fahrt über die Rampe rund 10 bis 12 min. Dies wiederum bedeutet eine Durchschnittsgeschwindigkeit von 45 bzw. 37,5 km/h.

Abb. 087 - An einem sonnigen Dezembertag wurde der nur fünf Wagen umfassende Schnellzug D 854 (Hof – Bamberg – Würzburg – Frankfurt) von der Hofer Schnellzuglokomotive 001 008-2 geführt. Hier sehen wir diesen Zug bei Streckenkilometer 125.8, der nach rund 1.4 km Fahrstrecke (Hof ab 12.10 Uhr) fast schon die dort erlaubte Geschwindigkeit von 80 km/h erreicht hat (09.12.1972).

Regensburger Strecke eingesetzt wurden. Auf der Bamberger Strecke mit ihrer bis zu 28 ‰ ansteigenden Schiefen Ebene fuhren bis zum Schluss überwiegend die Altbaukessel-Loks. In den ersten Wochen des Jahres 1973 ging die Zahl der einsatzfähigen Maschinen drastisch zurück. Am 5.1.73 wurden die Neubaukessel-Loks 001 103 und 001 227 z-gestellt, die beide ihre Fahrwerksfrist voll ausgefahren hatten (siehe die Aufstellung der letzten L2-Untersuchungen). Ihnen folgte bereits am 15.1.73 eine weitere Neubaukessel-Lok, nämlich 001 187, auf das Abstellgleis. Nächster Abgang war die Altbaukessel-001 202: Als Zuglok des E 1794 schlug bei der Unterquerung der B 26-Brücke bei Hallenstadt am 16.2.73 das Feuer aus der Feuerbüchse in den Führerstand zurück, der in Brand gesetzt wurde. Das unverletzt gebliebene Personal konnte den Zug dennoch bis Bamberg bringen. Da die Vier-Jahres-Frist des Fahrwerks ohnehin am 19.2.73 abgelaufen wäre,

wurde die Lok am 17.2.73 z-gestellt. Im April musste 001 211 (Neubaukessel) den Dienst quittieren (z 22.4.73). Und noch vor den großen Abschiedsfeierlichkeiten wurde 001 180 - ebenfalls eine Neubaukessel-Maschine - wegen Radreifenschäden am 31.5.73 z-gestellt. Sie wurde gleichwohl bei der Hofer Fahrzeugschau anlässlich des BDEF-Verbandstages am 2.6.73 unter Dampf ausgestellt! Damit waren beim großen Finale auf der Bamberger Strecke am 2. Juni 1973 noch sieben 001 einsatzbereit - unter ihnen nur eine Lok mit Neubaukessel: 001 008, 001 088, 001 111, 001 131 (Neubaukessel), 001 150, 001 168 und 001 173.

Abb. 088 - Auch Personenzüge besaßen auf der "Schiefen Ebene" ihren besonderen Reiz. Für unsere Hofer Güterzuglokomotive 050 098-3 bedeutet es kein Kunststück, den aus vier Umbauwagen vom Typ B4yg bestehenden Nahverkehrszug N 2805 (Lichtenfels – Hof) über die Rampe zu bringen. Dieser Zug hat Neuenmarkt-Wirsberg um 7.06 Uhr verlassen und wird in Marktschorgast um 7.27 Uhr weiterfahren. – Laut Leistungstafel für Dampflokomotiven kann die Baureihe 050 (50) auf einer Steigung mit 25 ‰ eine Last 150 t mit 45 km/h schleppen. So war es kein Wunder, daß bei einer Führerstandsmitfahrt dem Verfasser nachgewiesen wurde, daß dieser Zug mit einem Verkehrsgewicht von 136 t die "Schiefe Ebene" mit einer Geschwindigkeit von rund 50 km/h bezwingen konnte (17.03.1973).

5.1.6 Epilog

Zum Beginn des Sommerfahrplanes 1973 hatten nunmehr Brennkraftlokomotiven der Baureihe 218 die eleganten Schnellzuglokomotiven der Baureihe 001 (01) in Hof abgelöst. Mit 2.500 PS Motorleistung, die in der höchsten Fahrstufe zur Verfügung steht, werden Zugförderung und Wagenheizung abgedeckt. Die Antriebsanlage ist so ausgeführt, dass im Sommer 2.020 PS und im Winter bei 360 kW (ca. 490 PS) Heizleistung 1.960 PS am Getriebeeingang zur Verfügung stehen. Damit liegt die maximale Zughakenleistung im Sommer bei ca. 1.800 und im Winter bei ca. 1.750 PS.

Die maximale Zughakenleistung einer Baureihe 001 (01) wird bei einer Geschwindigkeit von ca. 60 km/h erreicht und kommt dabei auf rund 1.850 PS. Nachteilig bei der Baureihe 001 (01) ist ihr hohes Dienstgewicht von 167,8 t. Die Reihe 218 bringt nur 76,5 t auf die Waage. Hinzu kommt noch das für die Beschleunigung und Zugförderung wichtige Reibungsgewicht, welches bei der BR 218 mit vier Achsen bei 76,5 t und bei der 001 (01) 2'C1'h2 nur bei 60,4 t liegt. Die Baureihe 218 ist somit mehr als die Hälfte leichter als die 001 (01), besitzt aber ein rund 27 % höheres Reibungsgewicht.

Unter diesen Aspekten wollen wir uns die Fahrzeiten einiger Züge auf der Strecke von Bamberg nach Hof ansehen, die wir in der folgenden Tabelle zusammengefasst haben. Dabei sind insbesondere die Fahrzeiten zwischen Neuenmarkt-Wirsberg und Münchberg zu beachten, da hier auf der „Schiefen Ebene" die maximale Lokomotivleistung gefordert wird. Diese Tabelle gibt die Fahrzeiten von jeweils vier ausgesuchten Zügen zu den Winter-Fahrplänen 1972/73, 1973/74 und 1974/75 wieder. Im ersten Fahrplan wurde noch mit Dampf gefahren,

in den beiden folgenden mit Diesel. Die letzten zwei Spalten der Tabellen geben die Netto- und die Gesamtfahrzeit der Züge von Bamberg nach Hof wieder. Bei der Nettofahrzeit wurden alle Haltezeiten in den Bahnhöfen abgezogen, damit die reine Traktionszeit als entscheidende Größe herausgestellt werden kann. Wie man gleich sehen kann, wird sich das Studium dieser Tabellen lohnen!

Fahrzeiten Bamberg-Hof mit „Schiefer Ebene" (Kursbuchstrecke 810)

Je vier ausgesuchte Reisezüge aus den Winter-Fahrplänen 1972/73, 1973/74 und 1974/75

Zunächst wollen wir die Netto-Fahrzeiten betrachten, bei denen alle Bahnhofsaufenthalte abgezogen sind. Im Vergleich der dampfgeführten Züge mit den zwei gefolgten Winter-Fahrplänen 1973/74 und 1975/75 ergeben sich folgende Resultate, zunächst für die gesamte Strecke Bamberg-Hof.

	1972/73	1973/74	Delta	1972/73	1974/75	Delta
	Dampf	Diesel		Dampf	Diesel	
E1791/E2957	1:48	1:51	-3	1:48	1:51	-3
D 853/D867	1:43	1:41	+2	1:43	1:42	+1
D/E 659/DC 992	1:46	1:37	+9	1:46	1:37	+9
E1649/E2659	1:51	1:51	0	1:51	1:54	-3
			+8			+4

🔺 Abb. 090 - Auch nach dem offiziellen Ende des Dampfbetriebes zwischen Bamberg und Hof gab es noch im Sommerfahrplan 1973 einige wenige Sondereinsätze unserer Hofer Schnellzuglokomotiven. Hier sehen wir 001 173-4 auf der „Schiefen Ebene", wie sie als Nachzug einen einzelnen Kurswagen nach Hof befördert.

Wie man aus dieser Fahrzeitdarstellung entnehmen kann, wurden die Züge im folgenden Fahrplan 1973/74 zunächst im Durchschnitt acht Minuten schneller gefahren. In der Praxis zeigte sich jedoch, dass die neuen Fahrzeiten zu eng gewählt waren. Verspätungen waren nicht zu vermeiden. Nach Korrektur des Fahrplanes 1974/75 wurde der Vorsprung wieder auf vier Minuten reduziert. Man hatte also die Hälfte des Fahrplanvorsprungs wieder zurücknehmen müssen!

Betrachtet man den entscheidenden, durch die „Schiefe Ebene" bestimmten Streckenabschnitt zwischen Neuenmarkt-Wirsberg und Münchberg, ergeben sich in gleicher Betrachtungsweise folgende Fahrzeiten (in Minuten):

	1972/73	1973/74	Delta	1972/73	1974/75	Delta
	Dampf	Diesel		Dampf	Diesel	
E1791/E2957	31	32	-1	31	32	-1
D 853/D867	32	30	+2	32	30	+2
D/E 659/DC 992	31	29	+2	31	30	+1
E1649/E2659	31	32	-1	31	33	-2
			+2			0

Aus diesem Vergleich ist zu entnehmen, dass man nach der Umstellung von Dampf- auf Dieselbetrieb die Fahrzeiten bei den Schnellzügen zunächst gekürzt hat. Nach den ständigen Verspätungen auf diesem Streckenabschnitt gab man im übernächsten Winterfahrplan

🔺 Abb. 091 - Als Dank und Erinnerung an die Hofer Zeit steht diese Aufnahme. Die Lokführer Röderer (links vorne) und Fischer (ganz rechts) stellen sich mit ihren Heizern, dem Lokdienstleiter sowie dem Drehscheibenwärter zum Abschlußbild. Als eindrucksvoller Hintergrund dienen die Hofer Schnellzuglokomotiven 001 173-4 und 001 131-2.

🔻 Abb. 092 - Eine wohl einmalige Sonderfahrt über die "Schiefe Ebene" und dann weiter nach Hof fand am 16.06.1975 statt. Die "Schiefe Ebene" wurde hierbei dreimal befahren, d.h. bei den ersten zwei Fahrten wieder nach Neuenmarkt-Wirsberg zurückgesetzt. Als Schiebelokomotive dienten wechselweise die Länderbahnlokomotiven 078 246 und 094 730.
Zuglokomotiven waren die ölgefeuerte 012 061-8 (ex Bw Rheine) sowie die 023 019-3 (ex Bw Crailsheim). Der elf Wagen umfassende Sonderzug wurde hier kurz vor der Blockstelle Streitmühle abgelichtet. Hinten am Wald erkennt man noch den Auspuffdampf der 094 730. Die Maschinen 012 061-8 und 023 019-3 gehören heute zu den Exponaten des Deutschen Dampflokmuseums in Neuenmarkt-Wirsberg.
Damals war Steffen Lüdecke als Heizer auf der 023 019-3 tätig. Weil sein Meister auch hier noch mit voller Füllung fuhr, musste er pausenlos heizen. Zum Herausschauen hatte er keine Zeit.

1974/75 wieder einige Minuten zu. In der Summe liefen die Reisezüge im Vergleich mit dem Dampfbetrieb im Mittel zunächst zwei Minuten schneller (+ 3%), wenn sie diese Zeiten schafften. Nach Verlängerung der Fahrzeiten waren auf diesem Streckenabschnitt die Züge im Mittel wieder nur genauso schnell wie vorher mit Dampfbetrieb!

Die Lokomotiven hatten sich zwar das Rauchen abgewöhnt, viel leistungsfähiger waren sie aber nicht geworden!

5.2 Nürnberg und Oberpfalz

Die zweite Strecke in Bayern, auf der noch mit Dampflokomotiven nachgeschoben werden musste, war der Abschnitt von Hartmannshof bis nach Neukirchen. Die Verbindung Nürnberg - Sulzbach-Rosenberg - Schwandorf, zu der auch der zuvor genannte Streckenabschnitt gehört, war eine der zwei Querverbindungen der früheren „Bayerischen Ostbahn". Das als private Eisenbahngesellschaft 1856 gegründete Unternehmen hatte zum Ziel, den östlichen Teil des Königreichs Bayern verkehrsseitig zu erschließen und gleichzeitig Bahnanschlüsse mit den benachbarten Ländern zu schaffen. Erster Direktor dieser „Königlich Privilegierte Actiengesellschaft der Bayerischen Ostbahnen" wurde 1856 der Ingenieur und Eisenbahnpionier Paul Camille von Denis (geb. 28.06.1796, gest. 03.09.1873), der auch die erste deutsche Eisenbahnstrecke von Nürnberg nach Fürth erbaut hatte.

Die Strecke Nürnberg – Hersbruck – Neukirchen - Sulzbach-Rosenberg – Amberg – Schwandorf ging 1859 in Betrieb, im gleichen Jahr wurde auch der Bahnhof Neukirchen eingeweiht. Nach dem 70er Krieg (1870/71) ging es mit der Bayerischen Ostbahn wirtschaftlich bergab, so dass der Staat zugriff und 1875 diese Privatbahn ankaufte. Zum 1. Januar 1876 wurde sie von den Bayerischen Staatsbahnen einverleibt.

Die zunächst nur eingleisig geführte Bahnlinie wurde 1909 zweigleisig ausgebaut, um dem ansteigenden Verkehrsaufkommen gerecht werden zu können.

Der Streckenabschnitt zwischen Hartmannshof und Neukirchen, auf dem die Schiebelokomotiven eingesetzt waren, weist eine Länge von genau 8,1 km und eine Höhendifferenz von 74 m auf. Bei Etzelwang beginnt der schwierigste Teil der Strecke, bei dem inklusive des Kurvenwiderstandbeiwertes rund 25 Promille Steigung überwunden werden müssen. Viele der mit Lokomotiven der Baureihe 044 bespannten Güterzüge erhielten eine Schiebelokomotive (Drucklok), wenn die vorgegebene Grenzlast überschritten wurde.

So benötigte nach Buchfahrplan z.B. der Güterzug Gag 69 206 B mit 1.880 t Anhängelast von Hartmannshof nach Neukirchen eine Fahrtzeit von 21 min (Durchschnittsgeschwindigkeit 23,1 km/h). Er war mit einer Lok Baureihe 044 bespannt und hatte als Schiebelokomotive eine 050. Wurde ein Güterzug mit einer Baureihe 050 geführt, wie z.B. der Ng 16 503 Nürnberg-Amberg, Last 1.300 t, erhielt er gleichfalls in Hartmannshof eine Schiebelokomotive der gleichen Baureihe. Die Fahrtzeit dieses Zuges war laut Buchfahrplan mit 45 min bemessen. Diese Fahrtzeit entsprach einer Durchschnittsgeschwindigkeit von nur 16,2 km/h.

Der zuerst aufgeführte, mit 1.880 t schwere Güterzug (Gag 69 206 B), fuhr mit seiner Schiebelok um 10.03 Uhr in Hartmannshof los, passierte den Haltepunkt Etzelwang um 10.30 Uhr und erreichte Neukirchen um 10.51 Uhr.

Der zweite beschriebene, mit 1.300 t fahrende Güterzug (Ng 16 503), hatte auch eine Schiebelokomotive und verließ Hartmannshof um 4.10 Uhr. Den Haltepunkt Etzelwand durchfuhr er um 4.25 Uhr und erreichte Neukirchen um 4.55 Uhr. Für den ersten Streckenabschnitt von 5,6 km Länge hatte er laut Buchfahrplan eine Zeit von nur 15 min benötigt, für die letzten 2,5 km waren 30 min vorgesehen. Hieraus lassen sich wiederum Durchschnittsgeschwindigkeiten von 22,4 km/h für den ersten und 5 km/h für den zweiten Streckenabschnitt errechnen. Letzteres hätte fast einer Schrittgeschwindigkeit entsprochen. Ein Ohrenschmaus für Dampfloktonjäger!

Die auf unserer Rampe eingesetzten Dampflokomotiven waren in den Bahnbetriebswerken Nürnberg Rangierbahnhof (Ng Rbf), Schwandorf und Weiden stationiert. Das in Neukirchen für die Vorhaltung der Schiebelokomotiven eingerichtete Bahnbetriebswerk war wiederum eine Aussenstelle des Bw Schwandorf.

Als ein weiteres interessantes Drehkreuz für Eisenbahnfreunde galt das Bahnbetriebswerk Weiden in der Oberpfalz. An der Magistrale Hof-Regensburg gelegen, setzte das Bw Weiden planmäßig die Baureihen 044, 050 und 064 ein. Aber auch die letzten Hofer Schnellzuglokomotiven der Baureihe 001 fuhren bis zum 29.09.1973 ein Personenzugpaar von Hof über Weiden nach Regensburg und zurück. Die flinken Tenderlokomotiven der Baureihe 064, Achsfolge 1'C1'h2, bedienten bis zum Ende des Winterfahrplanes 1972/73 noch Personenzüge auf den Strecken Weiden-Bayreuth und Weiden-Eslaren.

Eine besondere Betrachtung ist dem Beschleunigungsvermögen von Dampflokomotiven gewidmet. Das für Eisenbahnfreunde so berühmte Lokomotiv-Wettrennen von Weiden, bei dem der Personenzug N 3280 (Weiden-Marktredwitz) von einer Hofer 001 sowie der zweite Personenzug N 4084 (Weiden-Bayreuth) von einer 064 des Bw Weiden geführt wurden, wird hier mit mathematisch belegten Analysen betrachtet.

Gemeinsam verließen beide Züge um 13.20 Uhr den Bahnhof Weiden in nördlicher Richtung. Die zwei Zuggarnituren waren von der Zuglast fast vergleichbar und bestanden im Regelfall aus Umbauwagen des Typs By3, By4 und meistens noch aus einem „Silberling" (Bnb720). Wie die folgenden Berechnungen mit Tabellen und Grafik zeigen, besitzt die Tenderlokomotive 064 mit 1.500 mm Treibraddurchmesser anfangs eine bessere Beschleunigung als die großrädrige 001 mit 2.000 mm messenden Antriebsrädern. Nach ca. 600 m Fahrstrecke holt die 001 jedoch die vorausgeeilte 064 wieder ein und fährt ihr im Anschluß davon.

Eine genauere Darstellung erfolgt in Kapitel 5.2.2 auf Seite 131.

Weitere Besonderheiten in diesem Kapitel sind die Erinnerungen an die letzte Planleistung einer Hofer Schnellzuglokomotive Baureihe 001, die sie am 29.09.1973 von Hof nach Regensburg und zurück geführt hatte.

Auch eine der beiden mit der Bundesbahndirektion Nürnberg arrangierten Nachtaufnahmen von fahrenden Dampflokomotiven sind aufgeführt, die auf der Strecke Nürnberg-Hersbruck entstanden sind. Hier kamen planmäßige Güterzüge von Nürnberg nach Schwandorf zum Einsatz, die für die aufwendigen Nachtaufnahmen noch eine Vorspannlok erhalten hatten. Nach einem außerplanmäßigem Halt, bei dem auf der Strecke zuvor 20 Blitzlichtgeräten aufgestellt wurden, fuhr der Zug mehrfach hin und her, bis die gewünschten Großformataufnahmen „im Kasten" waren.

Abb. 093 - Kleine Dampflokparade zu Ehren der Hofer 001 008-2 im Bw Nürnberg Rbf, aufgenommen vom Dach einer Brennkraftlokomotive 260 (V 60). Wieder ziehen alle Lokführer auf „Eins, zwei, drei" die Dampfpfeifen. Versammelt waren an jenem Tage (von links) 050 253-4, 053 133-5, 001 008-2, 044 657-5 und 051 954-6. Bei der letzten Maschine ist wohl das Nummernschild verloren gegangen, die Zahlen sind direkt auf die Rauchkammertür aufgebracht. – An jenem Tage hatte die Hofer 001 008-2 eine „Zuführungsfahrt" von Hof nach Nürnberg unternommen, weil sie am nächsten Tage einen von der DGEG (Deutsche Gesellschaft für Eisenbahngeschichte) bestellten Sonderzug zu übernehmen hatte (20.10.1973).

Unvergessen bleiben auch noch die „kleinen Lokparaden", die in den Bahnbetriebswerken Nürnberg Rangierbahnhof (Ng Rbf) und Weiden stattfanden. In beiden Fällen wurde das Dach einer Brennkraftlokomotive 260 (V 60) als fahrbare Fotoplattform benutzt, wobei die von Oberleitungen ausgehende Unfallgefahr stets strenge Beachtung fand. Dass die hier gewählte Bilderanordnung nicht konsequent den behandelten Themen und der geografischen Ordnung entspricht, liegt primär an der Layout-Gestaltung dieses Kapitels. Der Abdruck von zwei- und einseitigen Aufnahmen im Wechsel sowie die Zuordnung zum jeweiligen Bindebogen hatten für das Gelingen dieses Kapitels Vorrang.

Wer heute in die zuvor beschriebene Gegend der Oberpfalz kommt, sieht vieles verändert. Vergangenheit sind die vielen schweren Güterzüge, die vornehmlich der Versorung des Bayerischen Stahlwerkes Maxhütte bei Sulzbach-Rosenberg dienten. Der Transport von Erz, Schrott und Kohle bestimmten den Takt des regen Güterzugverkehrs, zumal man schon bei der Gründung des Stahlwerkes keine Wasserstraße zur Verfügung hatte. Nach zwei Konkursen wurde 2002 die

Stahlproduktion endgültig eingestellt, ein Kapitel der Bayerischen Industriegeschichte geschlossen.

Noch im Winterfahrplan 1972/73 kamen auf der Strecke von Nürnberg Hbf nach Neukirchen dampfgeführte Nahverkehrsschnellzüge zum Einsatz. Diese benötigten für die 45 km lange Strecke mit 13 Zwischenhalten meist über eine ganze Stunde. So fuhr der N 2525 um 6.16 Uhr in Nürnberg Hbf ab und kam um 7.24 Uhr in Neukirchen an (68 min Fahrzeit). Die schnellste Verbindung war damals der dieselgeführte E/N 1993, der Nürnberg Hbf um 11.04 Uhr verließ und bereits um 11.41 Uhr in Neukirchen ankam (37 min Fahrzeit).

Heute kann man mit dem Nürnberger S-Bahn-System fahren und mit der S1 die 37 km lange Strecke von Nürnberg Hbf – Hartmannshof (Endstation der S-Bahn) in 40 min absolvieren. Neukirchen wiederum ist nur mit der Regionalbahn zu erreichen.

Wer heute mit der Bahn von Neukirchen nach Nürnberg kommen möchte, benötigt mit dem Regional-Express nur noch 32 min. So verlässt z.B. der Regional-Express RE 3512 Neukirchen um 10.50 Uhr und trifft um 11.22 Uhr in Nürnberg Hauptbahnhof ein, also im Zentrum der Frankenmetropole. Für einen Kurzbesuch bestimmt der bessere Weg, zumal man mit dem Auto auch nicht schneller da sein kann und auch keinen Parklatz suchen muss. Die hier aufgeführte Bahnverbindung steht im Stundentakt zur Verfügung.

Seit dem 9.12.2012 gibt es auf der früher einmal bedeutenden Strecke aber keinen Fernverkehr mehr.

Zum Schluß noch ein paar touristische Hinweise. Hartmannshof zählt rund 1.000 Einwohner und wurde bereits 1977 der Gemeinde Pommelsbrunn zugeschlagen.

Etzelwang verfügt über rund 1.400 Einwohner und galt bei den Nürnbergern schon früher als beliebter Ausflugsort und gefragtes Naherholungsgebiet. Das bekannte Freibad lockt im Sommer viele Besucher

⬣ Abb. 094 - Güterzug Dg 6835 Nürnberg Rbf – Hersbruck (r Pegn) – Pommelsbrunn – Neukirchen – Schwandorf – Furth i. Wald hat Neukirchen um 12.42 Uhr verlassen und dampft nun ohne Schiebelok weiter nach Sulzbach-Rosenberg. Die Aufnahme entstand am Streckenkilometer 46.4. Rechts im Bild bei der Kirche ist noch die eingleisig geführte Strecke nach Weiden zu sehen. Diese Verbindung wurde am 15. Oktober 1875 eröffnet und wurde 1973 vom Status einer Nebenbahn zu einer Hauptbahn aufgewertet. Die Strecke darf nun mit einer Geschwindigkeit von 120 km/h befahren werden. – Hinter dem Bahndamm erkennt man noch die evangelische Pfarrkirche St. Peter und Paul, deren Mauern teilweise bis ins 12. Jahrhundert zurückgehen. – Der erste Wagen hinter der Lok hat einen Kampfpanzer der Bundeswehr vom Typ M 48 A2 geladen. Bei diesem Kettenfahrzeug ahnt man nicht nur die Überbreite von 3.630 mm, sondern kann auch das Kennzeichen Y-494 083 lesen.

● Abb. 095 - Dynamische Nachtaufnahmen von Dampflokomotiven sind in der Literatur bisher noch nicht aufgetaucht. Dieses Defizit möchte der Verfasser gleich zweimal im vorliegenden Werk bereinigen. Der hier gezeigte Nahgüterzug ist mit den Lokomotiven 044 077-6 und 051 415-8 (beide Bw Ng Rbf) bespannt. Sie haben eine Last von 1.525 t zu ziehen. Die Ausleuchtung dieser Zuganfahrt erfolgte mit 3 Fünfer-Blitzeinheiten (siehe Abbildung 006, Seite 15) und einem Zündblitz, in Summe mit 16 Elektronic-Blitzen des Typs Metz Mecablitz. – Dieser Güterzug fuhr mehrfach an und setzte anschließend wieder zurück, um erneut eine Aufnahme zu ermöglichen. – Diese Fotoaktion hatte Bundesbahn-Oberrat Hartmut Kreiner, Dezernent 21a bei der Bundesbahndirektion Nürnberg, vorbereitet und begleitet. Hierfür musste ein Abschnitt der Hauptstrecke von Nürnberg Rbf nach Hersbruck aus Sicherheitsgründen vorübergehend gesperrt werden. Auch dieses Bild entstand mit der Linhof Super Technika 9x12 im Großformat.

an. Der Schlepp- bzw. Skilift am Brennberg, genau vis-a-vis der zuvor beschriebenen Eisenbahnstrecke, bietet im Winter drei reizvolle Abfahrten an.

Neukirchen schließlich dürfte von den dreien der älteste Ort sein und ist fast schon 1.000 Jahre alt. Heute besitzt die zu Sulzbach-Rosenberg gehörende Gemeinde über 3.000 Einwohner. Bis 1974 war das Bahnbetriebswerk, zuletzt als Aussenstelle des Bw Schwandorf, mit Behandlungsanlagen und Ringlokschuppen für die Vorhaltung der Schiebelokomotiven in Betrieb. – Heute ist der Bahnhof Neukirchen modernisiert, das ehemalige Bahnbetriebswerk zum Teil abgebrochen, zum Teil verkommen und von der Natur wieder zurückerobert worden.

Der Physiker Dr. rer. nat. Gerhard R. Thoma hat zu dem Lokomotivwettrennen von Weiden die folgende Ausarbeitung beigesteuert. Diese findet sich im Kapitel „9.2 Beschleunigung eines Personenzuges - oder das Lokomotivwettrennen von Weiden" auf Seite 350.

Abb. 096 · Güterzug Ng 16 509 Nürnberg Rbf – Hersbruck – Pommelsbrunn – Neukirchen mit 1.525 t Last durchfährt mit 044 077-6 das Lehertal kurz vor Lehenhammer. Schiebedienste leistete an jenem Tag 052 262-3. Oberhalb der Bahntrasse erkennt man noch das aufgelassene Hammerwerk, welches bereits schon vor Jahren abgerissen wurde (06.04.1974).

🔺 Abb. 097 - Auch mit Beginn des am 3. Juni wirksam gewordenen Sommerfahrplanes 1973 wurde die Strecke Hof nach Regensburg und zurück immer noch mit einem dampfgeführten Zugpaar bedient. Der Personenzug 3215 verließ frühmorgens um 5.26 Uhr Hof und traf um 7.21 Uhr in Weiden ein (Streckenlänge 93 km). Um 8.03 Uhr setzte der Zug in Weiden seine Fahrt fort und traf um 9.56 Uhr in Regensburg ein (Streckenlänge 86 km). Der Gegenzug 3228 verließ Regensburg um 13.31 Uhr und kam nach einer Pause von 52 min. in Weiden schließlich um 18.10 Uhr wieder in Hof an. Hier sehen wir die Hofer 001 111-4 vor dem Personenzug 3228 am Streckenkilometer 10 auf dem Wege nach Regendorf. Die Zuglast von einem Altbaupackwagen Dye 971 und vier Umbauwagen B4yg entspricht ungefähr dem Dienstgewicht der Zuglok (167,8 t).

🔺 Abb. 098 - Personenzug 4081 bei Bayreuth – Weiden in voller Fahrt kurz hinter dem Ort Seybothenreuth (Streckenkilometer 44.4), es führt die 1'C1'h2 Tenderlokomotive 064 295-9 vom Bw Weiden. – Anfang 1973 setzten nur noch die Bahnbetriebswerke Aschaffenburg, Heilbronn und Weiden diese flinken und technisch gelungenen Maschinen im Plandienst ein.

Abb. 099 – Güterzug Gag 69 218 Nürnberg Rbf – Schwandorf auf der Rampe bei Etzelwang (Streckenkilometer 42.8). Dieser schwere Schrotteisenzug hatte ca. 1.880 t Anhängelast und wurde von 044 654-9 geführt. Im Hintergrund leistet 053 121-1 den geforderten Schiebedienst.

🔺 Abb. 100 - Die im AW Braunschweig frisch ausgebesserte 044 487-7 befördert auf diesem Bild den Güterzug Ng 16 509 von Nürnberg Rbf nach Neukirchen, aufgenommen auf der letzten Geraden, noch rund einen Kilometer von Neukirchen entfernt. Der Abdampf der Lok verrät uns, dass mit „hellem Feuer" gefahren wird, d.h. das Feuer hell brennt und der Kessel vornehmlich durch Wärmestrahlung geheizt wird.

🔺 Abb. 101 - Die Abschiedsparade im Bw Regensburg hatten wir bereits auf Seite 12/13 und 22 gezeigt, jedoch nicht aus dieser Perspektive. Die elektrische Lokomotive E 18 mit Nummer 118 049-6 war zweimal durch die Waschstraße gefahren, die Brennkraftlokomotive 218 297-0 erst vor zwei Tagen in Dienst gestellt und die 001 150-2 noch einmal neu gespritzt worden. Da konnte bei der am 29.09.1973 erstellten Aufnahme wohl nichts mehr schief gehen!

Abb. 102 - Einen historischen Augenblick gibt dieses Bild wieder. Der Personenzug 3228 Regensburg – Hof war der letzte Reisezug der DB, der planmäßig von einer Hofer 001 (01) geführt wurde. Hier sehen wir die von Hofer Eisenbahnfreunden geschmückte 001 150-2 in voller Fahrt auf der Steigung zwischen Regenstauf und Ponholz (29.09.1973). Der Zug besteht aus dem Eilzug-Gepäckwagen Dye 971 und vier Umbauwagen B4yg. Ohne Verkehrsgewicht bringen diese fünf Vierachser rund 175 t auf die Waage, in der Summe nicht viel mehr als das Dienstgewicht der Zuglok mit 167,8 t.

Abb. 103 - Das Bundesbahn Zentralamt München (BZA Mü) setzte bis Mitte der siebziger Jahre Dampflokomotiven als Bremslokomotiven ein. Um die Zugkraft-/Geschwindigkeits-Diagramme neuer Brennkraft- und elektrischer Triebfahrzeuge ermitteln zu können, mussten umfangreiche Meßfahrten durchgeführt werden. Nützliche Dienste leisteten hier Dampflokomotiven mit Riggenbach-Gegendruckbremsen.
Im Bild sehen wir die Bremslokomotiven 044 197-3 und 044 427-2 auf ihrem Rückweg von München nach Weiden, aufgenommen bei der langgezogenen Kurve bei Deinsdorf im Lehental zwischen Hartmannshof und Etzelwang. Die Lok 044 197-3 erhielt per 10.01.1974 im AW Braunschweig eine Untersuchung L2 und war damit die letzte ausgebesserte 044er-Dampflok im AW Braunschweig. Die 044 427-2 war lange Zeit in Ottbergen beheimatet. Nachdem die Weidener Bremslok 044 070-1 am 21.08.1973 z-gestellt werden musste, erhielt die noch im guten Zustand befindliche 044 427-2 im AW Braunschweig die Gegendruckbremse der zuvor genannten 044 070-1. Bereits am 26.09.1973 verließ sie das AW und fuhr zum neuen Heimat-Bw Weiden. – Im Dezember 1974 wurden die genannten Dampflokomotiven durch entsprechend umgerüsteten Brennkraftloks 217 001-7 und 002-5 abgelöst. Nachdem die beiden Brennkraftlokomotiven nicht die gestellten Erwartungen erfüllten, wurde die 044 427-2 wieder aktiviert und die Bremseinrichtung der 044 197-3 im AW Braunschweig in die 044 404-2 vom Bw Gelsenkirchen-Bismark eingebaut. Am 31.04.1975 verließ sie das AW Braunschweig in Richtung Weiden. Am 3. Juni 1975 dienten 044 404-2 und 044 427-2 als Bremslokomotiven bei Versuchsfahrten der DB-Versuchsanstalt auf dem Münchner Nordring, um die Zugkraft-/Geschwindigkeits-Diagramme von der elektrischen Mehrsystemlokomotive 182 207-2 zu ermitteln.

Abb. 104 - Tenderlokomotive 064 295-6 im Heimat-Bw Weiden. Interessant der vordere Schneeräumer, der im Regelfall nur im Winter gebraucht wurde. Die Bezeichnung 295 V bedeutet „vorderer Schneeräumer der Lok 064 295". Somit war dieses Bauteil im Lager schnell zu identifizieren, wenn es zum Winterbeginn wieder montiert werden mußte. Die Lokomotiven der Baureihe 064 (64) waren „flinke Maschinchen", die nach Literaturangaben durchaus anstelle der üblichen Kesselgrenze von 57 kg/m²h kurzzeitig mit 70 bis 80 kg/m²h Kesselbelastung gefahren werden konnten. Diese Aussage wurde jedoch nicht durch entsprechende Messfahrten nachgewiesen.

Abb. 105 - Auch kleine Lokomotivparaden haben ihren Reiz. Hier sind die Tender-lokomotiven 064 415-3, 064 393-2 und 064 295-9 in ihrem Heimat-Bw Weiden angetreten. Auf diesem Bild fehlt die dort ebenfalls beheimatete 064 305-3, denn sie war zu diesem Zeitpunkt mit dem Nahverkehrszug 3817 von Weiden nach Eslarn unterwegs (Weiden ab 13.29 Uhr, Eslarn an 15.09 Uhr, Streckenlänge 56 km). – Die Aufnahme wurde vom Dach einer Brennkraftlokomotive 260 (V 60) erstellt (13.04.1973).

● Abb. 106 - Auch so etwas hat es gegeben: 050 167-6 eilt mit nur einem Güterwagen nach Schwandorf, wo sie auch beheimatet ist (Strecke Weiden – Schwandorf).

● Abb. 107 - Bei 6 Grad Kälte und wolkenfreiem Himmel brachte der für den Verfasser abgestellte Weidener Lokführer die frisch im AW Braunschweig untersuchte 044 654-2 in die gewünschte Fotoposition. Im Anschluß wird sie dann einen Güterzug von Weiden nach Regensburg übernehmen (12.01.1973).

Abb. 108 - Zum Abschied der Hofer Schnellzuglokomotiven der Baureihe 001 (01) veranstaltete der Bund Deutscher Eisenbahnfreunde (BDEF) eine großartige Rundfahrt, die durch die Oberpfalz sowie durch Oberfranken führte. Zunächst ging es mit dem Sonderzug GesE 23 408 „Oberfranken-Express" mit 001 173-4 von Hof nach Kirchenlaibach. Auf dem Streckenabschnitt von Kirchenlaibach über Bayreuth nach Neuenmarkt-Wirsberg haben den 14 Wagen umfassenden Sonderzug die beiden Tenderlokomotiven 064 415-3 (Bw Weiden) und 086 809-0 (Bw Hof) übernommen. Unser Bild zeigt diesen Sonderzug in voller Fahrt kurz vor Stockau, Streckenkilometer 51,3 (02.06.1973). Die Fahrt dieses Zuges über die „Schiefe Ebene" ist auf den Seiten 114/115 zu finden (GesE 23 409 Neuenmarkt – Wirsberg – Hof „Oberfranken-Express").

5.3 Um Crailsheim und das Hohenloher Land

5.3.1 Zum Betrieb der Crailsheimer Dampflokomotiven

Crailsheim erhielt im Jahr 1338 Stadtrecht und gehörte damals zum Fürstentum Ansbach. Erst mit dem Eisenbahnbau und der damit verbundenen Funktion als Verkehrsknotenpunkt erlangte Crailsheim eine besondere Bedeutung.

Das Hohenloher Land liegt im Norden des Bundeslandes Baden-Württemberg. Auf der Nord-Süd-Achse wird es von Bad Mergentheim und Schwäbisch Gmünd, auf der Ost-West-Achse von Crailsheim und Heilbronn eingerahmt. Das von Jagst und Tauber durchflossene Gebiet verfügt über eine reizvolle, hügelige Landschaft mit angenehmem Klima. Auch ist es durch den Schwäbischen Wald bekannt. Selbst der Weinbau gehörte bereits im Mittelalter zu den wichtigen landwirtschaftlichen Ambitionen und hat in jüngster Zeit wieder eine Renaissance erlebt.

Für die Eisenbahn Planungskommission waren die diversen Verbindungen nicht einfach zu trassieren. Flüsse und Höhenzüge erlaubten nicht immer die kürzesten Verbindungen. Für die in Crailsheim beheimateten Dampflokomotiven waren viele Reise- und Güterzüge zu bespannen. Die Fahrten im Eil- und Personenzugdienst gingen zum Teil bis nach Heidelberg, Wertheim, Würzburg, Ulm und Heilbronn. Nicht alle Eil- und Nahverkehrszüge waren für die Crailsheimer 023er immer einfach zu fahren, auch nicht der nachmittägliche Nahverkehrszug von Neckarelz nach Heidelberg und zurück (Umlauf 3828/3857), oder der Eilzug Bad Friedrichshall - Jagstfeld E 1722 nach Heidelberg, der von dort bis nach Kleve lief.

Wer in der Zeit des Winterfahrplans 1972/73 mit einem größtenteils dampfgeführten Reisezug von Würzburg nach Heidelberg fahren wollte, benötigte genau drei Stunden und 10 Minuten. Zunächst ging es dabei mit dem Eilzug E 1865 um 11.03 Uhr in Würzburg los, der bis Osterburken benutzt wurde. Dieser Eilzug, der von Würzburg bis nach Stuttgart lief, wurde meistens von einer Brennkraftlokomotive der Baureihe 216 befördert. Nach der Ankunft in Osterburken um 12.07 Uhr (Streckenlänge 78 km) stieg man dort in den Personenzug 2342, der um 12.25 Uhr abfuhr. Der mit einer Crailsheimer 023er bespannte Zug hatte bis Heidelberg eine Strecke von 83 km zu bewältigen und kam dort um 14.13 Uhr an. Er hatte auf dieser Strecke durch das Kraichgauer Hügelland 23 Zwischenhalte durchzuführen, so dass der gemittelte Abstand zwischen zwei Stationen bei rund 3,6 km lag! Die Reisegeschwindigkeit für diesen Streckenabschnitt betrug damit rund 46 km/h. Für die gesamte Strecke von Würzburg nach Heidelberg mit 161 km und einer Fahrzeit von 3 Stunden und 10 Minuten errechnete sich eine Reisegeschwindigkeit von 51 km/h. Nach 40 Jahren bietet heute die Deutsche Bahn auf dieser Strecke die schnellste Verbindung mit zwei Stunden und 17 Minuten an, jedoch ohne die zuvor genossene Dampfromantik!

Im Jahr 1972 besaß das Bw Crailsheim noch drei verschiedene Dampflokbaureihen. Die 023er bedienten zahlreiche Reisezüge, hierbei auch aushilfsweise Eilzüge, wenn Brennkraftlokomotiven ausgefallen waren. Die schweren 044er waren unerlässlich für die langen Güterzüge. Die vielen dort anzutreffenden 050er kamen von den Bahnbetriebswerken Heilbronn, Aschaffenburg, Mannheim und Ulm und waren im Bw stets in beachtlicher Anzahl zugegen. Sie dienten oft als Mädchen für Alles. Güterzüge aus Heilbronn wurden mit diesen 050ern oft planmäßig mit Vorspann gefahren, weil das Zuggewicht dies verlangte. Die Maschinen der Baureihe 064 bedienten Bauzüge oder wurden im Bahnhof Crailsheim für Rangierdienste eingesetzt. Oft standen sie auch nur auf Reserve.

Von den Crailsheimer Lokomotiven wurde die 064 136-4 am 10.05.1973 und die 064 519-2 am 7.06.1973 z-gestellt. Die in jener Zeit noch in Betrieb befindliche 064 419-5 diente in Crailsheim als Rangierlok, die 064 491-4 war an das Bw Freudenstadt ausgeliehen worden. Zwei weitere Crailsheimer Lokomotiven dieser Baureihe schieden 1973 aus dem Betriebsmaschinendienst. So wurde die 064 457-1 an 11.12.1973 z-gestellt, ihre Schwestermaschine 064 289-2 folgte ihr am 20. des gleichen Monats. Die letzte Maschine hatte Glück und wurde nicht ausgemustert, sondern am 6.03.1974 vom Eisenbahn Kurier e.V. erworben und wieder in Betrieb genommen (siehe auch Abbildung 158, Seite 208/209).

Zu den landschaftlich reizvollsten Strecken gehörte die Kursbuch Strecke 788 von Ulm nach Königshofen, wobei der Abschnitt zwischen Crailsheim und Königshofen zu den Favoriten des Verfassers gehörten. Aber auch die Routen nach Schwäbisch Hall, Ansbach, Wertheim und Osterburken besaßen ihre Reize.

Vom Flugplatz Schwäbisch Hall aus wurden mehrere Flüge mit einer Dornier Do 27 durchgeführt und zahlreiche Luftaufnahmen erstellt. Durch die guten Langsamflugeigenschaften dieses Luftfahrzeugs konnten auch Reise- und Güterzüge aufgenommen werden, die nur mit einer Geschwindigkeit von 80 km/h oder langsamer fuhren. So war es möglich, diese Züge mit der gleichen Geschwindigkeit in der Luft zu begleiten. Die damals vorgeschriebene Mindestflughöhe von 300 m über Grund wurde natürlich nicht eingehalten. Um die gewünschten Aufnahmen erstellen zu können, wurden die anvisierten Züge oft nur auf 50 Metern Distanz abgelichtet. Weitere Erläuterungen zur Flugzeugauswahl folgen später.

Für die Luftaufnahmen standen zwei Kamera-Systeme zur Verfügung. Zunächst kam die Linhof Aero Technika 4x5 inch zum Einsatz, ein vollautomatischer Großformat-Fotoapparat, der auch auf verschiedenen Weltraummissionen Verwendung fand (siehe Bild Nr. 007 auf Seite 15). Zweitens konnte die normale Hasselblad 500 EL/M 6x6 mit wenigen Mitteln zur Luftbildkamera aufgerüstet werden. Doppelgriff-Aufnahme und Luftbild-Zielgerät reichten aus, um diese elektromotorisch betriebene Kamera vom Flugzeug aus einzusetzen (siehe Bild Nr. 008 auf Seite 15).

Bei der Suche nach einem besonderen Luftfahrzeug, wie ein Flugzeug amtlich bezeichnet wird, standen mehrere Maschinen, meist einmotorige Sportflugzeuge, zur Auswahl. Die Entscheidung fiel, wie zuvor schon beschrieben, schließlich auf eine ehemalige Heeresfliegermaschine vom Typ Dornier Do 27, weil sie die besten Voraussetzungen

für Luftaufnahmen besaß. Die Dornier Do 27 ist ein einmotoriger Hochdecker und diente den deutschen Streitkräften als leichtes Transport- und Verbindungsflugzeug. In der Flugzeugkanzel können zwei Flugzeugführer und in der Kabine bis sechs Personen Platz finden. Die ausgezeichneten Kurzstart- und Landeeigenschaften erlaubten auch Einsätze auf unbefestigten Pisten. Bereits nach 250 Metern Startstrecke fliegt diese Maschine 15 Meter über Grund. Aus gleicher Höhe kommt sie mit einer Landestrecke von unter 200 m aus.

🔺 Abb. 112 - Zur Mittagszeit verkehrte zwischen Bad Mergentheim und Weikersheim ein Personenzugpaar, bei dem die eingesetzte Baureihe 023 auf der Hinfahrt mit Personenzug 2709 normal, auf der Rückfahrt mit dem Gegenzug 2722 Tender vorausfuhr. Denn in Weikersheim bestand keine Drehmöglichkeit. – Das Bild zeigt den Rückzug (Weikersheim ab 12.18 Uhr, Bad Mergentheim an 12.42 Uhr, Streckenlänge 11 km) auf der Tauberbrücke kurz nach Weikersheim, im Hintergrund links der Ort Elpersheim, der heute ein Ortsteil von Weikersheim ist. In Elpersheim wird schon seit 1.000 Jahren ohne Unterbrechung Weinbau betrieben. Die dort schaffenden Winzer gehören heute zu den Weingärtnern von Markelsheim. Mitglieder der Weingärtnergenossenschaft Markelsheim sind auch die Orte Oberstetten, Niederstetten, Vorbachzimmern, Laudenbach und Weikersheim (16.03.1974).

Abb. 113 - Die beiden Crailsheimer Dampflokomotiven 023 028-4 und 023 038-3 führen den Personenzug 2725 (Lauda ab 13.35 Uhr, Crailsheim an 15.05 Uhr) über die schwere Steigung zwischen Niederstetten und Schrozberg bei Streckenkilometer 36.2.

Die Tenderumläufe beider Maschinen sind sauber gehalten und ohne Kohlestücke. Man erkennt aber noch die Spuren des aus den hinteren Einfüllklappen ausgelaufenen Wassers, durch die starke Steigung bedingt. Zwischen den Bahnhöfen dieser beiden Orte besteht ein Höhenunterschied von 156 m, so dass sich bei einer Streckenlänge von 9 km eine mittlere Steigung von 17,3 Promille errechnen lässt. Da diese Steigung jedoch nicht kontinuierlich verläuft, sind sogar Abschnitte mit fast 20 Promille vorhanden. – Im Hintergrund rechts der Ort Niederstetten, dem 1367 durch Kaiser Karl IV. (geb. 1316, gest. 1378) die Stadtrechte verliehen wurden. Kaiser Karl IV. residierte als Kaiser des Heiligen Römischen Reiches Deutscher Nation in Prag. – Links daneben das Schloss Haltenbergstetten, das sich heute im Besitz der Fürsten zu Hohenlohe-Jagstberg befindet. Es entstand im 16. Jahrhundert durch den Umbau einer um 1200 erbauten Burganlage. Aus dem ersten Wagen schaut noch der Zugführer aus dem Fenster (16.02.1974).

● Abb. 114 - 023 023-5 fährt mit dem Personenzug 2734 von Crailsheim nach Lauda aus, Crailsheim ab 15.49 Uhr, Lauda an 17.22 Uhr. Auf diesem 69 km langen Streckenabschnitt werden 17 Stationen angefahren, bevor der Zug in Lauda ankommt. Aus der Fahrzeit von einer Stunde und 33 Minuten errechnet sich eine Durchschnittsgeschwindigkeit von 44,5 km/h. Der Zug besteht aus drei Umbauwagen B4yg und wohl einem alten Eilzuggepäckwagen, Zuggewicht einschließlich Verkehrsgewicht ca. 148 t. Für den maschinentechnisch interessierten Leser fällt auf, dass einerseits der Schornstein mächtig qualmt, andererseits der Heizer auf seinem Platz sitzt und belustigt herausschaut. Daraus darf man schließen, dass der Heizer noch im Bahnhof Crailsheim kräftig aufgelegt hat und die Lok nun ohne hell glühendes Feuer auf dem Rost und damit ohne Strahlungsleistung ausfahren muss. Ein pflichtbewusster Lokführer hätte dieses Verhalten nicht toleriert (18.05.1974).

● Abb. 115 - Der morgendliche Personenzug 7511 Lauda – Crailsheim, Lauda ab 7.25 Uhr, Crailsheim an 9.03 Uhr, wurde an jenem herrlichen Märztag von der Crailsheimer 023 002-4 geführt. Diese Aufnahme entstand auf dem mit starker Steigung versehenen Streckenabschnitt Niederstetten – Schrozberg. Nur wenige hundert Meter nördlich dieser Stelle geschah am 11.06.2003 jenes schreckliche Eisenbahnunglück, bei dem die Brennkraftlokomotive 218 085-5 mit dem Regionalexpress RE 19 534 mit einem Brennkrafttriebwagen Baureihe 628, Zug Nummer RE 19 533, auf offener Strecke ungebremst zusammenstieß. Unter den sechs Toten befanden sich die beiden Lokführer sowie eine Mutter mit ihren drei Kindern, die sich auf dem Rückweg eines Fahrradausflugs befanden. Weitere 25 Personen wurden verletzt. – Während bei dieser Aufnahme die Schienenköpfe punktscharf abgebildet sind, lässt die Lok eine leichte Bewegungsunschärfe erkennen. Auch diese Aufnahme folgt den optischen Gesetzen, die auch eine Großformatkamera 9x12 mit maximal 1/500 sec Verschlusszeit nicht außer Kraft setzen kann (28.03.1975).

Abb. 116 - Der samstägliche Güterzug Dg 56 391 mit Lademaßüberschreitung wird von 052 406-6 und einer Schwestermaschine über die steigungsreiche Strecke zwischen Niederstetten und Schrozberg geführt. Der bei Streckenkilometer 34.8 abgelichtete Zug besteht nur aus acht Wagen mit insgesamt 22 Achsen. Am Ende des Zuges sind drei Schwerlastgüterwagen vom DB-Typ Rlmmp (SSy 45) eingestellt. Die ersten beiden Wagen haben, unter Planen verdeckt, deutsche Schützenpanzer vom Typ Marder geladen. Der letzte Wagen transportiert einen amerikanischen Kampfpanzer von Typ M60A1 mit einer Breite von 3.631 mm und einem Gefechtsgewicht von 49,7 t. Das normale Lademaß bzw. die zulässige Ladebreite beträgt nach EBO (Eisenbahnbetriebsordnung) 3.150 mm. Damit ist dieser Panzer um 481 mm zu breit und ragt auf beiden Seiten mit 241 mm weiter heraus, als erlaubt (29.03.1975).

🔺 Abb. 118 - Die Crailsheimer 023 002-9 und 023 020-1 haben mit dem Personenzug 7523 von Lauda nach Bad Mergentheim die Station Königshofen um 11.34 Uhr verlassen und dampfen nun dem nur zwei Kilometer entfernten Unterbalbach entgegen. Dort werden sie nach drei Minuten weiterfahren, eine Fahrzeit, die einer Reisegeschwindigkeit von 40 km/h entspricht. – Eine der beiden Lokomotiven, wohl die 023 002-9, wird in Bad Mergentheim um 12.03 Uhr den Personenzug 7527 nach Weikersheim übernehmen und dort mit dem Gegenzug 7538 um 12.26 Uhr wieder in Richtung Bad Mergentheim zurückdampfen (26.04.1975).

🔻 Abb. 117 - Blick auf das Bw Crailsheim aus der Vogelperspektive. Ein Teil des Langhauses sowie des Rundschuppens mit Drehscheibe ist gut erkennbar. Die drei abgestellten Güterzuglokomotiven der Baureihe 050 gehören noch zum Betriebsbestand und warten wohl wegen fälliger Fristen auf die Aufnahme ins AW. Auf dem Dach des Rundschuppens erkennt man als Schatten noch die Silhouette der für diese Luftaufnahmen verwendeten Dornier Do 27 (25.04.1975, Luftaufnahme von der Regierung von Oberbayern unter GS 300/6969 freigegeben).

Für die Erstellung von Luftaufnahmen war dieses Flugzeug nahezu ideal, weil sich beide Seitentüren nach Bedarf aushängen lassen. Durch die Weite des Türausschnitts (siehe Aufnahme 007 und 008 auf Seite 15) sowie die bei einem Hochdecker ungestörte Sicht nach unten konnten die Luftbildkameras nach Belieben in Anschlag gebracht werden. Auf den beiden quer positionierten und gegenüber angeordneten Sitzbänken können je drei Personen Platz nehmen. Diese sechs Sitzpositionen waren nur mit Beckengurten gesichert. Über Sprechfunk hatte der Luftfotograf mit dem Flugzeugführer Verbindung und konnte auf

diesem Weg die notwendigen Flugmanöver und Fotoziele absprechen. Während des Fluges verursachte ein luftgekühlter Boxer vom Typ Lycoming GO-480 mit sechs Zylindern und 270 PS Startleistung einen solchen Lärm, so dass eine normale Verständigung nur schwer möglich war. Mit vollem Tank kann die Do 27 rund vier Stunden in der Luft bleiben. Ihre normale Reisegeschwindigkeit liegt bei rund 108 Knoten (ca. 200 km/h), die langsamste Geschwindigkeit je nach Windlage bei rund 46 Knoten (ca. 85 km/h) oder noch darunter.

Die Aufnahmen der Bahnstrecke im Vorbachtal zwischen Laudenbach und Niederstetten oder die Bilder vom Bw Crailsheim lassen erkennen, dass Luftaufnahmen immer etwas Besonderes sind.

Der Verfasser erinnert sich noch an einen Flug mit dieser Do 27, der fast sein letzter gewesen wäre. Auf den beiden gegenüberliegenden Sitzbänken dieses Flugzeuges waren zwei verschiedene Beckengurte montiert, in Fahrtrichtung eine Zivil- und Gegenrichtung eine Militärausführung. Dieser Umstand war dem Verfasser jedoch nicht bekannt gewesen. Als er während eines Fluges die Sitzbank wechselte und den gegenüberliegenden Militärgurt anlegte, konnte er zunächst keine Besonderheit feststellen. Nach einigen ersten Aufnahmen mit der Linhof Aero Technika exponierte er sich noch etwas weiter aus dem Flugzeugrahmen, um noch eine besondere Aufnahme zu versuchen.

Abb. 119 - Die Crailsheimer 023 040-9 hat in ihrem Heimat-Bw die gewünschte Fotoposition eingenommen. – Diese Aufnahme erlaubt einen guten Überblick der Maschine und lässt viele Konstruktionsdetails erkennen. Bei der Länge der Rauchkammer hätte gut eine doppelte Saugzuganlage mit zweifachem Schornstein Platz gefunden. Der vorhandene Oberflächenvorwärmer wäre ohnehin durch einen Mischvorwärmer ersetzt worden.

Plötzlich merkte er beim Beckengurt keinen Widerstand mehr und griff im letzten Augenblick instinktiv mit der freien linken Hand an den oberen Türrahmen, um sich dort festzuhalten. Der Militärgurt hatte sich wegen eines Defektes gelöst! Ohne diesen rettenden Griff an den oberen Türrahmen wäre der Verfasser wohl mit Sicherheit aus dem Flugzeug gefallen. Die Fallhöhe von rund 120 m über Grund hätte er wohl nicht überlebt!

Der rund 9 km lange Streckenabschnitt zwischen Niederstetten und Schrozberg auf der Verbindung von Lauda nach Crailsheim (Gesamtlänge 69 km) war besonders interessant. Nicht nur die reizvolle Landschaft des Vorbachtales, sondern auch die dort vorhandenen schweren Steigungen verlangten vom Betriebsmaschinendienst in den meisten Fällen Höchstleistungen. Niederstetten liegt auf 306 m, Schrozberg auf 455 m Höhe, so dass der Höhenunterschied zwischen diesen beiden Orten 149 m beträgt. Aufgrund der topografischen Lage weisen die beiden Bahnhöfe sogar eine Höhendifferenz von 156 m auf, so dass sich rein rechnerisch eine permanente Steigung von 17,33 Promille

Abb. 120 - Blick auf Triebwerk und Kessel der Crailsheimer 023 040-9. Durch die Ausleuchtung mit Hilfe von Blitzlichtgeräten kommen alle Details zum Vorschein. Man erkennt den Blechrahmen, sowie links vom letzten Kuppelrad die Spurkranzschmierung Bauart De Limon. Auf der Kreuzkopfplatte sieht man rechts das gegossene Logo FWH. Dieses Logo der Friedrich Wilhelms-Hütte FWH erinnert uns an ein Industrieunternehmen aus Müllheim/Ruhr, welches zu den ersten Adressen im Ruhrgebiet gehörte. Für die 023 040-9 hatte sie Kreuzkopf mit Kreuzkopfplatte als Stahlgußstück geliefert.

ergibt. In Wirklichkeit besitzen einige Streckenabschnitte Steigungen bis fast 20 Promille, wenn man den Kurvenwiderstandsbeiwert noch hinzurechnet. Andere Partien dieser Strecke verlaufen folglich etwas flacher.

Oft wurden die schweren Güterzüge mit Vorspann gefahren oder erhielten eine Drucklok. Weiterhin galten die samstäglichen Güterzüge mit Lademaßüberschreitung als besonderer Leckerbissen für Eisenbahnfreunde.

Die Lokomotiven der Baureihe 023 (23) waren zum 1.02.1972 noch mit 77 Maschinen vertreten, damit rund 73 % der insgesamt 105 beschafften Lokomotiven. Neben Crailsheim besaßen die Bahnbetriebswerke Saarbrücken Hbf und Kaiserslautern diese flinken Zugpferde.

Abb. 121 - Mit Bravour bringt Oberlokführer Rolf Fuchs II seinen Personenzug 4707 Crailsheim – Ansbach über die anspruchsvolle Steigung von Ellrichshausen. Die 023 030-0 hat sieben „Silberlinge" genannte Eilzugwagen am Haken und muss damit ein Gesamtgewicht von rund 260 t schleppen. Laut Lokführer Rolf Fuchs II fuhr der Zug damals mit einer Geschwindigkeit von rund 90 km/h. Die indizierte Leistung der Baureihe 023 (23) wird mit 1.785 PS angegeben. Laut Leistungstafel hätte der Zug bei dieser 8 Promille messenden Steigung nur 235 t schleppen dürfen, um mit der genannten Geschwindigkeit fahren zu können. Oberlokführer Fuchs ist somit rund 11 % über der Kesselgrenze gefahren und hat in den Zylindern rund 1.975 PS indiziert. Das bedeutet wiederum eine Zughakenleistung von rund 1.580 PS und eine Kesselanstrengung von ca. 85 kg/m2h. Chapeau! (16.02.1974).

Aus technischer Sicht kann man bei der Baureihe 023 (23) von einer zwar konservativen, aber soliden Konstruktion ausgehen. Bei der Dimensionierung der Rostfläche hätte man etwas großzügiger verfahren können und die im Kapitel 4.4 genannte Verhältniszahl zwischen Strahlungsheizfläche und Rostfläche berücksichtigen sollen. Bei der mittleren Verhältniszahl von 4,8 hätte sich eine Rostfläche von 3,56 m² anstelle der 3,12 m² ergeben (+14%!). Das Verhältnis von Rohrheizfläche zu Strahlungsheizfläche von 8,14 liegt noch im akzeptablem Bereich und kann auch von Kritikern akzeptiert werden.

Nur die Saugzuganlage kann nicht ganz befriedigen. Wer schon einmal eine 023er (23er) gefahren oder geheizt hat, der hat den scharfen Auspuffschlag bemerkt, der gerade bei anstrengenden Diensten und hoher Zylinderfüllung vorhanden ist. Hier hätte - von einer Kylchap-Saugzuganlage ganz abgesehen - schon ein doppelter Schornstein große Vorteile gebracht. Die Strömungsgeschwindigkeit der Abgase hätte sich halbiert und die Antriebsleistung der Lok wäre um mehr als 10 % erhöht worden. Diesen Anwendungsfall kennen wir aus konkreten Beispielen von englischen Lokomotiven.

Im Vergleich zur Brennkraftlokomotive Baureihe 216, deren Motor 1.900 PS liefert, lag die Dampflokomotive Baureihe 023 (23) in ihrem gesamten Leistungsspektrum etwas darunter. Während die 216 rund 1.520 PS am Zughaken leisten konnte, brachte es die 023 (23) nur auf rund 1.400 PS, und dies erst bei einer Geschwindigkeit von ca. 50 km/h. Dank der günstigen Zugkraft-/Geschwindigkeitskennlinie und eines rund 42 % leichteren Dienstgewichtes konnte die Baureihe 216 wesentlich schwerere Züge übernehmen und durch das bessere Beschleunigungsvermögen kürzere Fahrzeiten ermöglichen. Gerade für längere Durchgangsverbindungen konnte die Dampflok nicht

Abb. 122 - Selten schien die morgendliche Sonne so schön und blieb die Luft so kalt wie an jenem 8. März 1975, an dem diese Aufnahme entstand. Die Crailsheimer 023 067-2 führt den Personenzug 7511 von Lauda nach Crailsheim, abgelichtet um 7.28 Uhr bei Streckenkilometer 4.6. kurz vor Unterbalbach. Auf dem Tenderumlauf liegen jede Menge Kohle, ein Umstand, der nach den Betriebsvorschriften nicht zulässig war. Zu groß war die Gefährdung durch herabfallende Kohlestücke.

⬥ Abb. 123 - Der morgendliche Nahverkehrszug 7511 Lauda – Crailsheim, auch Schülerzug genannt, verließ morgens um 7.25 Uhr Lauda und kam um 9.03 Uhr in Crailsheim an. Zwischen Königshofen und Edelfingen verlief die Bahntrasse fast immer parallel zum Flüsschen Tauber. Auf diesem Streckenabschnitt entstand auch die hier gezeigte Luftaufnahme (25.04.1975).

mehr mithalten, da die betriebsbedingten Behandlungsanlagen schon in vielen Bahnbetriebswerken nicht mehr vorhanden waren.

Eine interessante Verbindung sollte hier noch erwähnt werden, die ab Stuttgart bis nach Heilbronn zuerst elektrisch geführt und dann ab dort von einer Crailsheimer 023er weiter befördert wurde. Der Eilzug E 1722 verließ mit einer elektrischen Lokomotive um 5.31 Uhr Stuttgart und kam um 6.39 Uhr in Heilbronn an (Kursbuchstrecke 780).

Dort wurde von elektrischer auf Dampftraktion gewechselt. Um 6.49 Uhr ging es dann auf der Kursbuchstrecke 561 durch das Kraichgauer Hügelland nach Heidelberg, dessen Hauptbahnhof planmäßig um 8.03 Uhr erreicht wurde. Hier gab es erheblich Steigungen, insbesondere die Strecke von Jagstfeld nach Bad Wimpfen, die vom Neckartal in die Höhen des Kraichgauer Hügellandes führte. Auf einer Länge von drei km musste der Höhenunterschied von 155 m in Jagstfeld und 195 m in Bad Wimpfen, damit 40 m, überwunden werden. Dies bedeutete eine Steigung von rund 13, 3 Promille. Ein sieben Wagen umfassender Eilzug (ca. 250 t) konnte von einer 023 (23) auf dieser Steigung noch mit 60 km/h bewältigt werden.

Hier war die Brennkraftlok BR 216 mit ihren vier Antriebsachsen sowie dem bei 74 t liegenden Reibungsgewicht, bei der Baureihe 023 (23) nur bei 56 t, klar im Vorteil. Das Ende des Dampfbetriebes war absehbar.

5.3.2 Betrachtungen zur Dampflokomotive Baureihe 23 im Besonderen und zur Wirtschaftlichkeit von Dampflokomotiven im Allgemeinen

Die Frage nach dem Vergleich von Betriebskosten von Dampf- und Brennkraftlokomotiven wurde vom Verfasser mehrfach gestellt. Einem führenden Beamten des Bw Crailsheim wurde die folgende Kostenbetrachtung der DB vorgelegt und um seine persönliche Meinung gebeten.

Vergleich von Dampflokomotiven mit Brennkraftlokomotiven (BZA Mü., Stand 1971)

Lokbaureihe	Dampflok 050-053	Diesellok 216
Bw-Unterhaltungskosten	49,0%	24,0%
AW-Unterhaltungskosten	51,0%	28,1%
Summe	100%	52,1%

🔺 Abb. 124 - Ein morgendlicher Güterzug auf der Strecke von Würzburg nach Osterburken (78 Streckenkilometer), bis Stuttgart auch Frankenbahn genannt, wird von einer Dampflokomotive 050 (50) geführt und erhält Vorspann durch eine Crailsheimer 023 (23). Beim Bahnübergang liegt links der ehemalige Haltepunkt Sachsenflur, der schon seit Jahren nicht mehr existiert (25.04.1975).

Zunächst war er der Meinung, dass rein rechnerisch die Bewertung und Berechnung des BZA München stimmen könnte. Es gäbe in dieser Betrachtung noch offene Fragen, die insgesamt nicht nur beantwortet, sondern auch gewichtet werden müssten: Bei dieser Kostenbetrachtung sollte auch berücksichtigt werden, dass die meisten Dampflokomotiven und erst recht die zugehörigen Behandlungsanlagen schon längst abgeschrieben sind. Im Falle eines Traktionswechsels auf Brennkraftlokomotiven, die nur noch mit einem Lokführer auskommen, muss auch überlegt werden, was aus dem Heizer werden soll. Diese Frage ist jedoch nicht sehr kostenrelevant. Stimmen die Altersstruktur sowie die anderen Voraussetzungen, kann eine Weiterbildung zum Lokführer erfolgen.

Nur müssen die Verwendung des sonstigen Personals im Bw sowie der umfangreiche Rückbau der vorhandenen Behandlungsanlagen für Dampflokomotiven ebenfalls in die Wirtschaftlichkeitsbetrachtung einfließen.

Hinzu kommen noch die erheblichen Kosten für die Beschaffung der neuen Traktionsmittel sowie die Investitionen für die neuen Struktur- und Unterhaltungsanlagen.

Wir kennen meistens nur den Hang zum Modernen und denken nicht daran, was man aus dem Vorhandenen noch alles machen kann. Im Bereich der Architektur hat man hier oft schon das Gegenteil bewiesen und das Vorhandene mit dem Neuen verbunden.

Würde man nach den heutigen Betrachtungs- und Bemessungsgrundlagen einen Controller ansetzen und die damals zugrunde gelegten Zahlen und Berechnungen überprüfen, würde man wohl einige Überraschungen erleben. Vermutlich hat man bei den betriebswirtschaftlichen Vergleichsrechnungen die Investitions-, Anlagen- und Betriebskosten richtig angesetzt, mögliche Optimierungschancen beim Dampflokbetrieb jedoch nicht angedacht. Hier ein kleines Beispiel.

Der zuvor schon genannte Einbau einer doppelten Saugzuganlage hätte die indizierte Leistung der Baureihe 023 (23) voraussichtlich über 200 PS (ca. +14%) gebracht, weil durch die geringeren Unterdruckschwankungen in der Feuerbüchse die Verbrennung wesentlich effektiver abgelaufen wäre. Zweitens hätte der geringere Gegendruck bei der Saugzuganlage eine größere Zylinderleistung gebracht. Als Einbauten wären nur zwei neue, im Querschnitte erweiterte Abdampfrohre, ein neues Hosenrohr mit Kleeblatt-Düsen sowie der neue Doppelschornstein (alles Gußstücke) mit geändertem Hilfsbläser notwendig gewesen. Die Anpassungsarbeiten an der Rauchkammer sowie der Einbau der genannten Komponenten hätte im AW als L0 oder im Rahmen der nächsten L2 erfolgen können. Als Ergebnis dieser Maßnahmen hätte die modifizierte Version der Baureihe 023 (23) eine höhere

Abb. 125 - Diese Aufnahme des Personenzuges 7527 von Bad Mergentheim nach Weikersheim wurde mit der Unterstützung von 15 einzeln aufgestellten Blitzlichtgeräten Metz Mecablitz und einem bei der Linhof Super Technika montierten Zündblitz aufgenommen. Trotz fehlender Sonnenstrahlen sind die Lokomotiven gut ausgeleuchtet. Die Wirkung der Blitzlichtgeräte ist bis zum Streckenkilometer 0.6 erkennbar. Auch der Schlagschatten, der vom Blitzlicht bewirkt wurde, ist rechts der ersten Lokomotive gut zu sehen. – Die Lokomotiven 052 988-3 und 023 030-8 werden mit ihrer bescheidenen Last um 12.18 Uhr in Weikersheim ankommen. Während die Vorspannlok im Anschluß andere Leistungen übernehmen kann, wird 023 038-8 um 12.26 Uhr den Gegenzug 7538 nach Bad Mergentheim und weiter nach Lauda führen. Diese Leistung wurde stets Tender voraus gefahren, weil in Weikersheim keine Wendemöglichkeit bestand (22.03.1975).

🔺 Abb. 126 - Lokzug Lz Nr. 83 090 mit 01 173, 86 346 (beide Ulmer Eisenbahnfreunde) und 64 289 (Eisenbahn Kurier e.V.) auf der Fahrt von Ulm nach Braunschweig, aufgenommen auf der oberen Jagstbahn (Kursbuchstrecke 788) zwischen Schrozheim und Ellwangen. Dieses seltsame Lokgespann startete am 8.11.1975 in Ulm, um mit eigener Kraft das AW Braunschweig anzufahren. Im Bild oben links ist noch der fahrbare Untersatz des Verfassers zu sehen. Das auffallende Gelb dieses BMW 525 war extra gewählt worden, um von den beim Fotografieren eingebundenen Lokführern schnell und sicher identifiziert werden zu können.

Zughakenleistung als die Brennkraftlokomotiven 216 erreicht sowie eine Einsparung von Kohle und Wasser von rund 12 % ermöglicht. Auch die Überlastbarkeit des Kessels hätte sich noch verbessert, weil auch bei angestrengter Kesselleistung das Feuer auf dem Rost wesentlich ruhiger geblieben wäre und damit auch eine höhere Strahlungsleistung ermöglicht hätte.

Friedrich Witte, zuletzt Dezernent für Dampflokomotiven und Vizepräsident im Bundesbahn-Zentralamt in Minden, hätte mit seinen verantwortlichen Mitarbeitern nur ein Mal nach England blicken müssen, um relativ einfache Möglichkeiten zur Leistungssteigerung von vorhandenen Dampflokomotiven zu erleben. Dort hatte man mehrfach bewiesen, wie man mit verhältnismäßig einfachen Umbauten eine

Leistungssteigerung bei vorhandenen Lokomotiven erreichen kann. Bei der Standardlokomotive Class 4 der British Railways (2'C h2) brachte der Einbau einer wohlberechneten, doppelten Saugzuganlage eine 15 % höhere Kesselleistung. Bei der King Class der Great Western Railway (2'C h4) kamen Mitte der 50er Jahre ein neuer Überhitzer sowie eine doppelte Saugzuganlage zum Einbau. Die Kesselleistung wurde hierdurch von rund 15 auf rund 16,5 t/h gesteigert und ließ diese Maschine (Einführungsjahr 1927) auf Anhieb wieder zur zugkraftstärksten Dampflokomotive in England werden (siehe Seite 337).

5.3.3 Besondere Aufnahmen und Ende des Dampfbetriebes

Auf der Strecke von Lauda nach Crailsheim wurden auch Blitzlichtexperimente durchgeführt. Kurz nach der Ausfahrt Bad Königshofen in Richtung Crailsheim (Streckenkilometer 0.6) wurde der Personenzug 2725 aufgenommen. Die 15 in drei Gruppen geschalteten, auf Stäben einzeln aufgestellten Blitzlichtlampen waren so zum Bahngleis

🔺 Abb. 127 - Ein seltsam bespannter Güterzug verlässt Crailsheim in Richtung Heilbronn. Er wird von der Rangierlokomotive 260 789-2 als Vorspann und der Dampflokomotive 053 097-2 als Zuglok geführt. Die zweite Maschine gehörte zu den letzten 050ern, die noch mit Wannentender gekuppelt und mit einem Kriegslok-Kessel versehen war (16.02.1974).

positioniert, dass die beiden Lokomotiven des zuvor genannten Zuges fast ganz ausgeleuchtet wurden (siehe Seite 168/169, Bild 125). Trotz leicht bedecktem Himmel und gemessenen Lichtwert von knapp 13 konnte die Linhof Super Technika 9x12 mit Kodak Ektachrome Professional 64 ASA (19 DIN) dank der Blitzlichtunterstützung mit Lichtwert 14 arbeiten. Dieser Umstand erlaubte für das eingesetzte Objektiv Schneider Kreuznach Tele-Arton 5,6/250 eine Verschlusszeit von 1/500 sec, das heißt wie bei vollem Sonnenschein. Wer das auf diesem Weg von den Lokomotiven 052 988-2 und 023 030-8 erstellte Bild genau ansieht, erkennt sogar den Schlagschatten der Lokomotiven auf der abgewandten Seite, der durch das Blitzlicht entstanden ist. Ohne Blitzlichtunterstützung wäre der Zug so belichtet worden, wie dies an den restlichen Wagen des Zuges ab Streckenkilometer 0,6 zu sehen ist.

Mit dem am 27. September endenden Sommerfahrplan 1975 fand auch der planmäßige Einsatz der Crailsheimer 023er sein Ende. Als letzte Planleistung beförderte 023 058-1 den Personenzug 7543 von Lauda nach Crailsheim, Lauda ab 13.33 Uhr, Crailsheim an 15.05 Uhr (Streckenlänge 69 km). Zu Beginn des Winterfahrplans 1975/76 am 29.09.1975 waren jedoch immer noch einige 023er im Bw Crailsheim stationiert. Sie standen auf Reserve und kamen nur noch für Sonderleistungen zum Einsatz. Zum Stichtag 6.11.1975 standen die Lokomotiven 023 023-5, 023 029-2 und 023 058-1 noch betriebsfähig in Crailsheim und waren nach einer Anordnung der Bundesbahn-Direktion Stuttgart bis Mitte Dezember 1975 betriebsfähig zur Verfügung zu stehen. Mit Verfügung der ZTL (Zentrale Transportleitung der DB in Mainz) vom 22.12.1975 wurden die beiden ersten Maschinen ausgemustert und die letzte rein statistisch zum 30.12.1975 z-gestellt. Die 023 058-1 war jedoch schon zuvor von der eidgenössischen Vereinigung EUROVAPOR gekauft worden und absolvierte am 28.12.1975 eine grandiose Abschiedsfahrt (siehe Bild 154 auf Seite 204).

⬆ Abb. 128 - Der morgendliche Personenzug 7511 donnert mit 023 058-1 und Volldampf die schwere Steigung zwischen Niederstetten und Schrozberg hoch, aufgenommen bei Strecken-kilometer 31,9. Nur wenige hundert Meter nördlich von diesem Ort fand am 11.06.2003 der katastrophale Zusammenstoß der Regional-Expresszüge RE 19 533 und RE 19 534 bei voller Fahrt statt. Sechs Tote und 24 Verletzte waren damals zu beklagen (29.03.1975).

⬤ Abb. 129 - Auf der gleichen Strecke, jedoch bei Streckenkilometer 36.2 und damit 4,3 km nördlicher, erklimmen eine 050er und eine 023er mit Personenzug 2719 von Lauda nach Crails- heim (Lauda ab 12.25 Uhr, Crailsheim an 13.58 Uhr) die schwere Steigung zwischen Niederstetten und Schrozberg. Die Last von drei Umbauwagen B4yg sowie einem alten Eilzugwagen (Zugge- wicht inkl. Verkehrsgewicht ca. 150 t) bereiten den beiden Lokomotiven wohl keine Probleme (16.02.1974).

Abb. 130 - Als eines der beliebtesten Motive auf der Kursbuchstrecke 788 von Lauda nach Crailsheim galten jene Züge, die mit Vorspann gefahren wurden. Der Grund dafür lag nicht an der Schwere der betroffenen Züge, sondern an dem Umlauf- und Bespannungsplan für die Lokeinsätze. Bei dem hier gezeigten Personenzug 7523 von Lauda nach Bad Mergentheim (Lauda ab 11.31 Uhr, Bad Mergentheim an 11.45 Uhr) lief die Crailsheimer 023 018-5 nur mit, um eine Leerfahrt zu vermeiden. Die Planlok war 023 030-0, die im Anschluß um 12.03 Uhr den Personenzug 7527 von Bad Mergentheim nach Weikersheim übernahm. Dort um 12.18 Uhr angekommen, führte sie in Rückwärtsfahrt (Tender voraus) den Gegenzug 7538 um 12.26 Uhr wieder zurück, der dann jedoch bis Lauda lief (Lauda an 12.58 Uhr, Streckenlänge 21 km). Bei dieser Aufnahme wurde das Personal der Vorspannlok gebeten, ohne Feuern auszufahren. Der Heizer, ein Italiener, quittierte die Bitte des Verfassers, mit einem freundlichen Lächeln. Der Heizer der zweiten Lok durfte jedoch etwas Kohle auflegen, um den notwendigen Kontrast zu schaffen. Die Abfahrt in Edelfingen erfolgte genau um 11.41 Uhr. Ganz schwach kann man noch auf der Pufferbohle der ersten Lok das Datum der zuletzt durchgeführten Untersuchung erkennen:
Unt 14.12.72 (01.03.1975).

🔶 Abb. 131 - Auch der morgendliche Güterzug Dg 56 391 mit Lademaßüberschreitung war auf der Kursbuchstrecke 788 ein beliebtes Fotomotiv. Hier nehmen zwei 050er Anlauf, um die bald kommende Steigung zwischen Niederstetten und Schrozberg bewältigen zu können. Dieses Bild enstand im Vorbachtal kurz vor Vorbachzimmern. - Heute könnte diese Aufnahme schon wegen des fortgeschrittenen Baumwuchses nicht mehr gemacht werden. Interessant ist jedoch die Tatsache, dass die hier rechts oben gezeigte freie Wiese sowie die links zu sehende Streuobstwiese heute wieder mit Reben bepflanzt sind. Vorbachzimmern gehört bereits seit einigen Jahren zur Weingärtnergenossenschaft Markelsheim. Dort wird das herbstliche Lesegut aus Silvaner, Bacchus, Riesling und anderen Rebsorten hingeliefert und in anständige Weine verarbeitet (8.03.1975).

Zum großen 150jährigen Bahnjubiläum 1985 ließ die DB die 23 105 wieder betriebsfähig aufarbeiten und setzte sie vor vielen Sonderzügen ein (siehe Seite 298). Heute sind die Fristen der Lok schon längst wieder abgelaufen, sie ist nun als Leihgabe im Süddeutschen Eisenbahnmuseum in Heilbronn hinterstellt.

Die 23 042 hat eine neue Heimat im Eisenbahnmuseum Darmstadt-Kranichstein gefunden und wird von dort aus vor Sonderzügen eingesetzt. Die Maschinen 23 023, 23 071 und 23 076 wurden nach den Niederlanden verkauft und erfreuen sich dort großer Beliebtheit. Sie werden alle drei vor Sonderzügen eingesetzt.

🔺 Abb. 132 - Nahverkehrszug 2722 auf dem Weg von Weikersheim nach Bad Mergentheim und weiter nach Lauda, fotografiert auf der Tauberbrücke bei Weikersheim. Die 023er fährt Tender voraus und darf damit nur eine Höchstgeschwindigkeit von 85 km/h fahren. Dass der auf der Lok tätige Heizer sein Handwerk nicht überzeugend beherrscht, sieht man am kohlegeschwärztem Abdampf. Der hier auf der Tauberbrücke fahrende Zug hat Weikersheim um 12.28 Uhr verlassen. Aufgrund des Qualms kann man vermuten, dass der Heizer schon vor der Abfahrt viel zu viel Kohle in die Feuerbüchse geschippt hat und damit das Feuer erst einmal durchbrennen muss. So kann das Feuer auch keine Leistung durch Strahlung abgeben. Die Lok muss mit der Kesselreserve anfahren. Nur gut, dass die Last von vier Umbauwagen B3yg einschließlich Verkehrsgewicht nicht einmal auf 100 t kommt (März 1974).

Abb. 133 - Die schweren und ellenlangen Güterzüge von Heilbronn nach Schwäbisch Hall (Kursbuchstrecke 786) wurden meistens mit zwei Heilbronner 050er gefahren. Im Bild sehen wir 052 218-5 und eine Schwestermaschine beim Anfahren des Zuges nach einem Signalhalt , aufgenommen zwischen den Orten Öhringen und Neuenstein und Streckenkilometer 31.6. Das Hauptsignal zeigt die Stellung Hp 2, d.h. freie Fahrt mit Geschwindigkeitsbeschränkung auf 40 km/h. – Der Heizer auf der ersten Lok hätte mit seinem Outfit auch als Statist in einem historischen Film auftreten können auf der Pufferbohle sind die Angaben zur letzten Hauptuntersuchung abzulesen: Unt. Bwg. 10.04.1973. (März 1974).

5.4 Unterwegs in Baden-Württemberg

Die Ausflüge in den Süden von Württemberg, Hohenzollern und über die Grenze nach Baden galten den letzten „Preußen", die noch vor Regelzügen ihren Dienst verrichteten oder „Zugpferd" zahlreicher Sonder- und Abschiedsfahrten waren. Neben den stets hilfsbereiten Mitarbeitern der Deutschen Bundesbahn haben sich die Eisenbahnfreunde Zollernbahn e.V. in Rottweil, der Eisenbahn-Kurier e.V. in Freiburg sowie die Ulmer Eisenbahnfreunde e.V. in Ulm für die Organisation und Durchführung von Sonderfahren besonders hervorgetan. Auch die Bundesbahndirektionen in Stuttgart und Karlsruhe waren immer kooperativ und gegenüber diesen Abschiedsfahrten stets positiv eingestellt.

Bei dem folgenden Bilderbogen steht der Regelbetrieb der letzten Personenzuglokomotiven der Baureihen 038 (38) und 078 (78) im Vordergrund. Die ehemalige preußische P 8 in der Achsfolge 2'Ch2 und die ebenfalls aus den Preußischem Stall kommende T 18 mit der Achsfolge 2'C2'h2 waren nur noch in wenigen Exemplaren vorhanden, doch fast täglich im Einsatz zu erleben.

Mit dem Beginn des Sommerfahrplanes am 3. Juni 1973 waren die letzten drei P 8 zuvor in Tübingen abgezogen und in Rottweil beheimatet worden. Es waren 038 382-8, 038 711-8 und 038 772-0, denen wir

▲ Abb. 134 - Die Preußische P 8 als Lok 038 382-8 im Bw Freudenstadt. Vor rund einer Stunde war sie mit dem Eilzug E 1949 von Eutingen nach Freudenstadt um 11.42 Uhr eingetroffen und steht nun für Aufnahmen zur Verfügung.

alle noch einmal auf den kommenden Seiten begegnen werden. Neben diversen Nahverkehrszügen waren die P 8 auch noch vor Eilzügen eingesetzt. Die Eilzüge E 1946 von Freudenstadt nach Eutingen (Freudenstadt ab 7.21 Uhr, Eutingen an 7.44 Uhr, Streckenlänge 30 km) sowie der Gegenzug E 1949 (Eutingen ab 11.07 Uhr, Freudenstadt an 11.42 Uhr) wurden von der Rottweiler P 8 geführt. Die zwei letzten T 18, die zum Anfang des Sommerfahrplanes 1973 noch in Rottweil stationiert waren, konnten im Personen- und Güterzugdienst zwischen Rottweil und Tübingen verfolgt werden.

So fuhr der Personenzug 3924 in Rottweil um 6.05 Uhr ab und kam um 7.39 Uhr in Tübigen an. Der Gegenzug 3937 verließ Tübingen um 12.11 Uhr und kehrte um 14.03 Uhr wieder nach Rottweil zurück (Streckenlänge 75 km). Als Güterzugleistung der T 18 ist der Ng 17 255 zu erwähnen, der von Tübingen nach Horb gefahren wurde. Weiterhin sind die Personenzüge 3915, 3916, 3919 und 3920 zu nennen, die zwischen Rottweil und Villingen (Kursbuchstrecke 741) gefahren wurden. Für alle diese Leistungen kamen 078 246-7 und 078 192-2 zum Einsatz. Leider wurde die 078 192-2 am 7. Juni 1973 z-gestellt und kam später als Heizlok zum Bw Tübingen.

Abb. 135 - Hier sehen wir 038 832-8 vor dem Eilzug E 1949 von Eutingen nach Freudenstadt bei Streckenkilometer 14 und rund einen Kilometer vor der Station Schopfloch. Der Lokführer hat den Regler bereits geschlossen und rollt nur noch mit Schwung dem Bahnhof entgegen. Der Heizer blickt freundlich reserviert durch das sauber geputzte Führerhausfenster. Im Bedarfsfall könnte das Bundeskriminalamt anhand dieses Fotos den Heizer identifizieren. – Auch der Pufferbohle kann man das Datum der letzten Untersuchung ablesen: Unt Tr 21.7.70.

Erwähnenswert dürfte auch die Tenderlokomotive 064 491-4 sein, die von Crailsheim temporär nach Rottweil ausgeliehen wurde. Diese Lok wurde nicht nur vor Bauzügen eingesetzt, sondern kam zuweilen auch vor Reisezügen zum Einsatz. Auch vor Sonderzügen leistete sie gute Dienste, wie wir hier später noch sehen können.

Eine weitere, betrieblich hoch interessante und landschaftlich reizvolle Bahnlinie führte von Hausach im Kinzigtal nach Freudenstadt. Die Kursbuchstrecke 722 begann in Gegenrichtung in Hausach auf 241 m Höhe und endete nach 39 km auf 713 m Höhe in Freudenstadt. Die größten Steigungen befanden sich im 25 km langen Abschnitt zwischen Schiltach und Freudenstadt. Im Durchschnitt mußten hier 15,5 ‰ überwurden werden, zwischen den Bahnhöfen Schiltach (325 m) und Loßburg-Rodt (664 m) sogar über 17,8 ‰ Steigung. Rechnet man noch den Kurvenwiderstandsbeiwert dieser Strecke hinzu, mußten die dort eingesetzten P 8 Steigungen von rd. 20 ‰ bewältigen. – Meistens hatten die braven Preußen, wie die Lokomotiven der Baureihe 038 genannt wurden, nur vier bis fünf Umbauwagen vom Typ B3yg

am Haken. Einschließlich Verkehrsgewicht bedeutet dies rund 105 t, eine Last, mit der die P 8 nach der Leistungstafel für Dampflokomotiven die 20 ‰ Steigung mit einer Geschwindigkeit von rund 50 km/h befahren kann.

Noch im Winterfahrplan 1972/73 wurden die Personenzüge 3962 (Hausach ab 9.08 Uhr) und 4142 (Hausach ab 16.15 Uhr) mit P 8 gefahren. Im nachfolgenden Sommerfahrplan 1973 kam sogar noch der Personenzug 4138 hinzu, der in Hausach um 13.06 Uhr abfuhr.
Die Kursbuchstrecke 722 war eine Hauptbahn, die ab Hausach von der Schwarzwaldbahn abzweigte und nach Freudenstadt führte. Die bekannte Schwarzwaldbahn von Offenburg über St. Georgen, Villingen, Donaueschingen und Singen nach Konstanz (Streckenlänge 179 km) war die Schwarzwaldüberquerung schlechthin. Diese zweigleisig angelegte Schwarzwaldbahn erreichte ihren Brechpunkt in 832 m Höhe bei Sommerau. Die steilste Streckenabschnitt befand sich zwischen den Bahnhöfen Hornberg (384 m) und Triberg (616 m) und wies über eine Länge von 13 km im Mittel eine Steigung von 17,85 ‰ auf. Die früher dort eingesetzten Personenzuglokomotiven der Baureihe 039, ehemals P 10 der Preußischen Staatsbahn, hatten bei diesen Anforderungen keinen leichten Dienst und mußten in vielen Fällen eine Vorspann- oder Drucklok erhalten. Auch auf dieser Strecke wurden die

🔺 Abb. 136 - 078 192-2 führt den Personenzug 3915 von Rottweil nach Villingen, aufgenommen zwischen Lauffen und Deißlingen, im Hintergrund der Abzweig nach Tuttlingen. Die Last von vier Umbauwagen B3yg sowie ein Güterwagen bedeuten für diese 2'C2'h2-Tenderlokomotive mit einer indizierten Leistung von 1.140 PS keine große Anstrengung. Nach der Leistungstafel für Dampflokomotiven kann sie einen 365 t schweren Schnellzug (ca. neun Schnellzugwagen) in der Ebene mit 100 km/h oder auf einer Steigung von 10 ‰ mit noch 55 km/h befördern. Die hier vorhandene Anhängelast (einschließlich Verkehrsgewicht) von 100 t scheint die Lok kaum zu spüren. – Die 27 km lange Strecke von Rottweil nach Villingen wurde in 34 min gefahren, wobei vier Zwischenhalte vorhanden waren. Die Durchschnittsgeschwindigkeit lag somit bei rund 47,7 km/h.

letzten P 8 eingesetzt, allerdings nur bei Sonderfahrten und stets von einer Brennkraftlokomotive der Baureihe 220 oder 221 als Drucklok begleitet.

So geschehen am 29. April 1973, an dem der Kölner Eisenbahn Club (KEC) eine Sonderfahrt mit der P 8 bzw. 038 772-0 mit Zug Nr. E 40 421 organisierte, die auch über die Schwarzwaldbahn führte. Schublokomotive für den fünf alte Eilzugwagen umfassenden Sonderzug war damals die Villinger 220 032-7. In ihrem weiteren Verlauf führte diese Sonderfahrt bis nach Trossingen. Dort konnten die Eisenbahnfreunde die P 8 und die dazu gestoßene T 18 78 246 in verschiedenen Aufstellungen fotografieren. Bei der Weiterfahrt diente die 78 246 als Vorspannlok.

Besondere Aufnahmen konnten auch in Bahnbetriebswerken erstellt werden. Dies gilt insbesondere für die Bw Tübingen, Rottweil und Horb (Außenstelle). Gerne stellten die dortigen Dienststellenleiter Lokführer ab, die dann die angefragten Lokomotiven in die gewünschten Positionen brachten und auch kurze Scheinanfahrten inszenierten. So wurde im Bw Rottweil für die Aufnahme der 78 246 wieder die Linhof Super Technika 9x12 auf das Führerhausdach einer Güterzuglokomotive der Baureihe 050 (50) gehievt, um die gewünschte Perspektive für die Lokomotive auf der Drehscheibe realisieren zu können. Alle

Beteiligten sei auf diesem Wege noch einmal gedankt, auch wenn sie nach ganzen 40 Jahren vielleicht nicht mehr auf dieser Welt weilen sollten. Jedenfalls haben sie in dankenswerter Weise mitgeholfen, den zu Ende gehenden Dampfbetrieb in Deutschland für die Nachwelt in würdiger Form zu dokumentieren!

Für den Statistiker haben wir von einigen in diesem Kapitel gezeigten Lokomotiven den Lebenslauf nachgezeichnet. Hierzu gehören die Schleppentenderlokomotiven 24 009, 23 058, 038 711-8 (38 3711), 038 772-0 und 078 246-7 (78 246) nachgezeichnet.

Schlepptenderlokomotive 24 009

Zu den populärsten Lokomotiven auf Deutschlands Schienen darf diese aus dem Jahre 1928 stammende Personenzuglok der Baureihe 24 009 gerechnet werden. Fast in allen Regionen des Bundesgebietes diente sie bereits als „Zugpferd" vor Sonderzügen, die nicht nur ausschließlich für Freunde der Eisenbahn veranstaltet wurden, sondern beispielsweise auch bei Betriebsausflügen eine besondere Note, einen Hauch von der guten alten Zeit, vermittelten. – Der Wunsch nach einer eigenen, betriebsfähigen Lokomotive wurde von vielen Vereinsmitgliedern schon seit langer Zeit gehegt. Die bei der Bundesbahn noch im Dienst stehenden Maschinen kamen aber aus verschiedenen Gründen nicht in Frage. Die Schleppentenderlokomotiven waren zu groß und damit in der Unterhaltung zu teuer, die kleineren Tenderlok in Höchstgeschwindigkeit und Aktionsradius zu sehr beschränkt. So fiel der Blick auf den Maschinenpark der Deutschen Reichsbahn. Der endgültige Kaufentschluß reifte dann auf dem MOROP-Kongreß 1971 in Dresden durch die dort ausgestellte und vorgeführte Schwestermaschine 24 004. An eine baldige Übernahme der später ausgesuchten 24 009 war jedoch nicht zu denken, da die damalige Reichsbahnforderung noch auf DM 50.000,- lautete. Fortschritte in der politischen Entspannung zwischen Ost und West erleichterten schließlich auch diesen

Abb. 137 - An diesem schönen Morgen wurde der Nahverkehrsschnellzug N 3906 von Villingen nach Rottweil von der Rottweiler 78 246 übernommen (Villingen ab 8.40 Uhr, Rottweil an 9.15 Uhr, Kursbuchstrecke 741). Unser Bild zeigt den Halt im Bahnhof Deißlingen um 9.05 Uhr. Die Morgensonne hatte gerade den Frühnebel etwas vertrieben, so daß die Zuglok mit ihren sechs Umbauwagen mit ausreichendem Licht von der Großformatkamera aufgenommen werden konnte. – Die Ausschnittsvergrößerung zeigt eine junge Dame mit dem damals typischen Hosenschnitt beim Einsteigen. Es kann nicht übersehen werden, daß die junge Lady den aufmerksamen Zugführer kontaktiert hat, bevor sie in diesen Zug stieg. Wie diese junge adrette Lady wohl heute aussehen mag? (März 1974).

Handel und führten nach abschließenden Verhandlungen in Ostberlin zu einem Verkaufspreis von DM 31.500,-.

Am 9. September 1972 dampfte dann die 24 009 mit eigener Kraft über die DDR-Staatsgrenze in Oebisfelde bei Hannover und wurde dort vom vereinseigenen Lokomotivführer Jörg Sekund, von Beruf Bundesbahnamtmann, im Empfang genommen. Nach technischer Abnahme durch das Maschinenamt in Braunschweig und das Bw Lehrte wurde die 24 009 für betriebsfähig erklärt und das Signal für Sonderfahrten somit auf Grün gestellt.

Von F. Schichau 1928 unter der Fabriknummer 3124 hergestellt, wurde die Personenzuglokomotive 24 009 der Deutschen Reichsbahn am 27.4 geliefert und von dieser am 15.5.1928 abgenommen. Der damalige Lieferpreis belief sich auf 122.980,- RM. Über die verschiedenen Stationierungen gibt das Betriebsbuch Auskunft: Neustettin

Abb. 138 - 78 246 auf der Drehscheibe des Bahnbetriebswerkes Rottweil. Die Computer-Nummer 078 246-7 wurde auf Wunsch der Besteller von diversen Sonderzügen durch die ursprüngliche Nummer 78 246 ersetzt (schwarz übermalt). Diese Aufnahme in Großformat wurde vom Führerhausdach einer Rottweiler 050er erstellt. Dazu mußte die Linhof Super Technika mit ihrem schweren Stativ über den Schlepptender der Lok auf das Führerhausdach gehievt und dort aufgestellt werden. – Auf diesem Bild kann jedes Detail dieser Lokomotive erkannt werden. Der Baum rechts hinten läßt erkennen, daß der Monat April gekommen ist. Der Lebenslauf dieser Maschine ist im Einführungstext zu finden (April 1974).

▲ Abb. 139 - Im Winterfahrplan 1972/73 hatte das Bw Tübingen noch die preußische P 8 im Bestand. Im Bw Tübingen half ein freundlicher Lokführer dem Verfasser, die 038 711-8 ins richtige Licht zu setzen. Daß bei diesen Aktivitäten gleich noch der Kessel abblies, war nicht geplant. Die Lebensgeschichte dieser Lok ist in Einführung dieses Kapitels verewigt (23.03.1973).

▶ Abb. 140 - Personenzug 4142 von Hausach nach Freudenstadt (Hausach ab 16.15 Uhr, Freudenstadt an 17.19 Uhr) verläßt mit 038 382-8 und vier Umbauwagen Hausach. Der freundlich lächelnde Lokführer fuhr ohne Feuern aus, um die ohnehin grenzwertigen Lichtverhältnisse nicht noch zu verschlechtern. Auch herrschte ein unangenehmer Wind aus nördlicher Richtung, der den Abdampf der Lokomotive in die Fotorichtung trieb. – Weil zu diesem Augenblick nur Lichtwert 13 möglich war, wurde die Linhof Super Technika mit einer Verschlußzeit von 1/250 sec ausgelöst.
Auch der Werdegang dieser Lokomotive ist im Einführungsteil dieses Kapitels nachzulesen. – Die Weidekätzchen und das erst Grün verraten uns den kommenden Frühlingsanfang (März 1973).

vom 16.5.1928 bis zum 23.2.19131, Plattling vom 3.4.1931 bis zum 30.03.1943, Landshut vom 31.3.1943 bis zum 2.7.1944, Regensburg vom 3.7. bis 30.11.1944, Graudenz ab 5.12.1944, Berlin Bw Potsdamer Bf vom 8.8.1947 bis zum 27.5.1948, Jüterbog vom 5.10.1949 bis zum 20.1.1950, Berlin Anhalterbahnhof vom 21.1. bis 2.11.1950, Berlin-Schöneweide vom 3.11.1950 bis zum 11.6.1952, Halle Pbf vom 12.6.1952 bis zum 10.5.1954, Berlin-Schöneweide vom 11.5.1954 bis 31.1.1955, Frankfurt/ Oder Pbf vom 1.2.1955 bis zum 14.7.1956, Oschersleben vom 15.7.1956 bis zum 13.5.1957, Jerichow vom 14.5.1957 bis zum 8.5.1972, Güsten vom 9. bis zum 31.5.1972, Dresden vom 1. bis zum 22.6.1972, Güsten vom 23.6 bis zum 29.7.1972 und schließlich Halberstadt vom 30.7. bis 8.9.1972.

Bereits am 18.11.1972 konnte die nun auf Bundesbahngleisen heimische 24 009 ihre erste Sonderfahrt absolvieren; sie führte den Sonderzug von Siegen über Finnentrop-Bestwig nach Brilon und über Korbach – Frankenberg (Eder) – Erndtebrück zurück nach Siegen. Zahlreiche weitere Aktionen folgten.

Im Frühjahr 1974 erhielt die 24 009 im AW Trier eine Hauptuntersuchung (Unt. Tr. 19.4.1974) und ging kurz darauf wieder auf „große Fahrt“..

Auf Seite 195, Abb. 146 sieht man die 24 009 am 21. April 1974 vor dem Sonderzug Stuttgart – Freudenstadt – Hausach und zurück in voller Fahrt zwischen Böblingen und Herrenberg.

Schlepptenderlokomotive 23 058 (023 058-1)

Die Schlepptenderlokomotive 23 058 (023 058-1)beendete mit einer großen Rundfahrt am 28.12.1975 die Ära der Baureihe 23 und verabschiedete sich zunächst einmal von den Eisenbahnfreunden. Zu welchem Zeitpunkt und auf welcher Strecke der beabsichtigte Museumsbahnbetrieb wieder aufgenommen werden soll, blieb damals noch offen. – Die von Krupp unter Fabriknummer 3446 gebaute 23 058 wurde am 10.06.1955 von der Deutschen Bundesbahn abgenommen. Ein Auszug aus dem Betriebsbuch weist folgende Standorte nach: Mainz vom 11.6.1955 bis zum 2.6.1958, Kaiserslautern vom 3.6.1958 bis zum 31.5.1959, Bingerbrück vom 1.6.1959 bis zum 27.5.1961,

Abb. 141 - Die beiden letzten preußischen Tenderlokomotiven T 18 haben in ihrem Heimat-Bw Rottweil Paradeaufstellung eingenommen. Interessant ist auch das Datum von der letzten Untersuchung (Ausbesserung), die auf der Pufferbohle festgehalten ist. Bei der 078 246-7 (78 246) kann man „Unt. Tr. 30.7.70" ablesen. Welche Ausbesserungsstufe diese Lok erhalten hat, ist nicht erkennbar. Die 078 192-2 hat die Aufschrift „Unt L2 Tr. 5.6.67". Zur Dampflokzeit konnte im Regelfall eine Lokomotive nach einer Untersuchung wieder vier Jahre in Betrieb bleiben, wobei diese Frist zweimal um ein Jahr verlängert werden konnte. Spätestens nach sechs Jahren Einsatz mußten die Dampflokomotiven somit wieder erneut ins Ausbesserungswerk (AW). Am Beispiel der 078 192-2 lassen sich die Fristen nachvollziehen. Die letzte Untersuchung ist auf den 5.6.1967 datiert, am 7. Juni 1973 wurde diese Lok z-gestellt, also von der Ausbesserung zurückgestellt. Die zuvor genannten sechs Jahre waren abgelaufen (März 1973).

Kaiserslautern vom 28.5.1961 bis zum 2.6.1966 und Crailsheim vom 3.6.1966 bis zum 29.12.1975. Kurioserweise wurde die 023 058-1 laut Verfügung vom 1. Dezember 1975 bereits zum 22.12.1975 ausgemustert, jedoch erst zwei Tage nach der genannten letzten Fahrt am 28.12.1975 z-gestellt (30.12.1975). Die Ausmusterung von der z-Stellung erfolgte aus statistischen Gründen: Zum Jahreswechsel 1975/76 mußten eben alle Maschinen der Baureihe 023 ausgemustert sein.

Schlepptenderlokomotive 038 772-0

Schon zwei Jahre, bevor die preußische Personenzuglokomotive 038 772-0 (ehemalige 38 1772) von der Deutschen Bundesbahn ausgemustert wurde, war sie der Star zahlreicher Sonderzüge.
Bei Schichau unter Fabriknummer 2275 im Jahre 1915 gebaut, gelangte diese der Gattung P 8 zugehörige Maschine am 28.4.1915 zur KPEV und wurde unter der Betriebsbezeichnung „Königsberg 2459" in Dienst gestellt. Da über die ersten Betriebsjahre keine Aufzeichnungen mehr vorliegen, können die Standorte der zuerst im Bereich der KED Königsberg eingesetzten Lokomotive erst ab 1926 genau nachgewiesen werden: Königsberg Hbf vom 15.10.1926 bis zum 27.6.1928, Berlin-Gesundbrunnen vom 28.6.1928 bis zum 11.7.1932, Mainz vom

Abb. 142 - Im Jahre 1974 hatten sich die Eisenbahnfreunde Zollernbahn e.V. vorgenommen, den bald zu Ende gehenden Dampflokbetrieb bei der DB in gebührender Weise zu würdigen. Dazu gehörten auch Abschiedsfahrten, die am 6. und 7. April 1974 stattfanden. Beteiligt an diesem Programm waren die drei Tenderlokomotiven 064 419-6, 064 491-4 und 078 246-7. Am ersten Tag, einem Samstag, ging es von Tübingen über Ebingen nach Onstmettingen und zurück. Hier sehen wir den vollbesetzten Sonderzug mit 064 491-4 und 078 246-7 bei der Ausfahrt in Bisingen (06.04.1974).

12.7.1932 bis zum 20.11.1941, Bingerbrück vom 6.12.1941 bis zum 15.3.1942, Mainz vom 16.3. bis zum 5.7.1942, Worms vom 6.7.1942 bis zum 27.7.1943, Mainz vom 28.7.1943 bis zum März 1945, abgestellt in Zollhausen bis zur Ausbesserung L3 am 16.3.1947, Darmstadt vom 17.3.1947 bis zum 1.10.1963, Heilbronn vom 2.10.1963 bis zum 22.9.1965, Crailsheim vom 23.9.1965 bis zum 14.6.1966, Ulm vom 15.6.1966 bis zum 29.5.1967, Tübingen vom 30.5.1967 bis zum 2.6.1973 und Rottweil vom 3.6.1973 bis zur Ausmusterung am 1.1.1975. Die z-Stellung entfiel, da die 038 772 betriebsfähig ausgemustert und verkauft wurde. – Abschied von ihrem süddeutschen Einsatzraum nahm diese P 8 zum Ende des Jahres 1974 mit zwei Sonderfahrten. Am 29.12.1974 befuhr sie zusammen mit der Tenderlokomotive 78 246 die Strecke Tübingen – Sigmaringen – Tuttlingen und zurück. Am 31.12. führte sie einen Sonderzug von Rottweil über Singen nach Basel und retour. Ihre letzte Planleistung vollbrachte sie am

● Abb. 143 - Für die auf dem Bild links gezeigte Sonderfahrt mußten die Lokomotiven 078 246-7 und 064 491-4 frühmorgens von Horb nach Tübingen überführt werden. Hier sehen wir die beiden Lokomotiven als Lz (Lokzug) in voller Fahrt durch das Neckartal eilen, aufgenommen bei Talhausen, Streckenkilometer 119 (06.04.1974).

Tag dazwischen mit dem Personenzugpaar 5923 / 5926 von Rottweil nach Tuttlingen und zurück.

Zum 20.1.1975 erwarb der Hamburger Eisenbahnfreund Walter Greiffenberger die 038 772 und ließ sie nach Hamburg überführen. Am 13.2.1975 verließ die Lok mit eigener Kraft Rottweil und gelangte über Heilbronn nach Würzburg. Am nächsten Tag ging es über Bebra und Göttingen weiter nach Lehrte. Am Samstag, dem 15.2.1975, fuhr die 038 772 nach Hannover zurück und übernahm dort auf ihrem Weg nach Norden einen mit rund 450 Eisenbahnfreunden besetzten Sonderzug. Die Fahrt führte weiter über Walsrode / Soltau nach Uelzen. Hier wurde der Zug abgespannt und das Feuer der Lok endgültig gelöscht. Am Montag, dem 17.2.1975, nahm eine elektrische Lokomotive die nun kalte P 8 in Schlepp und brachte sie den letzten Wegabschnitt nach Hamburg. Zur Freude der Eisenbahnfreunde wurde die 038 772 am 20.2.1975 bereits im Museums-Bw Hamburg-Rothenburgsort nochmals angeheizt und im Bereich der Schuppengleise hin und her bewegt.

Nach einer Wiederinbetriebnahme verunglückte sie 1993 beim Einsatz auf der Sauschwänzlebahn. Heute steht sie als rollfähiges Lokomotivdenkmal zur Verfügung.

Schlepptenderlokomotive 038 711-8

Die spätere 038 711-8 wurde von Henschel unter der Fabriknummer 13211 hergestellt und unter der preußischen Gattung P 8 zugehörige Personenzuglokomotive am 19.2.1922 von der Deutschen Reichsbahn abgenommen und unter der alten Bezeichnung „Hannover 2591" in Dienst gestellt. Erst drei Jahre später erhielt sie dann die neue Reichsbahnnummer 38 3711, gleichzeitig begannen zu diesem Zeitpunkt auch die Aufzeichnungen im Betriebsbuch. Die 38 3711 war an folgenden Orten stationiert: Bingerbrück vom 22.12.1925 bis zum 13.1.1930, Darmstadt vom 14.1.1930 bis zum 19.6.1940, Bochum Langendeer vom 20.6. bis zum 24.8.1940, Darmstadt vom 25.8.1940 bis zum 11.4.1948, Friedberg vom 12.4.1948 bis zum 7.6.1950, Darmstadt vom 8.6. bis zum 27.7.1950, Friedberg vom 28.7. bis zum 7.10.1950, Frankfurt /M. 1 vom 8.10.1950 bis zum 23.7.1958, Hanau vom 24.7.1958 bis zum 27.5.1963, Darmstadt vom 28.5.1963 bis zum 11.8.1964, Crailsheim vom 12.8.1964 bis zum 9.3.1967, Heilbronn vom 10.3.1967 bis zum

Abb. 144 - Am zweiten Tag, dem 7. April 1974, einem Sonntag, verlief die Sonderfahrt von Tübingen über Sigmaringen nach Friedrichshafen und zurück. Im Bild sehen wir den Sonderzug der Eisenbahnfreunde Zollernbahn e.V. in voller Fahrt bei Gomaringen (Streckenkilometer 10.1). Die Zuglokomotiven 064 491-4 und 078 246-7 haben alles zu tun, um den 10 Wagen umfassenden und vollbesetzten Zug nach Fahrplan zu befördern (07.04.1974).

11.10.1968, Tübingen vom 12.10.1968 bis zum 2.6.1973 und Rottweil vom 3.6.1973 bis zur z-Stellung am 20.2.1974 bzw. Ausmusterung am 9.6.1974. Bereits seit dem Jahre 1968 hatte sie die Computer-Nummer 038 711-8 geführt. – Die schon abgestellte Lok wurde auf Grund einer Sondergenehmigung der DB rund zwei Monate danach noch einmal hergerichtet und durfte unter der Bezeichnung 38 2383 am 28.4.1974 einen Sonderzug des „Kölner Eisenbahn Club" (KEC) auf der Strecke Rottweil – Weinfelden – Wil und retour führen. Schließlich am 6.5.1974 verließ die wieder mit 038 711-8 benummerte Lok mit eigener Kraft für immer ihr letztes Heimat-Bw Rottweil und dampfte gegen Norden. Zwei Tage später traf sie im Bw Seelze ein und wurde dort abgerüstet. Am nächsten Tage wurde die 038 711-8 schließlich ausgemustert.

Tenderlokomotive 078 246-7 (78 246)

Selten gelangte eine Tenderlokomotive zu einem so hohen Bekanntheitsgrad wie die 78 246. Sie war nicht nur der Star zahlreicher Sonderfahrten und Motiv unzähliger Fotoschnappschüsse, sondern stand

Abb. 145 - Am 29.04.1973 führte der Kölner Eisenbahn Club (KEC) eine Sonderfahrt durch, die mit der Zuglok 038 772-0 zunächst von Tübingen nach Hausach und von dort über die Schwarzwaldbahn nach Villingen führte (Gesellschafts-Sonderzug E 40 421). Bis dorthin diente die Villinger Brennkraftlokomotive 220 032-7 als Schiebelok. Sie hatte sich in Hausach hinter den Zug gesetzt. In Villingen durfte dann die Tenderlokomotive 078 246-7 Vorspanndienste übernehmen. Von Villingen ging es weiter nach Rottweil und dann zurück nach Tübingen. Unser Bild zeigt die Ausfahrt Trossingen bei Streckenkilometer 11.2 (29.04.1973).

Abb. 146 - Am Sonntag, dem 21.04.1974, veranstalteten die Eisenbahnfreunde Zollernbahn e.V. gemeinsam mit dem Eisenbahn Kurier e.V. eine bemerkenswerte Sonderfahrt. Mit der neu untersuchten, d.h. frisch ausgebesserten Zuglok 24 009 ging es zunächst von Stuttgart über Böblingen nach Freudenstadt. Von dort aus lief der Zug hinunter nach Hausach im Kinzigtal und Gutach. Im Anschluß ging es die gleiche Route wieder zurück. Auf unserem Bild sehen wir die neu ausgebessert 24 009 in voller Fahrt zwischen Böblingen und Herrenberg. Die Masten für die geplante Oberleitung sind bereits aufgestellt, bald werden hier die elektrischen Triebfahrzeuge das Sagen haben. Die Aufschrift auf der Pufferbohle lautet übrigens wie folgt: „Unt. Tr. 19.4.74".

⬆ Abb. 147 - 078 246-7 (78 246) führt einen sechs Wagen umfassenden Personenzug durch das Neckartal, aufgenommen nahe des Ortes Ergenzingen bei Streckenkilometer 118.9. Die Route von Horb nach Herrenberg gehört zur Kursbuchstrecke 740 von Singen nach Stuttgart (März 1973).

🔺 Abb. 148 - An diesem schönen Oktobertag wurde der Personenzug 3977 von Freudenstadt nach Hausach (Kursbuchstrecke 722) von der Tübinger 038 772-0 geführt. Dieser Zug verließ Freudenstadt um 14.04 Uhr und erreichte Hausach um 14.56 Uhr. Unser Bild zeigt die Ausfahrt von Wolfach, planmäßig um 14.51 Uhr (06.10.1972).

Abb. 149 - Der Kölner Eisenbahn Club (KEC) veranstaltete am 29.04.1973 eine Sonderfahrt, die zuerst von Tübingen über Freudenstadt nach Hausach ging. Weiter führte die Fahrt über die Schwarzwaldbahn und anschließend über Villingen und Horb wieder zurück nach Tübingen. Unser Bild zeigt den Halt im Bahnhof Horb, gleich geht die Fahrt nach Rottweil weiter. – Das Bild links zeigt die Aufschrift von der letzten Untersuchung der 038 772-0: „Unt Tr 24.2.70". Mit der erlaubten Fristverlängerung hätte die Lokomotive theoretisch bis zum 24.2.1976 in Betrieb bleiben können.

Abb. 150 - Noch im Frühjahr 1973 (Winterfahrplan 1972/73) fuhren die Tübinger P 8 die Personenzüge von Freudenstadt nach Hausach im Kinzigtal und zurück. Erst mit dem Beginn des am 03.06.1973 beginnenden Sommerfahrplanes 1973 kamen die letzten preußischen P 8 038 382-8, 038 711-8 und 038 772-0 zum Bw Rottweil, da zu dem genannten Datum das Bw Tübingen dampflokfrei geworden war. – Unser Bild zeigt den Personenzug 3977 von Freudenstadt nach Hausach kurz vor Wolfach (März 1973).

kurz vor ihrer Ausmusterung noch täglich vor Personen- und Güterzügen im Einsatz. Zeitweise zog ihr letztes Heimat-Bw Rottweil die Eisenbahnfreunde so magisch an, daß man dort aus Gründen der Betriebssicherheit zeitweise Besuchsverbot erteilen mußte. Auch kam diese Lokomotive zu neuzeitlichen Fernsehehren. Am 22.5.1974, um 17.45 Uhr, sendete das ZDF den Film „Lokführer Giovanni", in dem die 78 246 in Aktion zu sehen war.

Die beschriebene Lokomotive wurde im Jahre 1922 von Vulcan unter der Fabriknummer 3772 gebaut. Sie gehörte zur früheren Gattung T 18 der KPEV und wurde von der Reichsbahn noch unter der Bezeichnung „Essen 8473" am 23.1.1922 abgenommen. Der damalige Beschaffungspreis betrug RM 101.100,-.

Bis zum Jahre 1924 war die später auf 78 246 umgenummerte Lokomotive in Recklinghausen stationiert. Die weiteren Einsatzorte, soweit nachweisbar, lauteten: Essen Hbf 13.3.1929 bis zum 20.6.1948, Dortmund Bhf vom 21.6.1948 bis zum 1.4.1953, wieder Essen Hbf vom 2.4.1953 bis zum 22.5.1966 (hierbei leihweise an Bw Hamm vom 7. bis 28.1.1959), Paderborn vom 23.5. bis zum 10.12.1966, Dillingen /Saar vom 11.12.1966 bis zum 31.5.1968, Hamburg-Altona vom 1.6.1968

bis zum 14.4.1969, Aalen vom 15.4.1969 bis zum 6.2.1970 und schließlich Rottweil vom 7.2.1970 bis zur z-Stellung am 30.12.1974.

Da nach der Ausmusterung dieser Lokomotive die Fristen für Kessel und Fahrwerk noch nicht abgelaufen waren, durfte sie dank einer Sondergenehmigung der DB am 14. Juni 1975 nochmal angeheizt werden. Am darauffolgenden Tage schob sie als ihren letzten Betriebseinsatz den mehrmals die „Schiefe Ebene" passierenden Sonderzug der UEF, geführt von 012 061 und 023 019, nach.
Heute gehört die 78 246 zur Fahrzeugsammlung des Deutschen Dampflok Museums in Neuenmarkt-Wirsberg.

Abb. 151 - Bereits auf der Abb. 146 auf Seite 195 ist dieser Sonderzug beschrieben, der am 24. April 1974 von den Eisenbahnfreunden Zollernbahn e.V. und dem Eisenbahn Kurier e.V. gemeinsam veranstaltet wurde. Diese Sonderfahrt begann in Stuttgart und führte dann über Böblingen, Freudenstadt, Hausach, Gutach, Hausach, Freudenstadt, Horb bis nach Tübingen. Der Fahrpreis betrug damals 29,- DM. – Als Zuglokomotiven waren die Tübinger 38 1772 (038 772-0) und die neu ausgebesserte (Unt. Tr. 19.4.74), dem Eisenbahn Kurier e.V. gehörende 24 009 geplant gewesen. Da die 038 772-0 seit April, dem Veranstaltungsmonat dieser Sonderfahrt, wegen eines schadhaften Radsatzes im Bw Rottweil abgestellt war, mußte die Tenderlokomotive 78 246 vom Bw Rottweil einspringen. – Unser Bild zeigt diesen Sonderzug auf der Rückfahrt von Hausach nach Freudenstadt in der Kurve vor Kirnbach (Streckenkilometer 2.8). Auf der Heizerseite der 24 009 schaut Klaus Bogenschütz, der damalige Vorsitzende der Eisenbahnfreunde Zollernbahn e.V., hinüber zum Lokführer Gerhard Moll, der auf der Lok 78 246 die Heizerdienste übernommen hat. Gerhard Moll war bei der DB als Dampflokführer tätig und gehörte zu den aktivsten Mitgliedern der DGEG (Deutsche Gesellschaft für Eisenbahngeschichte).

🔺 Abb. 152 - Auch ein Bild von einer Sonderfahrt der Ulmer Eisenbahnfreunde e.V. darf hier nicht fehlen. Diese vereinsinterne Fahrt fand am 18.12.1976 statt und führte auf der Route von Ulm nach Sigmaringen (Kursbuchstrecke 795) zunächst nach Schelkingen. Von dort ging es die schwäbische Alb hinauf nach Münsingen und Kleiengstingen. Im Bild sehen wir 86 346 vor drei „Donnerbüchsen" bei einer wohlgelungenen Scheinanfahrt nahe des Ortes Marbach.

🔺 Abb. 153 - Hier die dritte Szene der groß angelegten Sonderfahrt vom 24. April 1974, den die Eisenbahnfreunde Zollernbahn e.V. und der Eisenbahn Kurier e.V. gemeinsam durchgeführt hatten. Die beiden ersten Aufnahmen sind mit Abb. 146, Seite 195 und Abb. 150, Seiten 200/201 dokumentiert. Das hier abgedruckte Bild zeigt diesen Gesellschaftssonderzug auf der Strecke von Horb nach Freudenstadt kurz nach Dornstetten (Streckenkilometer 19.6). Nach Freudenstadt sind es nur noch fünf Kilometer. – Auf dem Führerstand lenkt Lokführer Gerhard Moll die Geschicke dieses Zuges.

Abb. 154 - Zum Abschied der Baureihe 023 (23) veranstalteten die Eisenbahnfreunde Zollernbahn e.V. (EFZ) am 28.12.1975 ein Dampflok-Happening mit verschiedenen Sonderzügen, das wohl als einmalig zu bezeichnen ist. Einer dieser Züge war mit der Lokomotive 23 058 bespannt, die zuvor schon in die Schweiz verkauft worden war (siehe Seite 171). Dieser Zug startete in Tübingen und fuhr über Hechingen, Balingen und Ebingen zunächst nach Sigmaringen, später weiter über Mengen und Ehingen nach Ulm. Unser Bild zeigt den morgendlichen, von 23 058 geführten Sonderzug auf der Steigung kurz hinter Hechingen. Als Schublok dient 051 543-8 vom Bw Rottweil, weil der acht Wagen umfassende und vollbesetzte Zug mit über 320 t Anhängelast auf dieser Steigung sowie jener bei Ebingen für die 23er alleine zu schwer gewesen wäre. Gerade auf dem Streckenabschnitt von Balingen nach Ebingen sind Steigungen vorhanden, die einschließlich des Kurvenwiderstandsbeiwertes über 15 ‰ liegen.

⬥ Abb. 155 - Die dritte Szene, die wir von dem am 24.04.1973 veranstalteten Sonderzug des Kölner Eisenbahn Clubs (KEC) hier abbilden, wurde im Bahnhof Trossingen aufgenommen. Die 78 246 diente diesem Zug als Verspannlok und wurde für ein Gruppenfoto auf das Nachbarglais rangiert. Das Personal der beiden Dampflokomotiven nutzt die Pause für einen kleinen Gedankenaustausch.

Abb. 156 - Die Schnellzuglokomotive 003 131-0 war zuletzt im Bw Ulm eingesetzt und bediente Eil- und Personenzüge in nördlicher Richtung bis nach Lauda und in südlicher Richtung bis nach Friedrichshafen. Mit dem Winterfahrplan 1971/72 schrumpften die Anzahl der Ulmer 003er immer mehr, so daß zum 1. Februar 1972 nur noch drei Maschinen im Dienst standen. Die letzte Fahrt der 003 131-0 fand am 23.05.1972 mit dem Personenzug 3343 von Friedrichshafen nach Ulm statt. Am folgenden Tag wurde sie von der Ausbesserung zurückgestellt. – Im Anschluß gelangte die Lokomotive nach München und diente dort im Bw München Hbf als Ausstellungsstück und als Werbung für die Olympischen Spiele 1972. Auf der Pufferbohle war die letzte Untersuchung abzulesen: „Unt: L2 24. 5. 66". Im Oktober 1972 wurde diese Lokomotive vom Kesselprüfer inspiziert und die Kesselfrist um ein Jahr verlängert. Am 11. Oktober 1972 durfte die 003 131-0 mit eigener Kraft wieder nach Ulm zurückkehren. Diese Fahrt verlief unter der Zug Nr. Lz 78461; in Nannhofen wurde ein Fotohalt eingelegt, bei dem auch dieses Bild entstanden ist.

5.5 In Oberbayern und Schwaben

Im Bereich der Bundesbahndirektion München ging Anfang der 70er Jahre bereits der Betrieb mit Dampflokomotiven zu Ende. Die Direktion wurde schon 1971 dampflokfrei. Alle Magistralen von und nach München waren ohnehin elektrifiziert und selbst die neuen Münchner S-Bahnen fuhren schon alle umliegenden Städte und Gemeinden mit Oberleitung an. Das letzte Bahnbetriebswerk, das noch Dampflokomotiven im Bestand aufwies, war das Bw Mühldorf (Oberbayern). Von dort kamen auch die letzten 050er, die ab und zu Leistungen bis nach München Ost brachten und dort auch als Reservelok hinterstellt warten.

Nur weil der Verfasser in Pullach bei München wohnt und so manche interessante Fahrten oder andere Aktivitäten in seinem näheren Einzugsgebiet stattfanden, sollte dieses kleine Kapitel in diesem Buche

Abb. 157 - Die letzte im Bereich der Bundesbahn Direktion München durchgeführte Sonderfahrt mit Dampftraktion fand am Ostermontag, den 19. April 1976, statt. Von der Eisenbahn Kurier e.V. eigenen 24 009 geführt, ging die Fahrt von München über Plattling nach Passau (Streckenlänge 191 km). – Diese Aufnahme entstand noch auf S-Bahn-Gleisen nahe Schleißheim. Da wegen der Nord-Süd-Ausrichtung dieser Strecke die morgendliche Sonne als Gegenlicht wirkte, wurde der hier gezeigte Zug mit 15 Computerblitzen ausgeleuchtet. Vom Lokführer Hofer, Bw Rottweil, sieht man nur die grüßende rechte Hand. – Hier noch ein Hinweis auf die links der Schiene aus hellen Schottersteinen gebildeten Strichlinien. Hier handelt es sich um Markierungen für das Auslösen der Linhof Super Technika 9x12. Die hintere Schottersteinlinie war für ein Objektiv mit 250 mm Brennweite, die vordere für ein Objektiv mit 180 mm Brennweite relevant. Bei einer Plattenkamera kann man nicht durch das Objektiv schauen, sondern muß sich Markierungen machen, um den richtigen Auslösepunkt für das Bild ersehen zu können.

nicht fehlen. – Im Bahnbetriebswerk München Ost, in dem auch das Maschinenamt München Ost, später München 3, angesiedelt war, wurden noch alle für den Dampflokbetrieb notwendigen Behandlungs- und Werkstatteinrichtungen vorgehalten. Amtsvorstand des Maschinenamtes München Ost war bis zu seiner Pensionierung der väterliche Freund und Mentor des Verfassers, Bundesbahnoberrat Johann B. Kronawitter, der an seinem 65. Geburtstag am 26.7.1971 in den Ruhestand verabschiedet wurde. Kronawitter begleitete den Verfasser stets gerne auf zahlreichen Eisenbahnaktivitäten. Die generelle Genehmigung zum Betreten und Benutzen von Bahnanlagen, die der Verfasser besaß, entsprachen seiner besonderen Sorgfaltspflicht. Seine sachkundige Begleitung sowie sein hoher Bekanntheitsgrad erleichterten oft die Durchführung von Sonderaktionen, zu denen u.a. die diversen Dampflokparaden gehörten. Andererseits hatten die bahnseitig Verantwortlichen stets ein Gefühl der Sicherheit, wenn Kronawitter den Verfasser

auf seinen Fotoreportagen begleitete und dafür sorgte, daß alle relevanten Sicherheitsvorschriften stets eingehalten wurden. – Der letzte unter DB-Regie durchgeführte Einsatz von Dampflokomotiven fand in der ersten Juniwoche 1975 auf dem Münchner Nordring statt. Zur Ermittlung des Zugkraft-/Geschwindigkeitsdiagramms der elektrischen Lokomotiven 182 207-2 führte die Versuchsanstalt des Bundesbahn Zentralamtes München (Versa Mü) Meßfahrten durch, bei denen die Dieselelektrische Lokomotive 202 004-8 (Henschel / BBC) sowie die Weidener Güterzuglokomotiven 044 404-2 und 044 427-3 als Bremslok fungierten. Nach ihrem letzten Einsatz am 03.06.1975 kehrten sie wieder in Heimat-Bw nach Weiden zurück (siehe auch Abb. 103 auf Seite 142).

Auch wenn vielleicht keine Sensationen zu erwarten sind, wird man sich an den folgenden fünf Bildern erfreuen können.

Abb. 158 - Laut Aussage vom Maschinenamt München 3 (ehemals München Ost) war die Mühldorfer 052 241-7 einer der letzten in München eingesetzten Dampflokomotiven. Meistens brachten sie Tankwagenzüge oder andere Ganzzüge von Mühldorf nach München. Bei dieser Aufnahme handelt es sich damit fast schon um ein historisches Bild. Die Lokomotive befindet sich offensichtlich noch in sehr gutem Zustand. Den Bügel der vorderen Kupplung hätte man an dem hierfür vorgesehenen kleinen Haken noch vorschriftsmäßig einbringen können (12.03.1971).

Abb. 159 - Der Krumbacher Verkehrsverein veranstaltete am 08.06.1975 eine Sonderfahrt, bei der die Tenderlokomotiven 64 289 und 86 436 den 14 Umbauwagen vom Typ B3yg umfassenden Zug am Haken hatten. Diese Fahrt ging von Krumbach über Mindelheim, Buchloe, Kaufbeuren und Marktoberdorf nach Füssen und zurück. Diese Fahrt wurde nicht nur aus Freude am Eisenbahnhobby durchgeführt, sondern besaß auch einen lokalpolitischen Hintergrund: Der Öffentlichkeit sollte verdeutlicht werden, welchen nachhaltigen Einfluß diese Bahnverbindung auf Wirtschaft und Fremdenverkehr ausübt. – Im schönsten Morgenlicht hat dieser Sonderzug Krumbach verlassen (Streckenkilometer 29) und dampft nun in Richtung Pfaffenhausen und Mindelheim (Kursbuchstrecke 986).

Die Vorspannlok 64 289 gehörte früher dem Eisenbahn Kurier e.V. und wurde am 06.03.1974 als 064 289-3 von der Deutschen Bundesbahn erworben. Nach einer im AW Trier durchgeführten Kesseluntersuchung, datiert auf den 19.09.1974, kam sie zunächst in Kassel, Hildesheim und schließlich in Rottweil zum Einsatz. Zusammen mit der ebenfalls dem Eisenbahn Kurier e.V. gehörenden 24 009 bildete sie eine logistische Einheit, weil viele Bauteile dieser zwei Lokomotiven übereinstimmen.

Aber schon ein Jahr später wurde die 64 289 am 15.03.1975 von den Eisenbahnfreunden Zollernbahn e.V. (EFZ) übernommen und bei zahlreichen Sonderfahrten, wie auch hier im Bild, eingesetzt.

Abb. 160 - Am 23.06.1974 veranstalteten die Ulmer Eisenbahnfreunde e.V. (UEF) eine Sonderfahrt mit der vereinseigenen Tenderlokomotive 86 346, die von Ulm über Leutkirch und Isny nach Kempten führte. Auf der langen Steigung bei Hellengerst muß die Lok ihre volle Leistung mobilisieren, um den 12 Wagen umfassenden Zug nach Kempten zu bringen. Die Steigungen bzw. Gefälle auf der Strecke von Kempten nach Isny und weiter nach Leutkirch betrugen bis rund 15 ‰. – Auf dem Streckenabschnitt von Kißlegg nach Isny, Kursbuchstrecke 972, wurde der Personenverkehr bereits zum 1. Juni 1969 eingestellt und durch Bahnbusse ersetzt. Ganz aufgegeben wurde die Strecke von Isny nach Kempten am 18. April 1983, also knapp neun Jahre nach der Erstellung der hier gezeigten Aufnahme bei Hellengerst, dessen Bahnhof auf 928 m Höhe liegt. – Nach der Einstellung des Eisenbahnbetriebes wurden die Gleise abgebaut und die Bahntrasse mittlerweile zu gefragten Fuß- und Radwegen umgestaltet. – Auch dieses Bild erhält hierdurch historischen Wert.

5.6 An Mosel, Saar und im rheinisch westfälischen Land

Bei diesem Kapitel steht nicht die systematische Ordnung oder ein Hauch von Vollständigkeit, sondern der Ausdruck der sieben verschiedenen Szenen im Vordergrund. In jedem Fall sind es Aufnahmen, die alle im Großformat entstanden sind und an einige Fotoreportagen erinnern sollen, die dem Verfasser besonders gefallen haben.

Da war zunächst das Maschinenamt Saarbrücken, mit über 3.800 Mitarbeitern das größte Maschinenamt der Republik. Bernd Rockenfelt, den der Verfasser bereits seit 1971 aus der Zusammenarbeit mit dem BZA München kannte, war dort zum 01.07.1975 Amtsvorstand geworden. Auch sein Stellvertreter Klaus-Dieter Pohl war dem Verfasser schon aus München bekannt.

Das Bahnbetriebswerk Dillingen, welches zum Maschinenamt Saarbrücken gehörte und bis Ende Mai 1976 noch Dampflokomotiven beheimatete, durfte nicht außen vor bleiben. Besonders engagiert zeigte sich der verantwortliche Betriebsingenieur Paul Diehl, den der Verfasser bereits bei früheren Aktivitäten kennen und schätzen gelernt hatte.

Abb. 161 - Blick in das Bahnbetriebswerk Dillingen. Die beiden Güterzuglokomotiven 052 726-7 und 051 446-3 stellen sich – noch einmal auf Hochglanz gebracht – zum Abschiedsbild dem Fotografen. Auf der rechten Maschine führt ein Betriebsschlosser eine kleine Reparatur durch. Auf Bitten des Verfassers fuhr er mit seinen Arbeiten fort, um die Authentizität dieses Bildes zu verstärken. - Nachdem die letzten acht Personenzuglokomotiven der Baureihe 023 (23) aus Saarbrücken am 28. August 1975 z-gestellt wurden, waren im dortigen Bereich nur noch Güterzuglokomotiven der Baureihe 050 (50) im Einsatzbestand. Zur offiziellen Verabschiedung der Dampftraktion zogen Lok 050 607-1 und 051 446-3 zunächst am 22.05.1976 einen Sonderzug nach Simmern (Hunsrück) und am 29. des gleichen Monats einen Sonderzug nach Trier. Am nächsten Tag, mit dem Beginn des Sommerfahrplanes 1976, wurden alle noch verbliebenen Dampflokomotiven z-gestellt. (12.03.1976)

▲ Abb. 162 - Die mächtige Dreizylinderlok der Baureihe 044 (44) bedienten alle schweren Güterzüge auf der Moselstrecke zwischen Koblenz-Mosel und Trier. Sie waren in den Bahnbetriebswerken Ehrang bei Trier und Koblenz-Mosel stationiert. Die Distanz von Koblenz-Mosel nach Trier beträgt 112 km und weist wegen der schwierigen topografischen Lage diversen Kunstbauten auf. Hierzu gehören sechs Tunnels, wie der 4.205 m lange Kaiser-Wilhelm-Tunnel, vier Brücken sowie das Pündericher Hangviadukt. – Auf unserem Bild sehen wir die 1'Eh3-Güterzuglokomotive 044 651-8 mit einem Kohle-Ganzzug bei der Durchfahrt des Bahnhofes Klotten (Streckenkilometer 43) auf der Fahrt nach Cochem und weiter nach Trier. – Die Strecke von Koblenz-Mosel (Höhe 73 m) nach Trier (Höhe 137 m) besitzt eine mittlere Steigung von rund 5,7 ‰. Somit kann nach der Leistungstafel für Dampflokomotiven eine Lok der Baureihe 044 (44) einen Güterzug mit 890 t Gewicht mit einer Geschwindigkeit von rund 50 km/h über diese Strecke schleppen (März 1973).

Während der zweitägigen Reportage wich er dem Verfasser nicht von der Seite und erfüllte alle vorgebrachten Wünsche, auch im Sinne seines Amtsvorstandes Bernd Rockenfelt.

Der kurze Ausflug an die Mosel paßt zwar thematisch nicht unbedingt zum Thema Saarbrücken, soll aber kurz an die Einsätze der schweren Jumbos erinnern, die bis zur Aufnahme des elektrischen Betriebes dort den gesamten Güterverkehr übernommen hatten.

Zum Abschluß soll noch mit zwei Szenen an das DAMPFLOK ABSCHIEDSFEST erinnert werden, zu dem die Deutsche Bundesbahn bzw. die Bundesbahndirektion Köln nach Stolberg eingeladen hatte. Zu der am 3. und 4. April 1976 stattgefundenen Veranstaltung waren zehntausende von Gästen gekommen.

Die beiden zweiseitigen Aufnahmen, Ausschnitte aus der großen Lokparade, zeigen vier Nebenbahnlokomotiven im schönsten Abendlicht. Auf diese Bilder sollten die interessierten Leser nicht verzichten müssen!

Abb. 163 - Die Dillinger Güterzuglokomotive 052 607-9 führt den Güterzug Dg 48 547 von Dillingen nach Bouzonville (Busendorf), aufgenommen in der Nähe von Hemmersdorf. Heizer und Lokführer tragen imposante Dienstmützen. – Zwischen den Dillinger Hüttenwerken und Bouzonville (Busendorf) kommen sogenannte Torpedowagen für den Transport von flüssigem Roheisen zum Einsatz. Der riesige Rundbehälter dieser Transportwagen ist freitragend und drehbar auf zwei siebenachsigen Drehgestellen gelagert. Das Leergewicht dieses Spezialgüterwagens liegt bei 150 t, der Behälter kann die gleiche Menge, also 150 t Roheisen aufnehmen. Damit addiert sich das Gesamtgewicht dieses Spezialwagens auf 300 t (Achslast ca. 21,4 t). Beim Transport sind pro Torpedowagen zwei beladene Güterwagen als Bremswagen einzustellen. Sie müssen eine Länge (lüP) von mindestens 8 m und eine Achslast von 16 t aufweisen. Außerdem müssen sie mit einer Druckluft- sowie einer Handbremse ausgerüstet sein. – Die Torpedowagen tragen die Nummer 708 und 702 (13.03.1976).

Abb. 164 - Im Vorlauf zum Ende der Dampftraktion im Bw Dillingen wurde diese kleine Lokparade inszeniert. Auf das Signal „Eins, Zwei, Drei" haben die Lokführer die Dampfpfeifen gezogen. Für die vierte Lok mit Nummer 052 726-7 war in diesem kleinen Bahnbetriebswerk kein Platz mehr vorhanden.
Das Führerhausdach einer Rangierlokomotive Baureihe 260 diente als Standort für Stativ mit Linhof Super Technika und die Drehscheibe als Rangiergleis (13.03.1976).

Abb. 165 - 044 330-9 bei der Anfahrt vor einem Güterzug im Bahnhof Cochem / Mosel. Die Elektrifizierung der Moselstrecke verlange umfangreiche Profilarbeiten in den sechs dort vorhandenen Tunnels.
Die Trasse musste über einen halben Meter tiefer gelegt werden, um die Fahrdrahtleitungen verlegen
zu können. Damit die Arbeiten im Kaiser-Wilhelm-Tunnel (Länge 4.205 m) nicht zu sehr beeinträchtigt
wurden, durften die Dampflokomotiven im Tunnel nicht feuern. Sie mussten mit gut durchgebranntem
Feuer anfahren, wie hier im Bild zu sehen ist. – Der elektrische Zugbetrieb wurde am 7. Dezember
1973 aufgenommen. Nicht zu übersehen sind die zahlreichen Weinberge, deren Reben sich noch im
Winterschlaf befinden (März 1973).

Abb. 166 - Als die Deutsche Bundesbahn, vertreten durch die Bundesbahndirektion Köln, am 3. und 4. April 1976 zum DAMPFLOK-ABSCHIEDSFEST ins Bundesbahn-Betriebswerk Stolberg (Rheinl) Hbf eingeladen hatte, folgten zehntausende von Gästen (Schätzungen sprechen zwischen 60.000 und 80.000 Besuchern) dieser Einladung. An diesem zweitägigen Dampflok-Spektakel wurden Dampflok-Paraden, vielfältige Dampflok-Sonderfahrten sowie sonstige Attraktionen geboten, wie man dies seit Jahren nicht mehr erlebt hatte. – Wegen des beschränkten Platzes dieses Buches werden hier nur zwei Dampflok-Szenen von diesem Fest gezeigt, die erst am Abend des ersten Veranstaltungstages und ohne Publikum erstellt werden konnten. – Links die von Lokführer Gerhard Moll aufgearbeitete Tenderlokomotive vom Typ T 3 mit Reichsbahn-Nummer 89 7159. Auf der Pufferbohle die Aufschrift „Unt: 27.3.74 Ebr. „, die uns über die Generalüberholung im Bw Erndtebrück (im Südteil des Rothaargebirges) informiert. – Diese Lok gehört der DGEG und ist heute betriebsfähig im Eisenbahn-Museum Neustadt / Weinstraße hinterstellt. Sie wird vor Sonderzügen auf der Museumsbahn Kuckucksbähnel eingesetzt. – Die rechts stehende Malletlokomotive 98 727 ist eine ehemalige BB II der Bayerischen Staatsbahnen und wurde bei der Deutschen Reichsbahn unter der Baureihe 98[7] w geführt. Wie man der Aufschrift der Pufferbohle „Unt Kra 8.75" entnehmen kann, wurde die im Jahre 1901 von J.A. Maffei gebaute Lok im Museums-Bw Darmstadt-Kranichstein untersucht und wieder in Betrieb genommen. Auch bei den großen Dampflok-Paraden zum 150. jährigen Eisenbahnjubiläum in Nürnberg hatte sie teilgenommen.

Bei einem schweren Unfall am 02.10.1988 im Bahnhof Schaftlach am Tegernsee wurde die 98 727 beschädigt. Erst nach einem mehrjährigem Rechtsstreit übernahm die Deutsche Bundesbahn als Verursacher die Kosten der Reparatur dieser historischen Tenderlokomotive. Heute befindet sich die 98 727 wieder in Kranichstein und erfährt neben der Behebung der Unfallschäden noch eine Generalreparatur. Man darf hoffen, daß sie 2014 wieder für Sonderfahrten zur Verfügung stehen wird.

Abb. 167 - Die zweite Szene vom DAMPFLOK-ABSCHIEDSFEST in Stolberg, die wir unseren Lesern nicht vorenthalten wollen, wurden von den schon gezeigten T 3 89 7159, der BLE 146 mit Achsfolge 1'Ch2 und der dreiachsigen Tenderlokomotive „WALSUM 5" bestimmt. Die goldene Abendsonne läßt die drei Maschinen im besten Licht erscheinen. – Die BLE 146, die ehemalige Lok 146 der Butzbach-Licher Eisenbahn, eine Privatbahn in der Hessischen Wetterau, darf als moderne Heißdampflokomotive gelten. Mit der zuvor schon genannten Achsfolge 1'Ch2 gehört sie der Bauart ELNA 2 an (ELNA, Abkürzung für den engeren Lokomotiv-Normen-Ausschuss). Sie wurde unter Fabriknummer 24 932 von Henschel in Kassel im Jahre 1941 gebaut. Sie wurde im Auftrag der Kleinbahn Jauer-Maltsch in Schlesien gebaut und dort unter der Bezeichnung 142 JM im Jahre 1942 in Dienst gestellt. Nach vielen Zwischenstationen übernahm schließlich am 25.06.1963 die Butzbach-Licher-Eisenbahn diese Tenderlok. Sie wurde

dort 1970 ausgemustert. Heute gehört die betriebsfähige Lokomotive der DGEG und zählt zum Lokomotivpark des Eisenbahnmuseums Bochum Dahlhausen. – Die ganz links stehende, dreiachsige Tenderlokomotive „WALSUM 5" gilt als verstärkte preußische T 3, sie wurde von Humboldt unter Fabriknummer 210 gebaut und 1904 in Betrieb genommen. Nach 50 Jahren Dienst bei der Hafenbahn der Stadt Köln landete sie nach mehreren Zwischenstationen 1973 bei der DGEG. Heute gehört diese Lokomotive zum Fahrzeugbestand des DGEG Eisenbahnmuseums Neustadt / Weinstraße. Sie wurde dort zur Schlepptenderlok umgebaut und kann damit wesentlich größere Vorräte an Kohle und Wasser mitführen. Die Anpassung eines dreiachsigen Tenders an diese Lokomotive wurde konstruktiv von Horst Kaiser, dem früheren Leiter dieses Museums, ausgearbeitet. Hier hat ein Fachmann vorzügliche Arbeit geleistet. Chapeau!

Abb. 168 - Der Einschnitt bei Lathen (Streckenkilometer 274.6) brachte nicht nur Abwechslung auf der Strecke von Emden nach Rheine, sondern wies auch eine beachtenswerte Steigung auf. Hier eilt der Schnellzug D 175 von Norrdeichmohle nach Rheine mit nahezu Höchstgeschwindigkeit von 120 km/h nach Süden. Der sieben Wagen umfassende Zug hängt einschließlich Verkehrsgewicht mit rund 280 t am Zughaken der 012 100-4. Der frisch erblühte Ginster sorgt für farbliche Abwechslung (30.05.1975).

5.7 Rheine und die Emslandstrecke

Anfang der 70er Jahre galt das Bw Rheine als eines der vielfältigsten und größten Bahnbetriebswerke der Deutschen Bundesbahn. Neben den dort beheimateten ölgefeuerten Dreizylinder-Schnellzuglokomotiven der Baureihe 012 (01^{10}Öl) waren die flinken 1'D1'h2 Lokomotiven der Baureihe 042 (41Öl) vorhanden, die sowohl vor Reise- als auch vor Güterzügen anzutreffen waren. Schließlich waren die von Kohlefeuerung auf Ölbetrieb umgestellten Jumbos vorhanden, die in der Regel alle schweren Ganzzüge zu befördern hatten. Hinzu kamen alle jene Maschinen, die aus dem Ruhrgebiet oder aus Emden kamen, um im Bw Rheine „Kopf" zu machen, bevor sie wieder den Weg in ihre Heimat antraten.

Oft durchliefen das Bw Rheine mehr als 100 Dampflokomotiven pro Tag, es war ein ständiges Kommen und Gehen.

Natürlich interessierten sich die Eisenbahnfreunde primär für die großrädrigen Schnellzuglokomotiven der Baureihe 012. Zum 1.02.1972 besaß die Deutsche Bundesbahn noch 27 ölgefeuerte Pacific der Baureihe 012 (01^{10}Öl), die in Hamburg-Altona und Rheine stationiert waren. Ende Mai 1973 wurden die 012er nur noch in Rheine eingesetzt, die Zahl der verfügbaren Maschinen war auf 13 zusammengeschrumpft. Für die elegante Dreizylinderlok war das Ende vorprogrammiert,

größere Ausbesserungen wurden nicht mehr genehmigt. Wenn von Gehorsam geprägten Beamten unternehmerisches Denken und Mut zu eigenen, von der Wirtschaftlichkeit bestimmten Entscheidungen gefordert werden, kann dies nicht immer gutgehen. Das Streben nach persönlichem Vorwärtskommen stand meistens im Vordergrund, nicht das Bemühen um detaillierte Verbesserungen im Betriebsalltag.

Zwar konnten die konstruktiven Schwachstellen der Baureihe 012 (01^{10}Öl) auch in den letzten Betriebsjahren nicht behoben werden, doch gab es manche Verbesserungsvorschläge, die aus dem alltäglichen Betrieb resultierten und ingenieurtechnisch hätten umgesetzt werden können. Doch weder die Bundesbahndirektion Hannover (früher Münster), die ZTL (Zentrale Transportleitung in Mainz) noch die Hauptverwaltung der Deutschen Bundesbahn HVB in Frankfurt hatten ein Ohr für derartige Gedanken.

Über die Schnellzuglokomotive Baureihe 01^{10}, Umbau der DB mit Ölfeuerung, wurde schon in Kapitel 4.15 bereits umfangreich berichtet. Hier konnte nur ein Teil der besonderen Eigenschaften dieser Lokomotive angesprochen werden. Die Dienste vor den Reisezügen in Rheine waren nicht vergleichbar mit den früheren Aufgaben in Bebra. Nicht nur wegen der geforderten Anhängelast, sondern auch wegen der völlig anders gearteten Topografie der dortigen Strecken.

Abb. 169 - Blick auf den Geschwindigkeitsmesser der Rheiner Pacific 012 066-7, der Schnellzug D 715 (Köln – Rheine – Emden – Norddeich Mole) fährt genau die auf jener Strecke erlaubte Höchstgeschwindigkeit von 120 km/h. – Die linke Hand des Lokführers ruht auf dem Steuerrad. In Bildmitte sieht man das Führerbremsventil, darüber den Zusatzbrems-hahn. – Den Blick auf die Strecke nach vorne erleichtert der rotierende Scheibenwischer vom Typ „Clear Vision", den man auch von Schiffsbrücken her kennt (31.05.1975).

Abb. 170 - 042 164-4 leistet einer 1'Eh3-Güterzuglokomotive der Baureihe 043 (44Öl) vor einem 4.000 t Erzzug Vorspann auf der Fahrt nach Süden, aufgenommen in der Kurve bei Salzbergen kurz vor Rheine, das nach acht Kilometern erreicht wird. Im Bild links erkennt man noch den Abzweig nach dem 29 km entfernten Oldenzaal im Vereinigten Königreich der Niederlande (Mai 1972).

Die Schnell-, Eil- und Nahverkehrszüge umfassten in der Regel sieben bis neun Vierachser, so dass sich die Anhängelast einschließlich des Verkehrsgewichts zwischen ca. 310 und 400 t bewegte.

Die Baureihe 012 war für eine Geschwindigkeit von 140 km/h zugelassen. Auf der Emslandstrecke waren wegen der Signalabstände von 1.000 m nur 120 km/h Höchstgeschwindigkeit realisierbar.

Nach den Leistungstafeln für Dampflokomotiven kann die Baureihe 012 in der Ebene Schnellzüge mit 500 t und einer Geschwindigkeit von 120 km/h befördern. Auf 5 Promille Steigung können 505 t noch mit 85 km/h gefahren werden.

Erst mit der Elektrifizierung der Emslandstrecke und der damit verbundenen Modernisierung der Signaltechnik durften Reisezüge für 140 km/h Höchstgeschwindigkeit zugelassen werden. Die folgende Tabelle gibt die Fahrzeiten zwischen Rheine und Emden (141 km) von jeweils zwei Schnellzügen der Winterfahrpläne 1972/73, 1975/76 und 1982/83

wieder. Im ersten Fall wurde mit Dampftraktion gefahren, im zweiten Fall mit Brennkraftlokomotiven und im dritten mit elektrischen Betrieb. Um das Bild für den Leser abzurunden, wurden noch zwei Beispiele aus dem heutigen Betrieb (Deutsche Bahn) hinzugefügt.

Fahrzeiten zwischen Rheine und Emden (Kursbuchstrecke 280, Streckenlänge 141 km)

Abb. 172 - Mitgezogene Aufnahmen von Dampflokomotiven waren zwar beliebt, aber schwer herzustellen. Hierzu musste die Hasselbladkamera 6x6 auf einem Stativ zwar schwenkbar, aber trotzdem taumelfrei geführt werden. Im Bild sehen wir die Rheiner Güterzuglokomotive 043 681-6 als Lz (Lokzug) in voller Fahrt südlich von Dörpen. Die Kamera schwenkt mit dem Objekt mit, das Bild wird jedoch nur mit einer Verschlußzeit von 1/30 sec belichtet. Damit wird zwar die Lok gut abgebildet, die sich drehenden Räder sowie die Umgebung sind nur noch schemenhaft zu erkennen (28.05.1975).

Winterfahrplan	1972/73 Dampfbetrieb		1975/76 Brennkraftbetrieb		1982/83 Elektr. Betrieb		Aktueller Betrieb 2013 Elektr. Betrieb	
	D 735	D 739	D 735	D 714	D 935	D 814	RE	IC
1. Rheine ab	11:04	16:55	11:00	16:45	10:27	17:24	10:34	12:58
2. Emden an	14:49	18:32	12:44	18:17	11:58	18:44	12:12	14:17
3. Fahrzeit h, min	1h 45 min	1h 37 min	1h 44 min	1h 32 min	1h 29 min	1h 20 min	1h 38 min	1h 19 min
4. Fahrzeit h (dez.)	1,75	1,62	1,73	1,53	1,48	1,33	1,63	1,32
5. Fahrzeit netto	1 h 40 min	1h 33 min	1h 41 min	1h 20 min	1h 27 min	1h 20 min	dto.	dto.
6. Fahrzeit netto h (dez.)	1,67	1,55	1,68	1,5	1,45	1,33	dto.	dto.
7. Reisegeschwindigkeit km/h (brutto)	80,57	87,04	81,50	92,16	95,27	106,02	86,50	106,82
8. Reisegeschwindigkeit km/h (netto)	84,43	90,97	83,93	94,00	97,24	106,02	86,50	106,82

Hinweis: Bei den Netto-Angaben sind die Wartezeiten im Bahnhof Leer abgezogen!

Abb. 173 - Eine der schönsten Dampflokparaden in Rheine fand am 29.05.1975 statt. Dienststellenleiter Gerhard Plankert hatte sie nach den Wünschen des Verfassers vorbereitet. Anlaß war der Abschied der Schnellzuglokomotiv-Baureihe 012 (0110Öl), die zum Fahrplanwechsel Sommer 1975 für immer aus den Diensten der Deutschen Bundesbahn schied. Je zwei Vertreter der damals im Bw Rheine diensttuenden Lokomotiven sind zum Abschied angetreten. Auf den Ruf „Eins, zwei, drei" haben die auf den Maschinen wartenden Lokführer die Dampfpfeifen gezogen. Der aufmerksame Betrachter wird sich fragen, von welchem Standort diese Aufnahme erstellt wurde.

Dieses Bild, mit einer Linhof Super Technika 9x12 erstellt, entstand aus einer Höhe von rund 5,7 m. Die nach EBO (Eisenbahnbetriebsordnung) zulässige maximale Höhe einer Lokomotive darf mit neuen Radreifen 4.550 mm betragen. Bei dieser Aufnahme wurden Kamera und Stativ auf das Führerhausdach einer Dampflok Baureihe 042 gehievt und dort aufgebaut. Die Lok stand noch vor der Drehscheibe, damit alle Maschinen in der gewünschten Perspektive abgebildet werden konnten (29.05.1975).

Will man in dieser Aufstellung die kürzesten Fahrzeiten herausfinden, sollte man sich den Schnellzug D 739 mit Dampfbetrieb (1972/73) und den ICE von heute ansehen. Hier stehen sich die Fahrzeiten von 1,62 h zu 1,32 h gegenüber. Der IC von heute fährt somit im Durchschnitt 23 % schneller. Zieht man die vier Minuten Wartezeit im Bahnhof Leer ab, d.h. nimmt man beim D 739 die Netto-Fahrzeit an, ist der IC von heute nur 17 % schneller!

Vergleicht man die Netto-Fahrzeiten des D 739 mit dem heutigen RE (Regional-Express), dann war der D 739 mit Dampfbetrieb auf dieser Strecke noch fünf Minuten schneller! Auch bei der Netto-Reisezuggeschwindigkeit konnte der dampfbetriebene D 739 gegenüber dem 40 Jahre später elektrisch fahrenden Regional-Express punkten: 90,97 km/h gegen 86,50 km/h (minus 5 %)!

Die Streckenführung von Münster/Westfalen über Rheine, Meppen, Papenburg und Emden verläuft weitgehend gerade. Nur bei einigen Stadtdurchfahrten, wie in Meppen oder in Emden, findet man einige kurvige Streckenpartien. Die Landschaft selbst findet ihren Reiz nur in der ständigen Abwechslung von Wald und Wiesen. Der Einschnitt bei Lathen sowie einige Flußüberquerungen mit ihren Kunstbauten gehören zu den wenigen herausragenden Fotomotiven. Dieser Nachteil

🔺 Abb. 174 - Zugbegegnungen, die vom Führerstand aufgenommen worden sind, besitzen immer ihren besonderen Reiz. Hier eine solche Zugbegegnung auf der Strecke von Rheine nach Emden beim Bahnhof Dörpen (Streckenkilometer 158). 012 100-4 führt den Gegenzug D/E 734 von Norddeich über Münster und Wuppertal nach Köln. Er hat um 10.53 Uhr Norddeich Mole verlassen und wird um 16.52 Uhr in Köln Hbf eintreffen. An diesem Montag herrschte schönes Maiwetter, die Sonne schien zur Vormittagszeit fast schon von Süden, daher wird die Lok des Gegenzugs gut ausgeleuchtet (28.05.1973).

war jedoch nicht gravierend, besaßen die dampfgeführten Züge doch selbst genug Ausdruckskraft. Diese Wertung galt sowohl den schnell daher kommenden Reisezügen als auch den meist doppelt geführten Erzzügen.

Mit dem Dienststellenleiter vom Bw Rheine verband den Verfasser eine besonders enge Beziehung. Nicht nur die generelle Genehmigung der DB-Hauptverwaltung oder der besondere Segen der zuständigen Direktion Münster und später Hannover standen im Vordergrund dieser Verbindung, sondern die gegenseitige Wertschätzung und Sympathie. Bundesbahnoberamtsrat Gerhard Plankert sah sehr wohl, welch großen Aufwand der Verfasser alleine mit seiner fotografischen Ausrüstung betrieb und stand stets mit Rat und Tat zur Seite. Auch seine Kollegen, wie z.B. B-Gruppenleiter Fritz Todeskino, oder C-Gruppenleiter van Kampen, hatten für die Wünsche des Verfassers stets ein offenes

🔺 Abb. 175 - Anlässlich der am 29.03.1975 im Bw Rheine durchgeführten Lokparade (siehe Abb. 173, Seite 232/233) stellte sich Dienststellenleiter Gerhard Plankert (4. von links) mit den beteiligten Mitarbeitern zum Erinnerungsbild vor die Lokomotiven. Auch dieses Bild wurde vom Führerhausdach einer Rheiner Dampflokomotive erstellt, die zuvor noch vor der Drehscheibe hinrangiert worden war (29.05.1975).

Ohr. Aber auch die Eisenbahnfreunde-geplagten Lokdienstleiter Anton Weber und Werner Pusch sollen hier erwähnt werden, die so manche Wunschbespannung in die Tat umsetzten. Auch muss die Hilfsbereitschaft von Oberlokführer Hermann Bartella genannt werden, mit dem der Verfasser noch heute in Verbindung steht und der ebenfalls zum Gelingen dieses Kapitels beigetragen hat.

Die im Bw Rheine immer nach Wunsch aufgestellten Lokomotiven, die aufwändigen Lokparaden sowie die unvergesslichen Nachtaufnahmen haben dazu beigetragen, mit einer einmaligen Bilddokumentation das Bw Rheine sowie den Dampflokbetrieb nach Emden für immer in Erinnerung behalten zu können.

Zu den schönsten im Bw Rheine abgehaltenen Lokparaden gehören jene, die am 25.04.1973, einem Mittwoch, und am 29.05.1975, einem Donnerstag, veranstaltet wurden. Beim erstgenannten Termin standen noch 16 Maschinen der ölgefeuerten, dreizylindrigen Pacific im

Einsatz. In der Regel wurden damals alle normalen Schnellzüge mit Dampftraktion gefahren. Einzige Ausnahme war der Schnellzug D/E 734, der mit einer Baureihe 216 um 10.53 Uhr Norddeichmohle verließ und über Münster, Hamm und Wuppertal um 16.52 Uhr in Köln (Hbf) eintraf (elektrischer Betrieb bzw. Lokwechsel in Rheine).

Auch stand zur Zeit der erstgenannten Lokparade noch die einzige kohlegefeuerte 011 (01[10]), die 011 062-7, im Bw Rheine. Auf ihrer vorderen Pufferbohle stand damals wie folgt: „Un. Bwg. 19.4.67". Sie war aber bereits am 22.02.1973 z-gestellt und am 29.04.1973, somit vier Tage nach der zuerst genannten Lokparade, ausgemustert worden. Bei der Aufstellung der ersten Lokparade kamen die folgenden Maschinen zum Einsatz (von links nach rechts): 042 541-0, 043 681-6, 012 055-0, 012 075-8, 043 321-9 und 042 113-1. Nach dieser eindrucksvollen Lokparade stellte sich dann Dienststellenleiter Gerhard Plankert mit seinen wichtigsten Mitarbeitern auf die Pufferbohle der 012 055-0 zum Abschiedsbild. Auf Abb. 020, Seite 25, kann diese Szene eingesehen werden. Alle Beteiligten sind dort auch namentlich benannt.

Die zweite hier erwähnte Dampflokparade, die anlässlich des Endes der dampfgeführten Schnellzüge am 29.05.1975 abgehalten wurde, setzte sich aus den sechs folgenden Lokomotiven zusammen (von

Abb. 176 - Schnellzuglokomotive 012 081-6 (01^{10}Öl) im Bw Rheine. Für diese Aufnahme wurde diese Maschine frei aufgestellt und das Treibstangenlager und die Kuppelstangen nach unten orientiert. - Die indizierte Leistung dieser Maschine wird im Merkbuch für Schienenfahrzeuge mit 2.470 PS aufgeführt. Hätte man bei der Neubekesselung dieser Lokomotive ihr noch weitere Umbauten vergönnt, wäre aus ihr leistungs- und verbrauchsseitig eine Spitzenmaschine geworden. Drei einzelne, weite und strömungsgünstig gestaltete Dampfeinströmrohre, die vom Dampfsammelkasten direkt zu den Kolbenschiebern der Zylinder geführt sind, hätten den Wirkungsgrad und die Leistung der Dampfmaschine wesentlich erhöht. Eine doppelte Kylchap-Saugzuganlage, wie diese 1938 die englische A4 der LNER sowie auch die später gefolgte A1 besaßen, hätte weitere Vorteile gebracht. Durch den weit geringeren Gegendruck dieser Saugzuganlage hätte jeder Zylinder über 100 PS mehr leisten können. Hinzu wären noch die geringen Druckschwankungen gekommen, die durch die Kylchap-Saugzuganlage in der Feuerbüchse bewirkt wurden. Insgesamt hätte sich die Leistung dieser auf dem zuvor erläuterten Weg umgebauten Lokomotive signifikant erhöht und den Verbrauch von Heizöl und Wasser erheblich gesenkt. Alles in allem wäre die Leistung dieser Lokomotive weit über die 3.000 PS-Marke gestiegen, wenn man die Resultate ausländischer Neu- und Umbaumaßnahmen zugrunde legt. 3.100 bis 3.300 PSi hätte man auf diesem Wege schon erreichen können und wäre damit deutlich über der Leistung der Neubaulok BR10 gelegen (25.05.1973).

links): 042 073-7, 043 321-9, 012 100-4, 012 081-6, 042 271-7 und 043 094-2. Auch bei dieser Dampflokparade, die auf Abb. 173 auf den Seiten 232/233 abgedruckt ist, gab es ein Erinnerungsfoto mit allen Beteiligten Eisenbahnern, in der Mitte natürlich Dienststellenleiter Gerhard Plankert (Abb. 175, Seite 235).

Das aufwändigste Unterfangen, das mit Hilfe der Rheiner Eisenbahner durchgeführt wurde, waren die wohl einmaligen Nachtaufnahmen. Als Hauptdarsteller dieser Aktion dienten die ölgefeuerten Lokomotiven 012 081-6 und 042 271-7 sowie ein fünf Eilzugwagen umfassender Reisezug. Nachtaufnahmen von fahrenden Zügen sind bis dato in der Literatur nicht aufgetaucht.

Als Tatort wurde eine als Verbindungsgleis dienende Nebenstrecke ausgesucht und diese für einige Stunden von der Betriebsleitung offiziell gesperrt. Dass diese ausgesuchte Gleis bereits elektrifiziert war, störte den Verfasser nicht.

Noch vor Einbruch der Dunkelheit wurden 15 Profi-Computer-Blitzlichtgeräte hoher Leitzahl einzeln aufgestellt und weitere Geräte in Reserve gehalten. Die in einem Abstand von vier bis fünf Metern nebeneinander positionierten Blitzlichtgeräte konnten eine Strecke von mehr als 50 m ausleuchten. Sie wurden in ungefähr 10 Metern Abstand von den Gleisen parallel aufgestellt. Auf der gegenüberliegenden Seite sorgten vorne noch weitere Blitzgeräte dafür, dass die Front der ersten Dampflokomotive gut ausgeleuchtet wurde.

Über Sprechfunk und Lichtsignale kommandiert, fuhr dieser doppelbespannte Zug so oft hin und her, bis die gewünschten Aufnahmen

🔴 Abb. 177 - 012 082-4 führte den E 1937 von Münster über Rheine nach Leer, aufgenommen acht Kilometer nördlich von Rheine bei Salzbergen. Dieser Eilzug verließ damals Münster um 13.10 Uhr und traf um 15.08 Uhr in Leer ein. In Rheine hatte dieser Zug ganze zehn Minuten Aufenthalt, weil dort von der elektrischen auf die Dampftraktion gewechselt werden musste. Für die 153 km lange Strecke wurden eine Stunde und 58 Minuten benötigt. Hieraus errechnet sich eine Durchschnittsgeschwindigkeit von 77,8 km/h. Wer damals um die Mittagszeit von Münster nach Leer reiste, hatte wohl noch genügend Zeit (Mai 1973).

🔴 Abb. 178 - Zu jener Zeit, als man in Rheine den Schnellzugverkehr mit Dampflokomotiven beendete, wurden noch immer schwere Güterzuglokomotiven benötigt. Das beweist die hier gezeigte 043 196-5, die soeben von der Ausbesserung im AW Braunschweig in Rheine wieder eingetroffen ist. Die Aufschrift auf der Pufferbohle mit „Unt. Bwg. 28.5.75" belegt die genannte Überholung. Nach EBO (Eisenbahn Betriebsordnung) hätte diese Lokomotive nun wieder weitere vier Jahre in Betrieb bleiben können. Diese Maschine war noch mit Datum vom 17.12.1973 auf Ölfeuerung umgebaut und darauf dem Bw Rheine übergeben worden. Das Ende der Dampftraktion verschonte auch diese Lokomotive nicht. Sie wurde am 25.10.1977 z-gestellt und einen Tag später ausgemustert. – Zu dem letztgenannten Datum hatte eine Schwestermaschine, die 043 903-4, die überhaupt letzte Leistung erbracht, die es bei der Deutschen Bundesbahn damals mit Dampftraktion gegeben hatte: Die Emdener 043 903-4 brachte den Güterzug 81 453, bestehend aus nur einem Hilfszug-Gerätewagen, von Oldersum nach Emden Rbf. Dann wurde sie z-gestellt (30.05.1975).

mit der Linhof Super Technika „im Kasten waren (siehe Abb. 188, Seite 252/253). Dass bei diesem Unterfangen den Sicherheitsbedingungen ganz besondere Bedeutung zufielen, veranlasste den damaligen B-Gruppenleiter Fritz Todeskino dazu, diese Aktion persönlich zu leiten. Eine vergleichbare Aktion hat es auch nie wieder gegeben. Die gesamte Emslandstrecke war das Haupteinsatzgebiet der Rheiner Dampflokomotiven. Während die Schnell- und Eilzüge meist bis Norddeich Mole liefen, galt für den Ausgangspunkt der schweren Erzzüge immer der Hafen von Emden.

Abb. 179 - Die schwere 1'Eh2-Güterzuglokomotive 044 162-6 vom Bw Emden bringt einen Kohlezug nach Norden, aufgenommen in Salzbergen, acht Kilometer nördlich von Rheine. Das kräftige Qualmen verrät uns etwas von der Geschicklichkeit des Heizers. Bestimmt strahlt das Feuer auf dem Rost noch nicht viel Leistung ab, dazu muss es erst einmal richtig durchbrennen (Mai 1972).

Auf der Emslandstrecke favorisierte der Verfasser den Abschnitt von Dörpen nach Lathen, weil hier die Strecke in einem Einschnitt lag und die dortige Steigung von den Zügen die volle Leistung verlangte. Wenn z.B. zwei ölgefeuerte Maschinen der Baureihe 043 (44Öl) einen 4.000 t Zug in der Ebene mit einer Geschwindigkeit von 60 km/h schleppen konnten, erreichten sie auf der Steigung bei Lathen in der Regel nur noch 40-45 km/h.

Bei den leistungsstarken Pacific lagen die besonderen Herausforderungen nicht bei den Anhängelasten, sondern bei der nur auf 120 km/h begrenzten Höchstgeschwindigkeit. Auch der Verfasser hat auf einer Führerstandsmitfahrt, die von Rheine nach Emden ging, selbst erlebt, wie knapp damals die Fahrzeiten mancher Schnellzüge gehalten waren. Vor dem Schnellzug D 739, der mit einem vierminütigen Zwischenhalt in Leer von Rheine nach Emden lief, musste die 012 075-8 nach jedem Halt immer satt beschleunigen, um pünktlich nach einer Stunde und 37 Minuten das Etappenziel Emden zu erreichen. Die dabei erzielte Reisegeschwindigkeit von 87,04 km/h liegt immer noch etwas über jenem Wert, den heute so mancher Regional-Express erreicht (ca. 86,50 km/h).

Die hier gezeigten 25 Farbaufnahmen, von denen rund zwei Drittel im Großformat entstanden sind, mögen uns den Dampfbetrieb auf der Emslandstrecke in allen Facetten in Erinnerung halten.

Zu den ölgefeuerten Pacific des Bw Rheine gehörten zum Schluß 012 061-8, 012 063-4, 012 066-7, 012 075-8, 012 081-6 und 012 100-0. Von fünf dieser Maschinen haben wir ihren Lebensweg nachgezeichnet, damit auch die Lokomotivstatistiker auf ihre Kosten kommen.

012 061-8

Von BMAG unter Fabriknummer 11312 im Jahre 1939 hergestellt, wurde die 01 1061, wie ihre ursprüngliche Bezeichnung lautete, der Deutschen Reichsbahn am 22.02. angeliefert und am 2.03.1940 abgenommen. Über die verschiedenen Einsatzgebiete informiert ein Auszug aus dem Betriebsbuch: Berlin Anhalterbahnhof vom 2.03.1940 bis zum 27.01.1943, Breslau Hbf vom 28.01.1943 bis zum 20.05.1944, RAW Braunschweig zur Ausbesserung vom 31.05. bis zum 14.07.1944, Hannover Ost vom 15.07.1944 bis zum 27.03.1945, am gleichen Ort mangels Schnellzugleistungen abgestellt vom 28.03. bis zum 19.06.1945, in Braunschweig Hbf von der Ausbesserung zurückgestellt vom 20.06.1945 bis zum 12.01.1949, PAW Henschel zur Untersuchung L4 vom 13.01.1949 bis zum 3.05.1949, Haben-Eckesey vom 4.05.1949

🔺 Abb. 181- Im Gegensatz zum auf der gegenüberliegenden Seite fahrenden Leerzug müssen 043 321-9 und eine Schwestermaschine sich mächtig anstrengen, den 4.000 t schwere Ganzzug (Doppelpark) über die Steigung bei Lathen zu bringen. Auf der Puffer-bohle der ersten Lok ist die Aufschrift „Unt. Bwg. 29.4.74" angebracht. Dies bedeutet, dass diese Lok nach der absolvierten Ausbesserung jetzt weitere vier Jahre in Betrieb bleiben kann. Das Jahr 1978 erlebte diese Lokomotive jedoch nicht, sie wurde am 27.10.1977 ausgemustert (Mai 1975).

bis zum 23.02.1955, AW Braunschweig zur Bedarfsausbesserung vom 24.02. bis zum 21.03.1955, Osnabrück Hbf vom 22.03.1955 bis zum 5.06.1958, AW Braunschweig zur Bedarfsausbesserung vom 6.06. bis zum 6.07.1958, Bebra vom 7.07.1958 bis zum 25.05.1963, Kassel vom 26.05.1963 bis zum 26.05.1967, Hamburg-Altona vom 25.07.1967 bis zum 27.09.1972, AW Braunschweig zur Ausbesserung vom 28.09. bis zum 25.10.1972 und Rheine vom 26.10.1972 bis zur z-Stellung am 16. bzw. zur Ausmusterung am 27.06.1975. Nicht unbemerkt soll bleiben, dass diese Lokomotive bereits am 24.01.1942 eine Teilentstromung erfahren hatte. Ganz entfernt wurde die restliche Stromlinienverklei-dung schließlich bei der Hauptuntersuchung im Frühjahr 1949 bei dem PAW Henschel. Der Umbau von Kohle- auf Ölfeuerung erfolgte am 24.10.1957, die Umzeichnung auf 012 061 im Jahre 1968.

Bereits in den letzten drei Tagen des Winterfahrplanes 1974/75 stand die 012 061 im Bw Rheine auf Ruhe, gehörte aber mit den Schwe-stermaschinen 012 063, 012 066, 012 075, 012 081 und 012 100 zu den letzten aktiven Schnellzugdampflokomotiven der Deutschen Bun-desbahn. Abschied von den Eisenbahnfreunden in Norddeutschland

nahm die 012 061 am 1.06.1975 mit dem Gesellschaftssonderzug D 28186/28185, der von Rheine nach Norddeich und zurück führte. Eine Woche später, am 8.06.1975, war sie dann vor dem VBV-Sonderzug von Braunschweig nach Altenbeken und zurück zu sehen. Als letzte Leistung brachte sie, zusammen mit der Crailsheimer 023 019, am 15.06.1975 schließlich den UEF-Sonderzug von Nürnberg nach Hof und kehrte am Abend des gleichen Tages in Neuenmarkt-Wirsberg, ihrem zukünftigen Standort, zurück. Nachdem noch vorschriftsmäßig durchgeführten „Abrüsten" erlosch dann für immer ihr Feuer.

012 063-4

Die Schnellzuglokomotive 012 063-4 stand bis zum 31.05.1975 im Einsatz und vollbrachte mit dem Eilzug 3265 Rheine - Emden an die-sem Tag auch die letzte Leistung einer Dreizylinder-Pacific bei der Deutschen Bundesbahn.

Bei BMAG unter der Fabriknummer 11319 hergestellt, wurde die 01 1063 am 28.02.1940 angeliefert, am 20. des folgenden Monats von der Deutschen Reichsbahn abgenommen und noch am gleichen Tag dem Bw Halle Pbf zugeteilt. Dort blieb sie bis zum 17.05.1944 und wurde am nächsten Tag an das Bw Hannover Ost abgegeben. Die immer mehr sich dem Kern des Reichsgebietes nähernden Fronten ließen keine Schnellzugsleistungen mehr zu, so dass die 01 1063 ab 1.01.1945 für die nächste fünf Jahre von der Ausbesserung zurück

Abb. 182 - Übergabeleistungen von Kesselzügen gehörten zu den Aufgaben der flinken Rheiner 1'D1'h2-Lokomotiven der Baureihe 042 (41Öl). Hier sehen wir die 042 166-9 im schönsten Abendsonnenlicht auf der Fahrt nach Norden. Diese ölgefeuerten Maschinen waren mit ihrer zulässigen Höchstgeschwindigkeit von 90 km/h fast universell einsetzbar. Die im Hintergrund rechts stehenden niederländischen Eisenbahnfreunde kamen bei dieser Aufnahme artig zum Verfasser und fragten nach, ob sie vielleicht an der gewählten Fotostelle stehen bleiben dürften. Daraufhin wurden sie zu Zeitzeugen benannt und nahmen auf Wunsch des Verfassers ihre frühere Fotoposition wieder ein. Die 042 160-9 gehörte zum Bw Rheine, wurde am 27.08.1975 z-gestellt und am Folgetag ausgemustert (Mai 1973).

gestellt wurde. Ab 9.02.1949 erhielt die mittlerweile über Braunschweig, Bebra und Kassel zum PAW Henschel gekommene Lokomotive eine Untersuchung L4, die zum 23.05.1949 abgeschlossen werden konnte. Hierbei wurde der Rest der schon stark verrotteten Stromlinienverkleidung, von der bereits zum 19.02.1943 i RAW Meiningen der untere Teil entfernt worden war, abgenommen. Die weiteren Standorte der 01 1063 lauteten: Bebra vom 30.09.1949 bis zum 11.03. 1954, Kassel vom 12.03. bis zum 14.04.1954, Bebra vom 15.04.1954 bis zum 15.04.1958, Osnabrück Hbf vom 30.06.1958 bis zum 29.09.1968 und Rheine vom 30.09.1968 bis zur z-Stellung am 1.06.1975 bzw. Ausmusterung am 27.06.1975.

012 075-8

Von BMAG, vormals L. Schartzkopff, unter Fabriknummer 11331 hergestellt, gelangte die damals noch in Stromlinienverkleidung ausgeführte 01 1075 am 12.08.1940 zur Deutschen Reichsbahn und wurde

🔺 Abb. 183 - Neun Wagen, d.h. mit Verkehrsgewicht von rund 400 t Anhängelast, waren für eine Rheiner 012 (01^{10}Öl) keine Schwerstarbeit. Hinzu kam noch, dass die Emslandstrecke kaum nennenswerte Steigungsabschnitte aufweist. Schaut man sich die Höhen von Rheine (35 m), Meppen (14 m), Leer (3 m) und Emden (1 m) an, dann besitzt die 141 km lange Strecke bei 34 m Höhenunterschied eine Steigung oder ein Gefälle von nur 0,24 Promille.
Im Bild verlässt 012 066-7 mit D/E 734 um 12.56 Uhr den Bahnhof Lingen (Ems) in südliche Richtung.
Dieser Zug startete um 10.53 Uhr in Norddeich Mole und fuhr über Rheine, Münster, Hamm und Wuppertal bis nach Köln Hbf, Ankunftszeit dort um 16.08 Uhr. Die gesamte Strecke umfasst eine Länge von 372 km, so dass sich eine durchschnittliche Reisegeschwindigkeit von 70,86 km/h errechnen lässt. – Für den Statistiker ist noch erwähnenswert, dass dieser Zug nach Kursbuch bis Hagen als D 734 und ab Hagen nach Köln als E 734 geführt wurde (März 1973).

🔻 Abb. 184 - Blick über den Kesselscheitel einer Rheiner 042 (41Öl), auch in der Fortführung dieser Aufnahme steht eine weitere Maschine dieser Baureihe, somit Kopf an Kopf. – Im Vordergrund sieht man zunächst die beiden Sicherheitsventile Bauart Ackermann. Diese Ventile öffnen sich selbständig, wenn der Dampfdruck im Kessel den zulässigen Wert von beispielsweise 16 um 0,4 bis 0,6 kp/cm^2 überschritten hat. Im Eisenbahnerjargon heißt dies, dass der Kessel abbläst. Im weiteren Verlauf sieht man den Speisedom mit seiner Verkleidung, rechts und links Dampfentnahmestutzen. Weiter vorne sieht man links den Generator, auf der gleichen Höhe rechts die Dampfpfeife und schließlich noch weiter vorne die Abdeckhaube des Heißdampfreglers. Interessant auch der Schornstein mit doppelter Verkleidung. Der innere Schornstein gehört zur Saugzuganlage, der äußere nimmt verschiedene Abdampfleitung auf, z.B. auch die des Generators. – Schaut man weiter zur nächsten Lok, erkennt man die verschiedenen Aggregate in seitenverkehrter Anordnung (Mai 1973).

Abb. 185 · Für die Eisenbahngeschichte in Deutschland stellt diese Aufnahme eine bedeutsame Szene dar: Der letzte dampfgeführte Schnellzug der Deutschen Bundesbahn! Hier sehen wir 012 081-6 mit Schnellzug D 714 (München – Rheine – Norddeich) in voller Fahrt bei Streckenkilometer 262, d.h. kurz hinter der Stadt Meppen, deren Bahnhof dieser Zug um 17.24 Uhr verlassen hat. Das Endziel Norddeich Mole wird dieser Schnellzug nach 125 km Fahrt um 18.57 Uhr, also in einer Stunde und 33 Minuten erreichen (Durchschnittsgeschwindigkeit 80,65 km/h). – Die Zuglok hat hinter ihrem Nummernschild einen letzten Blumengruß eingesteckt bekommen. – Ganz im Hintergrund dieser Stadt Meppen erkennt man noch den Turm der Kirche der katholischen Propsteigemeinde St. Vitus (Samstag, 31.05.1975).

● Abb. 186 - Schnellzuglokomotive BR 012 (01¹⁰Öl) verfügt über ein Dreizylindertriebwerk, bei dem der dritte Zylinder innen gelagert und um 600 mm nach vorne gezogen ist. Dieser Zylinder wirkt auf die erste Antriebsachse. Trotz des Vorziehens dieses Innenzylinders reduzierte sich die Länge der Treibstange im vergleich zu den Außenzylindern um ganze 1.700 mm. Aus dieser kürzeren Länge resultieren wiederum höhere Winkelkräfte für die Treibstange. Die erste Treibachse ist als Kropfachse ausgebildet und aus Stahl in einem Stück gegossen. Hier werfen wir einen Blick unter die Lok und sehen diese Kropfachse mit Treibstangenlager, Lagerstellkeil und allen anderen Details. – Während die Treibstangen der beiden Außenzylinder an den Kuppelrädern mit Wälzlagern versehen sind, muss das Kuppelradlager des mittleren Zylinders konstruktionsbedingt noch mit einem zweigeteilten Gleitlager auskommen.

● Abb. 187 - Am drittletzten Tag, an dem noch mit Rheiner Schnellzuglok der Baureihe 012 (01¹⁰Öl) Reisezüge gefahren wurden, warten 012 081-6 und 012 066-7 auf ihre nächsten Einsätze. Die 012 066-7 erbrachte an jenem Tag die drei folgenden Leistungen: D 736 von Rheine nach Norddeich Mole, E 2730 von Norddeich Mole nach Rheine sowie E 2733 von Rheine nach Emden Hbf. Die gesamte Tagesleistung lag somit bei 493 km, dazu gehörende Rangierfahrten nicht gerechnet. – Die 012 081-6 hatte an diesem Tag Ruhe. Aus diesem Grund wurde sie auch für die geplanten Nachtaufnahmen ausgesucht. Erst am folgenden Tag beförderte sie den Schnellzug D 735 von Rheine nach Norddeich Mole, bei der auch ein Kamerateam des Westfälischen Rundfunks (WDR) auf dem Führerstand mitfuhr (29.05.1975).

11 Tage später am 23.08.1940 abgenommen. Im Anschluß wurde sie vom 24.08.1940 bis zum 20.01.1944 in Hannover Hbf stationiert. Bereits in den ersten Jahren störte die Vollverkleidung die Wartung der Maschine so deutlich, dass man ihr im AW Braunschweig zum 27.11.1943 die untere Partie der Stromlinienverkleidung entfernte. Mangels Schnellzugleistungen wurde die 01 1075 am 21.01.1944 nach Braunschweig umbeheimatet und gleichzeitig auf w-gestellt. Dort blieb sie auch in den folgenden Jahren und wurde, inzwischen in schon stark mitgenommenem Zustand, zum 1.01.1947 von der Ausbesserung zurückgestellt. Gleich ihren Schwestermaschinen entsann man sich zwei Jahre später dieser leistungsfähigen Lokomotive und überführte die 01 1075 zum PAW Henschel nach Kassel. Dort erhielt sie in der Zeit vom 13.01. bis zum16.05.1949 eine Untersuchung L4, bei der auch die restliche Stromlinienverkleidung entfernt wurde. Vom 17.05.1949 bis zum 28.06.1955 diente sie dann in Hagen-Eckesey, gelangte vom 29.07.1955 bis zum 28.09.1968 nach Osnabrück Hbf und wurde vom 29.09.1968 bis zum 25.09.1971 in Hamburg-Altona beheimatet. Schließlich wurde die inzwischen mit 012 075 bezeichnete Lokomotive ab 26.09.1971 in Rheine stationiert und verblieb dort endgültig bis zur z-Stellung am 1.06.1975 bzw. zur Ausmusterung am 27.06.1975. Erwähnenswert ist auch, dass diese Maschine zum 31.05.1954 einen modernen, geschweissten Neubaukessel sowie zum

19.09.1957 eine Ölhauptfeuerung eingebaut bekommen hatte. – Nachdem die 012 075 auch nach ihrer Ausmusterung aus Verkaufsgründen betriebsfähig abgestellt werden musste, konnte sie im Frühjahr 1976 von der niederländischen Eisenbahnfreundvereinigung „Stoom Stitching Nederland" (SSN) erworben werden. Am 12.03.1976 gelangte die zwischenzeitlich in Lehrte abgestellte und vom gleichen Verein erworbene 023 023 mit eigener Kraft nach Rheine, nahm die 012 075 in Schlepp und setzte so ihren Weg über Hengelo – Arnheim – Utrecht – Gouda nach Rotterdam fort.

012 082-4

Als Stromlinienlok unter Fabriknummer 11338 bei BMAG gebaut, gelangte die 01 1082, wie sie zu jener Zeit bezeichnet wurde, am 22.04.1940 zur Deutschen Reichsbahn. Nach der am 7.05.1940 erfolgten Abnahme wurde die 01 1082 vom gleichen Tage bis zum 1.12.1942 in Bebra beheimatet. Dem Bw Braunschweig Hbf war sie vom 2.12.1942 bis zum 28.02.1945 zugeteilt. Da die Kriegsgeschehen auch in der Folgezeit keine Schnellzugleistungen mehr zuließen, wurde die 01 1082 vom 1.03.1945 bis zum 18.03.1948 von der Ausbesserung zurückgestellt. Wegen des wieder sich langsam entwickelnden Verkehrsaufkommens erhielt sie im AW Nied in der Zeit vom 19.03.

Abb. 188 - Während Nachtaufnahmen von stehenden Dampflokomotiven ein beliebtes Thema sind
und durch überlange Belichtungszeiten entstehen,
wurden Bilder von fahrenden Maschinen bisher nicht
bekannt. Hier eine Ausnahme. Wir sehen die Rheiner
012 081-6 sowie 042 271-7 in voller Fahrt vor
einem fünf Eilzugwagen umfassenden Sonderzug,
aufgenommen bei Rheine. Dieses Bild wurde mit
Hilfe von über 15 leistungsstarken professionellen
Elektronik-Blitzen des Typs Metz Mecablitz 402 erstellt. Das gemeinsame Auslösen aller Blitze erfolgte
drahtlos über Zündblitz und Fotozellen. Die noch
schwach wahrnehmbare Oberleitung lässt erkennen,
dass auch auf dieser Strecke bald nur noch elektrisch
gefahren werden wird. Weitere Erläuterungen
sind im zugehörigen Text auf Seite 238 zu finden
(29.05.1975).

bis zum 6.05.1948 eine Überholung nach der Schadgruppe L3 und diente danach vom 7.05.1948 bis zum 22.06.1949 beim Bw Bebra. Im AW Nied erfolgte dann vom 23.06. bis 30.09.1949 eine weitere Untersuchung L4 sowie die Entfernung der restlichen Stromlinienverkleidung. Eine Teilentstromung im Bereich des Fahrgestells hatte bereits zum 4.11.1941 im RAW Meiningen stattgefunden. Die weiteren Stationen dieser Maschine lauteten: Bebra vom 1.10.1949 bis zum 13.02.1963, AW Braunschweig vom 14.02. bis 14.07.1963, Kassel vom 18.04.1963 bis zum 21.09.1964, AW Braunschweig vom 22.09. bis zum 20.10.1964, Osnabrück Hbf vom 21.10.1964 bis zum 27.09.1968, Hamburg-Altona vom 28.09.1968 bis zum 30.09.1972 und Rheine vom 4.10.1972 bis zur z-Stellung am 12.09.1974. Die Ausmusterung

🔺 Abb. 189 - Lokzüge, d.h. Leerleistungen, kamen dann vor, wenn nach einer Zugfahrt an einen bestimmten Ort von dort aus keine Rückleistung vorhanden war. Andererseits kam es auch vor, dass an einem anderen Ort zwar eine Zugleistung gefragt war, aber keine Lokomotiven zur Verfügung standen. Dann mussten eben die benötigten Lokomotiven dort hingeschickt werden. Auf unserm Bild sehen wir einen solchen Lokzug mit 043 100-7 und 042 308-7 im sonnigen Abendlicht auf der Fahrt nach Norden. Diese Aufnahme entstand nördlich von Meppen (Mai 1973).

erfolgte am 5.12.1974. Der Einbau des DB-Neubaukessels wurde am 10.10.1956 durchgeführt, die Ölhauptfeuerung in der Zeit vom 3.07. bis zum 15.08.1957 bei Henschel in Kassel installiert. – Eigentlich hatte man die Schwestermaschine 012 077 für die Überführung nach Berlin vorgesehen. Wegen eines Bremsschadens lösten sich jedoch schon auf dem westdeutschen Abschnitt des Weges nach Berlin mehrere Radreifen, so dass die Maschine wieder nach Braunschweig zurückkehren musste. Aus diesem Grunde tauschte man gegen die nun beschädigte Lokomotive, die ebenfalls im AW Braunschweig stehende 012 082 ein.

🔺 Abb. 190 - Die letzte Leistung der Rheiner 012 066-7 galt am 31.05.1975 dem Schnellzug D 715 von Norddeich Mole nach Rheine. Unser Bild zeigt diesen Zug bei seinem zweiminütigen Aufenthalt im Bahnhof Leer. Oberlokführer Bruns nutzt diesen Halt, um mit diesen in Kreide aufgemalten Abschiedsgruß auf die historische Bedeutung dieser letzten Fahrt hinzuweisen. Auch auf dieser Fahrt war der Verfasser auf dem Führerstand mit dabei (31.05.1975).

Abb. 191 - 012 075-8 führt den Eilzug E/N 3265 von Rheine nach Emden, aufgenommen in voller Fahrt nördlich von Meppen. Der vordere Teil der Lok weist zwar etwas Bewegungsunschärfe auf, jedoch ist der Zug bis zum letzten Wagen scharf abgebildet. Das ist wiederum der Vorteil einer Plattenkamera, die sich nach Scheimpflug in drei Dimensionen verstellen lässt. Der E/N 3265 wurde von Münster nach Rheine elektrisch geführt und kam dort um 17.32 Uhr an. Nach acht Minuten Umspannzeit fuhr dieser Zug um 17.40 Uhr weiter und kam nach fünf Zwischenhalten um 19.08 Uhr in Emden Hbf an. Der Umbauwagen B4yg, die fünf Eilzugwagen sowie der noch aus der Reichsbahnzeit stammende Eilzug-Gepäckwagen bringen einschließlich Verkehrsgewicht eine Anhängelast von rund 265 t zusammen. Eine Kleinigkeit für unsere Schnellzuglok. Die letzte Leistung der 012 075-8 verlief leider etwas unspektakulär: Nachdem sie am 30.05.1975 letztmalig den Schnellzug D 714 von Rheine nach Norddeich Mole gebracht hatte, lief sie als Lz weiter nach Emden Rbf (Rangierbahnhof). Dort übernahm die einst so stolze Schnellzuglok als Rückleistung nach Rheine den Güterzug Dg 54 566 und brachte diesen nach Rheine Rbf. Am folgenden Tag, den 31.05.1975, wurde das Ziel um 1.44 Uhr erreicht und anschließend abgespannt. Am 1.06.1975 wurde die Lok z-gestellt und am 27. des gleichen Monats ausgemustert. – Heute kann man diese stolze Lokomotive in den Niederlanden wieder im Betrieb erleben. Sie erhielt im Dampflokwerk in Meiningen eine Aufarbeitung und wurde am 28.05.2005 wieder in Betrieb genommen. Bei dieser Grundüberholung wurde die Lok auch auf Kohlefeuerung zurückgebaut.

Abb. 192 - Unseren Bilderbogen über Rheine und die Emslandstrecke beschließen wir mit der Aufnahme eines doppelten, 4.000 t schweren Erzzuges, auch Doppelpark genannt. Diese Ganzzüge laufen von Emden Rbf bis ins Ruhrgebiet, sie umfassen 50 Güterwagen (Selbstentladewagen) vom DB Typ Fad 168 mit 80 t Gesamtgewicht. Die Rheiner 043 167-6 und 042 160-2 müssen sich kräftig anstrengen, um mit ihrem schweren Zug über die Steigung im Einschnitt bei Lathen zu kommen. Der überflüssige Qualm, der aus den Schornsteinen beider Lokomotiven kommt, verrät uns, dass hier nicht vorschriftsmäßig mit Luftüberschuß gefahren wird. Ein Teil des Heizöles verlässt nur unvollständig verbrannt die Lokomotive (Streckenkilometer 274.6, Mai 1973).

5.8 Lokomotiven der Deutschen Reichsbahn in Mitteldeutschland

Durch das zweigeteilte Deutschland einerseits und der unterschiedlichen politischen Entwicklung andererseits durchliefen in der Zeit nach dem Zweiten Weltkrieg auch die beiden geografisch getrennten Bahnverwaltungen völlig unterschiedliche Enwicklungen. Das in Mitteldeutschland verbliebene, durch Kriegseinwirkungen sehr in Mitleidenschaft gezogene Streckennetz wurde zwar wieder ausgebessert und für einen Mindestverkehrsbetrieb Instand gesetzt, parallel hierzu liefen jedoch die im Auftrag der russischen Besatzer angeordneten Demontagen, die als Kriegsbeute nach Russland verfrachtet wurden. Die sozialistische Bruderliebe hielt sich bei materiellen Dingen wohl sehr in Grenzen.

Hatte das unter demokratischer Führung stehende Westdeutschland nach der Währungsreform eine imposante Entwicklung absolviert (Wirtschaftswunder), konnte sich das mitteldeutsche Gebiet unter der kommunistischen Fuchtel nur sehr zaghaft und schwer entfalten.

Wie alle anderen Wirtschaftsbereiche des Landes litt auch die Deutsche Reichsbahn unter Mittelknappheit sowie unter der technologischen Isolation vom wieder erstarkten Westen. Neidisch mussten damals jene Reichsbahner werden, die durch die Beteiligten am Interzonenverkehr einen Blick in den Westen werfen konnten und so hautnah die immer größer werdenden Unterschiede in Technik und Betrieb mitbekamen. Grundsätzlich standen die Berufseisenbahner in Mitteldeutschland ihren Kollegen im Westen in nichts nach. Die unterschiedliche Entwicklung sowie die schwache Wirtschaftskraft unter dem SED-Regime erlaubte nur bescheidene Investitionen für Bahnanlagen und neue Fahrzeuge. Durch die verhältnismäßig geringen Einnahmen aus dem subventionierten, d. h. nicht kostendeckenden Personen- und Güterverkehr sowie der permanenten Devisenknappheit standen keinerlei Mittel zur Verfügung, um moderne Fahrzeuge und Betriebseinrichtungen aus dem Westen zu beziehen.

Eigentlich muss man diese Eisenbahner bewundern, dass sie in manchmal hoffnungslosen Situationen eine brauchbare Lösung fanden und sich ihrer besonderen Verantwortung bewußt waren. Dies galt auch für den Betriebsmaschinendienst.

Weil der Traktionswechsel, d.h. der Ersatz der vorhandenen Dampflokomotiven durch moderne elektrische und Brennkraft-Lokomotiven noch in weiter Ferne lag, die Züge immer schwerer und die Forderungen nach kürzeren Fahrzeiten immer deutlicher wurden, musste etwas geschehen. Neben der Beschaffung von neuen Dampflokomotiven, deren technische Eigenschaften nicht immer die in sie gestellten Erwartungen erfüllten, wurden vorhandene Lokomotiven modernisiert. Als ein gelungener Umbau, im mitteldeutschen Sprachgebrauch als Rekonstruktion bezeichnet, darf die modifizierte Reichsbahn-01 gelten, die unter der Bezeichnung 01^5 in Betrieb ging. In Kapitel 4.14 auf Seite 51 ist diese Lokomotive näher beschrieben.

Da die zulässige Höchstgeschwindigkeit auf allen Strecken der DR (Deutsche Reichsbahn) auf 120 km/h begrenzt war, konnte sich die umgebaute 01^5 nicht durch höhere Geschwindigkeit, jedoch durch ihr besseres Beschleunigungsvermögen und ihre höhere Kesselleistung profilieren.

Sicher wird sich mancher Eisenbahnfreund fragen, warum die Neubaukessel der Baureihe 01 der Deutschen Bundesbahn nicht so leistungsfähig waren. Hier kann vielleicht ein Hinweis des Verfassers weiterhelfen. Hätte der Neubaukessel der DB-01 einen Stehkessel mit 23,5 anstelle 22 m^2 Strahlungsheizfläche sowie eine Rostfläche von ca. 4,5 anstelle von 3,95 m^2 erhalten, wäre die Kesselleistung wesentlich höher ausgefallen. Dies hat mit der Klie´schen Kurve, d.h. Belastbarkeit des Kessels zu tun. Bei 171,09 m^2 Langkesselheizfläche und 23,5 m^2 feuerberührter Heizfläche hätte sich eine Klie´sche Zahl von 7,28 errechnet. Dies wiederum hätte eine Kesselbelastung von 85 kg/m^{2}h ermöglicht, so dass der Kessel (23,5 + 171,09) x 85 = 16.540 kg Dampf pro Stunde geliefert hätte. Bei einer Leistung von 1.872 PSe in der Normalausführung, die bei einer Kesselleistung von 14.482 kg/h errechnet wurde, würde sich aus der höheren Verdampfungsleistung von 16.540 kg/h die erhöhte Leistung bei rund 2.138 PSe bewegen. Schade nur, dass im BZA Minden sich damals niemand intensiver mit der Planck´schen Strahlungsformel befasst hat.

Lokomotiven der Deutschen Reichsbahn konnten nur dann ohne Einschränkungen fotografiert werden, wenn sie im Rahmen der Interzonenzüge nach Bebra oder Hamburg fuhren. In Mitteldeutschland war das Fotografieren von Zügen nicht ganz unproblematisch, da für die Motivauswahl strenge Regeln galten. Und für einen Volks- oder Transportpolizisten war die Auslegung der Fotografiererlaubnis dehnbar wie ein Gummiband, zumeist aber immer zum Nachteil des Eisenbahnfreundes. Je nach Tagesstimmung und geografischer Situation konnte die jeweilige Reaktion der Hoheitswächter völlig unterschiedlich und damit unberechenbar ausfallen.

Aus diesem Grund ging der Verfasser immer auf Nummer sicher und beantragte stets eine offizielle Genehmigung für eine bestimmte Berichterstattung beim Deutschen Modelleisenbahn-Verband der DDR (DMV). Dieser Verband sorgte für die Einreisegenehmigung sowie für die sonstigen Formalitäten, wobei die mit dem Besuch verbundenen Übernachtungen stets in Interhotels der DDR obligatorisch waren.

Der Verfasser besuchte die große Lokomotivausstellung in Radebeul 1982 sowie die zweitägige Veranstaltung des Verbandes der Modelleisenbahner im Jahr 1983. Letztere bot neben verschiedenen Sonderfahrten auch den Besuch des Bw Glauchau an, in dem die lokalen Mitarbeiter der DR den Tag des Eisenbahners feierten. Diese Veranstaltung war für die Öffentlichkeit nicht zugänglich, sondern nur für die Mitarbeiter der DR und deren Familienangehörige.

Der verantwortliche Dienststellenleiter, Reichsbahnoberrat Rainer Kühn, war über den Besuch des Verfassers bereits informiert und bot zugleich seine Unterstützung an. Neben verschiedenen Einzelaufnahmen aus der Reihe der vorhandenen Lokomotiven, wie z.B. 01 137, 38 1182, 50 3532-3, 58 3047-8, 74 1230, 86 001 und 86 1333. Auch wurde wieder eine kleine Lokparade inszeniert, bei der das Dach einer V100 als mobile Fotoplattform diente.

⊙ Abb. 193 - Die Dresdener Traditionslokomotive 01 137 darf sich im Bw Glauchau für die Rückfahrt nach Dresden vorbereiten. Unter Fabrik-Nr. 22 579 von Henschel & Sohn 1935 in Kassel gebaut, wurde diese Lokomotive bei der Reichsbahndirektion Breslau im Bw Breslau Hbf in Betrieb genommen. – Wer hätte damals am 12.06.1983 daran gedacht, dass diese Lokomotive einmal Eigentum des DB-Museums in Nürnberg werden sollte (12.06.1983).

39

01 0505-6

Zw Uni Mei
6. 8. 71

❶ Abb. 195 - Die 01 0505-6 noch einmal in Seitenansicht. Die neuen, geschweißten Zylinder, die Pumpengruppe sowie die neuen Windleitbleche sind genau zu ersehen. – Die obere Abschrägung am Beginn des Windleitbleches kennt man schon von der böhmischen Schnellzuglokomotive 498.1, nur war das Design dort gelungener. – Der Verfasser hätte auch gerne einmal die Berechnung der Strömungsmechanik dieser Windleitbleche eingesehen, insbesondere die Einbeziehung der Störgrößen, die durch Anbauten an der Kesselverkleidung vorhanden sind (Mai 1972).

❷ Abb. 194 - Frontaufnahme der Reichsbahn-Pacific 01 0505-6 im Bw Hamburg-Altona. Hier sind einige Details zu erkennen, die sonst nicht direkt auffallen. Die rechts und links angebrachten Verkleidungsbleche sind jeweils zweiteilig ausgeführt und verschraubt. Die Windleitbleche sind sehr stark gekrümmt und ragen noch über das Profil des oberen Umlaufbleches hinaus. Die in klarer Linienführung gehaltenen Windleitbleche der Bundesbahn-012 (01¹⁰) hätten dieser Maschine bestimmt noch mehr Eleganz verliehen. Nicht zu übersehen sind auch die Untersuchungsfristen: „Zw Unt Mei 6.8.71". Auch fehlt der Anschlußschlauch für die Dampfheizung (Mai 1972).

Rainer Kühn hat als Zeitzeuge die folgenden Ausführungen beigesteuert:

Mein Dienst bei der DR als Vorsteher des Bw Glauchau

Das Eisenbahner-Gen liegt bei mir im Blut: bis zu meinen Großvätern waren seit der zweiten Hälfte des 19. Jahrhunderts in meinem Stammbaum immer wieder Eisenbahner verzeichnet, sei es als Stellwerksmeister, Schrankenwärter, Streckenarbeiter oder Handwerker. Und so begann auch schon rechtzeitig meine Liebe zur Bahn.

Auf dem Schulweg stand an einer Eisenbahnkreuzung mit der Industriebahn Zwickau – Mosel (diese Strecke verlief parallel zur Hauptstrecke Zwickau/Sa. – Dresden, war 8 km lang und diente zum Bedienen unzähliger Gleisanschlüsse im Raum Zwickau und Crossen) fast immer eine Dampflok der BR 94.20 des Bw Zwickau und erweckte

Abb. 196 - Schnellzug D 457 von Bebra über Erfurt nach Leipzig (Interzonenzug), der in Bebra um 10.30 Uhr abgefahren ist. Er wird um 13.12 Uhr in Erfurt sein und um 14.52 Uhr Leipzig erreichen. Die Fahrt nach Erfurt dauerte somit zwei Stunden und 42 Minuten, eingeschlossen die rund 40 minütige Grenzkontrolle in Gerstungen. – Heute benötigt man für die Strecke von Bebra nach Erfurt mit dem IC nur noch 53 Minuten. – Der Streckenabschnitt von Bebra bis zum Hönebacher Tunnel hatte Steigungen bis acht Promille aufzuweisen. Mit den hier erkennbaren sechs Schnellzugwagen hat die Lok einschließlich des Verkehrsgewichts rund 265 t am Zughaken. Damit kann sie auf einer Steigung von acht Promille leicht 90 km/h erreichen. Wie man sehen kann, sind auf der Lok 01 0529-6 Lokführer und Heizer gut „behütet" (Mai 1973).

⬆ Abb. 197 - Der Hönebacher Tunnel, der eine Länge von 983 Metern aufweist, endet mit seinem östlichen Ausgang nur knapp vor dem Ortsbeginn von Hönebach. Hier sehen wir die 01 0501-5 mit einem Interzonenzug nach Erfurt, der gerade das östliche Tunnelportal verlassen hat. Diese Aufnahme wurde von der Straßenbrücke bei Hönebach erstellt (Mai 1972).

unsere Neugierde. Der absolute Höhepunkt war, wenn sich der Lokführer erbarmte und uns Jungs mal kurz auf den Führerstand klettern und ins Feuer schauen ließ. Da kam Respekt vor einer Dampflok auf, aber auch vor der verantwortungsvollen Tätigkeit eines Lokführers!

Nachdem die Grundschule abgeschlossen war, ging mein Weg in die Erweiterte Oberschule (Gymnasium) und parallel dazu in eine Versuchsklasse im RAW Zwickau (ein klassisches Dampflokwerk) zur Erlangung des Facharbeiterbriefes als Betriebsschlosser. Mein praktisches Gesellenstück war dann ausgerechnet das Einschleifen

der Ventilsitze eines Ramsbottom-Sicherheitsventils, wie es damals noch vielfach auf älteren Dampfloks zu finden war.

Inzwischen hatte ich mich zu einem Studium an der Hochschule für Verkehrswesen „Friedrich List" in Dresden beworben. Davor musste ich aber erst ein praktisches Jahr bei verschiedenen Dienststellen der

🔺 Abb. 198 - 01 0532-0 hat mit Schnellzug D 198 aus Erfurt den Bahnhof Hönebach durch-fahren und wird jetzt bald im davor liegenden Hönebacher Tunnel verschwinden. Er wird um 14.38 Uhr in Bebra eintreffen. – Die blühenden Kirschbäume verraten uns, dass der Monat Mai gekommen ist (Mai 1972).

DR absolvieren. Das erwies sich als sehr sinnvoll und ist bestens zu empfehlen. Im Rahmen dieser „Weiterbildung" erfolgte auch meine Ausbildung als Ellok-Beimann sowie als Lokheizer im Bw Dessau mit zweimonatigem Einsatz als Heizer auf der BR 55 (vor allem für Über-gabefahrten und Nahgüterzüge).

Mit Beginn meines Studiums 1962 wurde mir als Betreuungsdienst-stelle der DR das Bw Zwickau zugeteilt. Damit war dann auch immer wieder mal ein Besuch dieses Bw verbunden. Und in diese Zeit fiel auch die erste große Ablösewelle der Dampfloks. So wurden z.B. die bis dahin in Zwickau beheimateten Dampfloks der Baureihen 22 (ex 39), 38, 44, 58, 89 und 94 größtenteils durch E 11/42, E 94 und V 60 ersetzt.

Nach erfolgreichem Abschluss des Studiums an der HfV im Jahre 1967 startete mein erster Einsatz im Bw Zwickau (ab Mitte 1970 nur

⬇ Abb. 202 - Am Tag der Eisenbahner, der im Bw Glauchau am 11. und 12.06.1983 begangen wurde, hatte die Leitung dieses Bahnbetriebswerkes alle Hände voll zu tun, um die vielfältigen Aktivitäten in die gewünschte Richtung zu bringen. Hier als Dankeschön eine Erinnerungsaufnahme zu dieser Veranstaltung (von links): Dipl.-Ing. Rainer Kühn, Reichsbahnoberrat und Dienststellenvorsteher, Winfried Liebschner, Deutscher Modellbahnverband, Ing. Peter Kaiser (†), Tu- bzw. C-Gruppenleiter und Gottfried Borsdorf, Betreuer. Kühn war damals der einzige Akademiker vor Ort. Liebschner und Borsdorf waren Mitglieder der SED. Liebschner war von der Reichsbahn zum Deutschen Modelleisenbahnverband (DMV), Sektion Dresden, abgestellt. Er war auch stets der Einladende und Betreuer des Verfassers, wenn es um Besuche und Reportagen bei der Deutschen Reichsbahn ging (12.06.1983).

⬆ Abb. 203 - Auf dem Führerstand der Güterzuglokomotive 50 3523-3 wird der nächste Einsatz besprochen. Links Dr. Hans-Jürgen Löffler, ein ehrenamtlicher Mitarbeiter des Bw Glauchau, der dort als Lokheizer tätig war. In der Mitte Oberlokführer Kurt Langer und daneben Gottfried Borsdorf, ein Betreuer (12.06.1983).

⬅ Abb. 204 - Heizer Dr. Hans-Jürgen Löffler, ehrenamtlicher Heizer im Bw Glauchau, entfernt bei der Güterzuglokomotive 50 3523-3 aus der Rauchkammer die Lösche. Auch diese Arbeit gehörte zum Vorführprogramm am Tag des Eisenbahners im Bw Glauchau (12.06.1983).

◀ Abb. 199 - (Seite 268) Hier hat der Heizer auf der 01 0529-6 den Ölschieber voll geöffnet. Die Lok qualmt, weil nicht mit Luftüberschuss gefahren wird und ein Teil des Heizöls nur halb verbrannt den Schornstein verlässt (Mai 1972).

Abb. 201- Am Tag der Eisenbahner im Bw Glauchau durfte auch die vom Verfasser gerne praktizierte Dampflokparade nicht fehlen. Auf dem Führerhausdach einer Brennkraftlokomotive V 100 wurde die Linhof Super Technika aufgestellt und in die gewünschte Position rangiert. Auf „Eins, zwei, drei" zogen die Lokführer auf den Maschinen 50 3523-3, 58 3047-6 und 74 1230 ihre Dampfpfeifen. Ein Blick auf die Tender der links stehenden Lokomotiven verrät uns etwas über die Qualität der gebunkerten Kohle. Bei einer so kleinen Korngröße wird der Heizer wohl keine Freude haben (12.06.1983).

◀ Abb. 207 - Bei der Rückfahrt nach Dresden, die am Samstag, den 11.06.1983 stattfand, verlief alles nach Programm. Hier ein Blick aus dem Fenster des dritten Wagens. An diesem Tag hatte die P8 den Vorspann übernommen und die 01 137 die Funktion der Zuglok übernommen. – Dieses Bild entstand in einer scharfen Linkskurve kurz vor Oederau (11.06.1983).

▲ Abb. 205 - 58 3047-6 auf der Drehscheibe des Bw Glauchau, aufgenommen vom Führerhausdach einer V 100. Diese 1'Eh3 Güterzuglokomotive war durch Umbau einer preußischen G 12 entstanden. Der Einbau eines neu konstruierten Ersatzkessels mit Verbrennungskammer, die Verlängerung des Rahmens und die neue Frontgestaltung ließen keine Verbindung zur ursprünglichen G 12 erkennen.

In Kenntnis der Planck'schen Strahlungsformel hätte man bei diesem neu konstruierten Kessel die Verbrennungskammer ruhig um einen halben Meter länger ausführen können. Dann hätte man bei einer Strahlungsheizfläche von rund 20,5 m² sowie einer leicht reduzierten Konvektionsheizfläche von 137,97 m² (minus 11 %) ein Verhältnis von 6,73 erzielt. Nach der Klie'schen Kurve wäre dann eine Kesseldauerbelastung von ca. 90 kg/m²h und eine Kesselleistung von 14,3 t/h möglich geworden. Damit hätte diese Umbaulok den Leistungsbereich der Baureihe 44 tangiert, das ganze jedoch bei nur 17,7 t Radsatzlast und damit auch auf Nebenstrecken einsetzbar (12.06.1983).

Abb. 206 - An den beiden „Tagen des Eisenbahners", die am 11.-12.06.1983 im Bw Glauchau gefeiert wurden, veranstaltete der Deutsche Modelleisenbahn-Verband (DMV), Bezirksvorstand Dresden, zwei Sonderzüge, die mit wechselnder Bespannung gefahren wurden. Zum Einsatz kamen hierbei 01 137, 35 1113, 38 1182, 50 1002, 86 1001 und 86 1333. Diese beiden Sonderzüge umfassten jeweils 11 Wagen (mit Verkehrsgewicht ca. 550 t). Die Rückfahrt von Glauchau erfolgte in beiden Fällen über die schon seit Jahren elektrifizierte Magistrale von Glauchau über Chemnitz (damals noch Karl-Marx-Stadt) nach Dresden. Hier sehen wir die sonntägliche Rückfahrt vom 12.06.1983 auf der rund 25 Promille messenden Steigung bei Flöha (zwischen Chemnitz und Freiberg). Wenn man die beiden Lokomotiven genauer betrachtet, kann man am jeweiligen Auspuff erkennen, dass die 01 137 schwer arbeitet, während die 38 1182 nur den Hilfsbläser anhat. Während bei der Fahrt am Vortag die Tonbandfreunde voll auf ihre Kosten kamen, hatten am Folgetag unvorhergesehene Umstände diesen Akustikern den Spass verdorben. Schon nach kurzer Fahrstrecke traten auf der P8 bei der einige Tage zuvor getauschten Speisepumpe Schwierigkeiten auf, so dass die P8 nur noch mit Schmierdampf im Zugverband mitlaufen konnte. Die 01 137 musste somit einen über 650 t schweren Reisezug alleine nach Dresden befördern. Dabei traten nur ganz wenige Minuten Verspätung ein (12.06.1983).

noch Einsatzstelle des Bw Reichenbach) in der Gruppe Tfz-Betrieb als Technologe (Dienstplanbearbeiter) und seit Anfang 1970 als Tb-Gruppenleiter (B-Grl). In dieser Zeit erfolgte meine Ausbildung zum Triebfahrzeugführer auf Elloks (BR 211/242, später noch 243, 250 und allen gängigen Diesellok-Baureihen).

Schließlich übernahm ich am 01.07.1973 das Bahnbetriebswerk Glauchau als Vorsteher, wo auch Dampfloks wie gehabt ihre treuen Dienste versahen. Allerdings wurde mein damaliger Wunsch, die Dampflokführerausbildung zu absolvieren, von vorgesetzter Stelle strikt abgelehnt mit der Begründung, das dauere zum einen viel zu lange und zum anderen würde sich das gar nicht mehr lohnen, da der Dampflokeinsatz im Auslaufen begriffen sei. Bis dahin sollte es aber noch ganze 15 Jahre dauern! Zum Glück hatte ich immer zwei ganz dampflokerfahrene Gruppenleiter an meiner Seite, auf die ich mich stets voll verlassen konnte.

Das Bw Glauchau gehörte zur Kategorie der „mittleren" Bahnbetriebswerke der Rbd Dresden, lag an der Strecke Dresden – Werdau sowie am Beginn der Strecke Glauchau – Großbothen und hatte je nach Personallage zwischen 320 und 350 Beschäftigte einschließlich der Einsatzstellen Rochlitz, Oelsnitz/Erzg. und Stollberg/Sa.

1973 war der Traktionswandel im Bw Glauchau auch schon voll im Gang. So kamen im Streckendienst die ersten V 100 sowie V 180 zum Einsatz, im reinen Rangierdienst nur noch V 60 und eine V 23. Aber den Hauptanteil an den Zugförderungsleistungen sollten noch über viele Jahre die Dampflokomotiven erbringen. Dafür standen für die Hauptstrecken Richtung Altenburg sowie nach Gera und weiter nach Zeitz Loks der BR 58.30 (Reko-58er) zur Verfügung, für die Nebenstrecken die BR 86 für alle Reise- und Güterzugleistungen neben den Zügen, die bereits von Dieselloks gefahren wurden.

Und dann kam im Februar 1981 plötzlich der große Schlag: die Dampfloks mussten sofort weg, es wurde spontan und komplett „verdieselt"! Offenbar hatte es auf dem Weltmarkt eine Steinkohlenkrise sowie einen Erdölboom gegeben. Aber das sollte sich 1982 nochmal total ändern: nach einer 13-monatigen Dampfpause wurden die noch verwendungsfähigen Dampfloks im März 1982 wieder einsatzfähig gemacht und u.a. auch im Bw Glauchau in den planmäßigen Dienst eingereiht. Das bezog sich im wesentlichen auf die BR 50.35 und 86, aber zeitweise waren in Glauchau auch Loks der BR 52 planmäßig eingesetzt, kurzzeitig eine Altbau-50er sowie Loks der BR 64 (als Lokhilfe für vorübergehend an andere Bw'e abgegebene 86er).

Außerdem gab es noch die zunächst nicht betriebsfähige Dampflok 74 1230 (S-Bahn-Lok), die dem Bw Glauchau zunächst nur zur Pflege für Traditionszwecke übergeben wurde. Nach ihrer Aufarbeitung im RAW Meiningen erfreute sie bei ihren vielen Sonderfahrten immer wieder die Dampflokfreunde, musste jedoch bald wieder in ihre angestammte Heimat nach Berlin abgegeben werden

Doch bereits nach diesem neuerlichen Kurswechsel konnte man absehen, dass die Dampflokära auch bei der Deutschen Reichsbahn irgendwann mal ganz zu Ende gehen wird. Und im Jahr 1988 war es dann soweit. Im Rahmen einer Lokausstellung zum Tag des Eisenbahners am 12.06. wurde die Lok 50 3670, die den Sandzug 56353 von Rochlitz nach Glauchau befördert hatte, symbolisch für alle anderen Dampfloks

verabschiedet, und nach ihrer Fahrt in den Lokschuppen schlossen sich hinter ihr die Schuppentore, für Dampflokfans (und auch manch anderen Besucher) ein bewegender Moment.

Aber auch von spektakulären Unfällen blieben wir im Laufe meiner Amtszeit im Bw Glauchau nicht verschont. So kam es am 10.12.1978 im Bahnhof Wetterzeube (an der Strecke Gera – Zeitz) zu einer schweren Entgleisung der Lok 58 3049 beim Dg 58314, als das Lokpersonal das „Klappern" eines Signalflügels am durchgehenden Hauptgleis 1 irrtümlich für sich als Fahrauftrag aufnahm und aus Gleis 3, der Überholung, startete. Nach Überfahren des Prellbocks hinter der Schutzweiche endete die Fahrt sozusagen im Dreck, die Lok war bis zu den Achsen verschwunden. Die Hilfszugmannschaft des Bw Gera tat dann das einzig richtige: sie schob Schienenstücke unter die Räder, spannte eine Dampflok mit einem dicken Stahlseil davor und zog die 58er wieder zurück aufs Gleis. Ein alter Trick, der aber meistens (zumindest bei und mit Dampfloks) funktionierte.

Und genau diese Dampflok sollte noch Geschichte schreiben. Zunächst wurde sie einige Jahre später als Traditionslok des Bw Glauchau bestimmt. Aber das hatte sich bald erledigt, als im Bw dringend ein Dampfspender benötigt wurde. Schweren Herzens musste ausgerechnet die 58 3049 dafür herhalten. Dafür wurde die Lok „amputiert", d.h. die Halterung für die 5. Kuppelachse wurde abgeschnitten und diese Kuppelachse entfernt, um zum Restaurieren den Tender gemeinsam mit dem „Aschewagen" über eine schiefe Ebene aus dem Kanal herausfahren zu können. Inzwischen wurde diese Lok äußerlich wieder aufgearbeitet und steht abgestellt in einem optisch guten Zustand im ehemaligen Bw Schwarzenberg.

Um einiges besser erging es da der Lok 58 3047. Sie wurde nach dieser Dampfspenderaktion zur Traditionslok gekürt und sollte noch viele Jahre zur Freude aller Eisenbahnfreunde, speziell der Dampflokfans, vor Sonderzügen und auf Ausstellungen die Schönheit und die geballte Kraft einer Dampflok präsentieren. Leider sind bei ihr Fristen abgelaufen, so dass sie momentan nur noch kalt im Bw Glauchau abgestellt zu bewundern ist. Sie kann sich aber rühmen, der „Interessengemeinschaft Traditionslokomotive 58 3047 e.V.", kurz IG 58 3047, ihren Namen gegeben zu haben. Dieser Verein kümmert sich mit großer Hingabe um die Weitergabe traditioneller Werte der Bahn, u.a. mit den jährlich stattfindenden Fahrzeug-Ausstellungen im Bereich des Bw Glauchau. Und das Paradestück der IG 58 3047 ist momentan die fahrbereite vereinseigene Dampflok 35 1097 (BR 23), die bei ihren Traditionsfahrten überall für große Begeisterung sorgt.

Mit ihren Veranstaltungen setzen diese Kollegen eine alte Tradition des Bahnbetriebswerkes Glauchau fort. So fanden große Lokausstellungen, oft gemeinsam mit dem Deutschen Modellbahnverband Dresden, bereits in den Jahren 1980, 1983 und 1988 jeweils zum Tag des Eisenbahners Anfang Juni statt. Dabei aktiv mitzuwirken, brauchte kein Beschäftigter des Bw animiert zu werden, da musste man einfach mitmachen. Das begann z.B. beim Putzen der Ausstellungsstücke, ging über die verantwortungsvolle Durchführung betrieblicher Aufgaben, den Verkauf von Souvenirs und Eintrittskarten und letztlich auch über die Sicherstellung des leiblichen Wohles. Hiervon konnte sich der Autor dieses Buches, J. Michael Mehltretter, 1983 persönlich überzeugen und hat anschließend seine Gedanken dazu in einer Ausgabe des Eisenbahn Kurier mit großem Lob, vor allem für das Personal der Betriebsküche, zum Ausdruck gebracht.

Höhepunkt einer solchen Ausstellung war z.B. eine Paralleleinfahrt zweier mit Besuchern besetzter, dampfbespannter Sonderzüge aus Richtung Dresden bzw. Rochlitz in den Bahnhof Glauchau. Und diese Zugloks ließen sich dann auch noch im Bw bewundern, genauso wie ihr Personal! Das Fazit dieser Lokschauen war, dass zum einen viele Eisenbahnfreunde ihre be- und geliebten Loks bewundern konnten, zum anderen aber auch ganz viel Werbung für die Bahn gemacht wurde, was auch für die jetzigen Ausstellungen gleichermaßen gilt.

Das Wahrzeichen des – inzwischen unter Denkmalschutz stehenden – Bahnbetriebswerkes Glauchau ist natürlich sein weithin sichtbarer Schornstein (auch Esse oder Kamin genannt). Er diente dazu, mit seiner Sogwirkung den Lokschuppen möglichst rauchfrei zu halten. Im Jahre 1984 mussten nach all den Jahren dringende Reparaturarbeiten an dem Schornstein vollzogen werden, u.a. Risse ausgebessert und der Essenkopf erneuert werden. Die Arbeiten waren schon recht weit fortgeschritten, als ein ungewöhnlich starker Sturm in einer Nacht mehrere Teile der Arbeitsbühne herunterschleuderte, zum Glück ohne personelle Schäden. Viel aufregender gestaltete sich aber der Wiederaufbau dieser Plattform für die Essenbauer in großer Höhe, da traute man sich kaum von unten hinzuschauen, es ging alles gut, und die ganze Aktion endete mit dem wohlverdienten „Bauheben".

Und dann gibt es noch eine nette Geschichte über den ewigen Kampf zwischen „Schwarz und Weiß": unmittelbar neben dem Bw-Gelände steht die „Scheermühle", ein Betrieb, der Getreide über ein Zuführungsgleis im Bw geliefert bekam und daraus Mehl herstellte, wie es sich für eine Mühle gehört. Nun kam es mitunter vor, dass dieses Gleis auch zum Abstellen von Dampfloks benutzt wurde. Und daraus resultierte das eigentliche Dilemma. Wenn der Wind ungünstig daherkam - und das war meistens der Fall -, zogen mitunter dunkle Rauchwolken dieser Loks Richtung Scheermühle und drohten, das ursprüngliche weiße Mehl zu schwärzen. Das rief den Müller auf den Plan, und seine Beschwerde (oder die seiner Frau) ließ nicht lange auf sich warten. Sein Argument lautete immer: „Wir sind schon länger da als ihr!" Dem konnte man kaum widersprechen, denn die Scheermühle wurde bereits im Jahr 1436 erbaut, das Bw Glauchau im jetzigen Zustand (von einigen Veränderungen abgesehen) aber erst 1916. Letztlich endeten diese Streitgespräche immer wieder irgendwie friedlich, weil beide Betriebe noch einige Zeit nebeneinander bestehen sollten, der Rest hat sich von ganz allein geregelt!

Zusammenfassend kann man feststellen: Das Bahnbetriebswerk Glauchau hatte nicht nur die Aufgabe, den Dienst auf den anschließenden Nebenbahnen einschließlich der Bedienung der dortigen Anschlussgleise und den Rangierdienst auf vielen Bahnhöfen abzuwickeln, sondern übernahm auch eine ganze Reihe von Leistungen auf den Hauptstrecken. Das betraf zu Dampfzeiten vor allem Züge Richtung Gera und Altenburg und mit der fortschreitenden Traktionsumstellung vorwiegend die Übernahme von Ellok-Leistungen des Bw Karl-Marx-Stadt (Chemnitz) auf der Strecke Reichenbach – Dresden. Nach mehr als 16 Jahren, die mitunter doch ziemlich stressig, aber immer wieder abwechslungsreich und auch irgendwie schön waren, gab

ich den Posten des Vorstehers (inzwischen als „Leiter" bezeichnet) des Bahnbetriebswerkes Glauchau auf und verließ aus persönlichen Gründen die Deutsche Reichsbahn, ohne der Bahn aber gänzlich verloren zu gehen. Ich übernahm eine neue, interessante und verantwortungsvolle Tätigkeit bei der Deutschen Bundesbahn (später DB AG) im Bereich der BD München bis zu meinem Ausscheiden in den Ruhestand im Jahr 2005.

(Soweit die Ausführungen von Rainer Kühn)

Die Besuche in Bebra und die Aufnahmen auf der Strecke bei Hönebach gestalteten sich stets als Erlebnis, weil in diesen Fällen die dringend benötigte Sonne zur Stelle war. An eine Fotoszene muss der Verfasser noch heute denken. Die beliebte Fotostelle kurz vor dem Hönebacher Tunnel, bei der die leichte Anhöhe auf der rechten Seite der Gleise sehr beliebt war, hatte der Verfasser seine Großformat Kamera in Stellung gebracht und wartete auf den bald kommenden Interzonenzug. Plötzlich näherte sich auf der Landstraße 3251 ein VW-Käfer in bekannter Bahnpolizei-Lackierung und hielt direkt bei der kleinen Wegaussparung, die links der Bahngleise vorhanden war. Zwei Bahnpolizisten sprangen sportlich aus dem Streifenwagen, wohlwissend, dass jetzt bald der Interzonenzug, von Bebra kommend, diesen Fotostandpunkt passieren würde. Mit fast barschem Ton informierten sie die auf dem gegenüberliegenden Terrain stehenden Eisenbahnfreunde, dass sie unerlaubt die Bahngleise überquert hätten. Weiterhin forderten sie die Hobbyfotografen auf, umgehend zur gegenüberliegenden Straßenseite zurückzugehen. Auch erwähnten sie die Möglichkeit einer bußgeldpflichtigen Verwarnung. Wie es in einem preußisch geordneten Staat gehört, traten die verdutzten Eisenbahnfreunde den Rückzug an. – Der Verfasser verweilte derweil bei seiner Großformatkamera und kontrollierte noch einmal mit seinem LUNASIX den aktuellen Lichtwert. Den beiden zwischenzeitlich etwas seltsam schauenden und unsicher gewordenen Bahnpolizisten signalisierte der Verfasser, doch einmal kurz herüberzusehen und sich über das Thema Großformat-Fotografie informieren zu lassen. Es folgte ein offenes, teils amüsantes Gespräch, zumal die Bahnpolizisten noch nie den vom Verfasser vorgezeigten DB-Ausweis gesehen, geschweige gekannt hatten. Nach dem Austausch freundlicher Artigkeiten verabschiedeten sich die beiden Bahnpolizisten und knatterten mit ihrem VW-Käfer wieder davon.

Der erwartete Interzonenzug brauste heran und das Personal schaute zum Führerstand hinaus. Diese Aufnahme erfolgte ohne Regieanweisung, da der Lokdienstleiter im Bw Bebra der Meinung war, dass die DR-Lokomotiven keiner Anweisungen eines Fotografen Folge leisten würden.

Wie dem auch sei, mögen die Bilder dieses Kapitels nicht nur die Technik, sondern auch das damalige Zeitgeschehen in Erinnerung behalten.

5.9 Geheimprojekt Verkehrsmuseum Nürnberg

5.9.1 Das Geheimprojekt

Besondere Vorgänge, die nur für wenige Beteiligte gedacht sind, oder Geschehnisse, die ausschließlich einem kleinen Kreis von Eingeweihten vorbehalten sind, können als Geheimprojekt tituliert werden.

Eine derartige geheime und wirklich einmalige Aktion durfte der Verfasser mit dem Verkehrsmuseum Nürnberg initiieren. Der verantwortliche Partner für dieses Vorhaben war Dr.-Ing. Claus Huber, damals Dezernent 21A der Bundesbahndirektion Nürnberg. In dieser Position war Huber nicht nur für den Triebfahrzeugdienst in den Bahnbetriebswerken zuständig, sondern in Personalunion auch Direktor des dort angegliederten Verkehrsmuseums.

Dieser unvergessliche 20.10.1983 wurde von langer Hand vorbereitet. Huber sorgte auch dafür, dass an diesem Donnerstag ganz bestimmte Triebfahrzeuge aus dem Regelbetrieb abgezogen und im Bahnbetriebswerk Nürnberg 1, vormals Nürnberg Hbf, zur Verfügung standen. Gründe für diese Maßnahme wurden den Beteiligten Mitarbeitern nicht genannt. Auch die sechs Rangiermannschaften, bestehend aus je einem Lokführer sowie einem Rangierer, die an diesem Tag um acht Uhr in das Bahnbetriebswerk Nürnberg 1 abkommandiert worden waren, wußten nichts über die folgenden Aufgaben. Huber bat auch den Verfasser, seine Pläne geheim zu halten. Er hatte bei dieser Aktion nur Horst Troche, Ministerialrat und Leiter des Werkstättenwesens der DB, informiert. Troche nahm an diesem Termin gerne teil und brachte auch seinen wissenschaftlichen Hilfsarbeiter mit.

In der morgendlichen Einsatzbesprechung informierte Huber den Verfasser über die Triebfahrzeuge, die für die verschiedenen Lokomotivaufstellungen zu Verfügung standen. Weiterhin bestätigte er ihm, dass alle gewünschten Museumsfahrzeuge im Bahnbetriebswerk Nürnberg 1 bereit standen.

Dieser Tag wurde zum unvergesslichen Highlight. Im Bw Nürnberg 1 standen die folgenden, aus dem Museum überführten Lokomotiven bereit: S 2/6, 05 001sowie die PHOENIX mit dem Hofzug des Bayerischen Königs Ludwig II. . Aus dem Betriebsmaschinendienst hatte Huber die 103 221-8, die 120 001-3, die 118 047-0 sowie die bekannte Brennkraftlok 218 217-8 bereit stellen lassen. Letztere Lokomotive wurde durch ihre Sonderlackierung bekannt. Sie ist in der gleichen Farbkombination gehalten wie ihre elektrisch betriebenen Schwestern. Als nächster Schritt wurde der Verfasser gefragt, welche Fahrzeugaufstellung in welcher Folge vorbereitet und durchgeführt werden sollte. Der hier zu sehende Bilderbogen zeigt sieben Szenen der damals in Großformat erstellten Aufnahmen. Hier handelt es sich nicht nur um gelungene Fotografien, sondern um eine einmalige Dokumentation, die wohl niemals wiederholt werden kann.

Die ganze Aktion blieb im Nachhinein nicht mehr geheim und kam auch dem damaligen Präsidenten Dr.-Ing. E. h. Horst Weigelt zu Ohren. Zur Sache befragt, hielt Huber die Geheimhaltung dieser Aktion für dringend notwendig. Im anderen Falle hätte wohl während der Dienstzeit die halbe Direktion den Arbeitsplatz verlassen, um dieses Spektakel mit dem Fotoapparat festzuhalten. Auch wäre damit ein erhebliches Sicherheitsrisiko entstanden.

Andererseits war dieses Vorhaben dringend notwendig, um bestimmte Museumsflächen freistellen zu können, damit die bevorstehenden Renovierungs- und Umbauarbeiten besser geplant werden können. – Recht hat er gehabt!

Tabelle 7 - Technische Daten der Rekord-Dampflokomotiven 05 002 (DRG) und A4 „Mallard" der LNER (beide Regelspur)

Nr	Baureihe	05 002	A4 „Mallard"
1	Rekordgeschwindigkeit (km/h)	200,4	201,2 (202,8)[3]
2	Feuerung	Kohle	Kohle
3	Saugzuganlage	Einheitstyp	doppelte Kylchap
4	Baujahr (ab)	1934	1935-1938
5	Achsfolge/Bauart	2'C2'h3	2'C1'h3
6	Stückzahl	2(3)	35
7	Laufrad-Ø (mm)	1.100/1.100	965/1.118
8	Treibrad-Ø (mm)	2.300	2.032
9	Zylinder-Ø (mm)	450	470
10	Kolbenhub (mm)	660	660
11	Höchstgeschw. (km/h)[2]	175	144,8
12	Achslast max. (t)	19,4	22
13	Kesseldruck (kp/cm²)	20	17,2
14	Rostfläche R (m²)	4,7	3,83
15	Heizfläche feuerber. (+VK) H_b (m²)	18,5	21,48[1]
16	Heizfläche Langkessel H_r (m²)	237,02	217,86
17	Verdampfungs-Heizfläche H_v (m²)	255,52	239,34
18	Überhitzer-Heizfläche $H_{\ddot{u}}$ (m²)	90,0	69,6
19	Verhältnis H_r / H_b	12,812	10,142
20	Zulässige Kesselbelastung (kg/m²h) [2]	57	~70
21	Verdampfungsleistung (t/h)	15,565	~ 17,948
22	Max. indizierte Leistung Ni (PSi)[2]	2.360	~ 2.700
23	Max. Zughakenleistung Ne (PSe)[2]	< 2.000	< 2.200
24	Dienstgewicht (t) (ohne Tender)	129,9	104,6
25	Leistungsgewicht (PSi/t)	18,17	25,81
26	Bauhöhe (Gesamthöhe mm)	4.550	3.990[4]

[1] mit Verbrennungskammer
[2] im Regelbetrieb
[3] Klammerwert als zweite Angabe
[4] Aufgrund des wesentlich kleineren englischen Lichtraumprofils war die A4 ganze 650 mm niedriger als die 05 002!

🔺 Abb. 042 - Verglichen werden hier zwei Dampflokbaureihen, die mit zwei Jahren Abstand hintereinander der Weltgeschwindigkeitsrekord für Dampflokomotiven erzielt haben (Seite 282/283 und Seite 328/329). Interessant beim Vergleich der zwei Lokomotivbaureihen ist der Umstand, daß die A4 um rund 19 % leichter ist, aber rund 14 % mehr Leistung zu bieten hat. Die A4 war eine Vorgängerin der hier beschriebenen Baureihe A1.

5.9.2 Kurze Geschichte des Verkehrsmuseums Nürnberg

An jenem denkwürdigen 7. Dezember des Jahres 1835, an dem der englische Lokführer und Maschinenmeister William Wilson hoch auf der Lokomotive „Adler" auf das Zeichen eines Böllerschusses um neun Uhr morgens die Bremsen löste, den Regler seiner Maschine öffnete und den ersten Eisenbahnzug Deutschlands in Bewegung setzte, fuhr man gleichzeitig in eine neue Zeit. Noch wussten die zweihundert Fahrgäste nach Ankunft in dem knapp sechs Kilometer von Nürnberg entfernten Fürth, welches in nur fünfzehn Minuten Fahrzeit erreicht worden war, noch nicht, dass dieser bisher unbekannte Schienenstrang schon in kurzer Zeit ganze Länder erobern und Wegbereiter der modernen Technik sein würde. Der ersten Fahrt auf der „Ludwigsbahn"

Abb. 210 - Die Crampton-Lokomotive „PHOENIX" war zwar nicht das Zugpferd des Hofzuges der Bayerischen Könige, sie passt jedoch zu jener Epoche. Im Jahr 1863 von der MbG Karlsruhe (Maschinenbau Gesellschaft Karlsruhe) gebaut, erhielt sie die Fabriknummer 201. Die ihr zugedachte Aufgabe bestand im Schnellzugdienst auf den Flachlandstrecken der Badischen Staatsbahn im Rheintal, insbesondere auf der Route von Karlsruhe nach Mannheim. – Vom Hofzug des Märchenkönigs Ludwig II., der ursprünglich aus acht bis neun Wagen bestand, sind die beiden schönsten Fahrzeuge, der Salon- und der halboffene Terrassenwagen, erhalten geblieben. In der jetzigen Fahrzeughalle können diese beiden Prunkwagen natürlich nicht so viel Eindruck erwecken wie hier im Freien sowie im schönsten Sonnenlicht (Rangiergleis des Bw Nürnberg 1).

Abb. 211 - Stromlinienlokomotiven waren in den 30er Jahren des letzten Jahrhunderts in Mode gekommen, primär um durch Reduzierung des Luftwiderstandes zu höheren Geschwindigkeiten zu gelangen.
Die Schnellfahrlokomotive 05 001 wurde von Borsig unter Fabriknummer 14 552 gebaut und gelangte am 8.03.1935 zur Deutschen Reichsbahn.
Zunächst stand sie für mehrere Wochen dem LVA Grunewald für Versuchs- und Erprobungszwecke zur Verfügung. Die am 13.06.1935 absolvierte endgültige Probefahrt führte von Braunschweig nach Magdeburg. Noch am gleichen Tage wurde diese Maschine in den Fahrzeugbestand der Reichsbahn aufgenommen. Wie reparaturanfällig diese zwar schnelle und

leistungsstarke Lokomotive aber in ihren ersten Jahren war, beweisen die vielen Einträge im Betriebsbuch.

Nach dem Wirren des Zweiten Weltkriegs eigentlich zur Ausmusterung bestimmt, wurde bei dieser Maschine wegen des Mangels an Schnellzuglokomotiven beim PAW Krauss-Maffei in der Zeit vom 17.04. bis 22.12.1950 eine Hauptuntersuchung L4 durchgeführt und sie dabei mit einem neuen Kessel versehen. Mit diesen Arbeiten wurde auch die Stromlinienverkleidung entfernt. In der Folgezeit diente sie beim Bw Hamm vom 23.12.1950 bis zum 3.04.1958 und

war zusammen mit ihren Schwestermaschinen meist vor Schnellzügen zu finden. Während die 05 002 und 05 003 im Jahr 1960 in Essen-Katernberg verschrottet wurden, stellte die Bundesbahn die 05 001 dem Verkehrsmuseum Nürnberg zur Verfügung und ließ sie im AW Weiden wieder auf ihren ursprünglichen Zustand zurück versetzen. Schließlich wurde die 05 001 am 11.07.1963 feierlich in die Sammlung des Verkehrsmuseums Nürnberg aufgenommen.

Abb. 212 - Drei edle Renner auf einem Bild, alle Lokomotiven könnten die 200 km/h-Marke überschreiten! Während die elektrischen Lokomotiven der ersten und zweiten Nachkriegsgeneration tagtäglich 200 km/h Höchstgeschwindigkeit fahren können, wenn es die Strecke erlaubt, hat die Schwestermaschine der 05 001, die 05 002, am 11.05.1936 den Geschwindigkeitsrekord für Dampflokomotiven erzielt. Auf der Verbindung von Hamburg nach Berlin erreichte diese Lok im Abschnitt zwischen Neustadt (Dosse) und Nauen die Rekordgeschwindigkeit von 200,4 km/h. Dass die Lok bereits bei ihrer Inbetriebnahme eine veraltete Konstruktions darstellte, sehen wir im Vergleich mit der Pacific A4 der LNER in England (siehe Tabelle Nr. 7 auf Seite 63). Trotz allem kann man sich über diese eindrucksvolle und einmalige Aufnahme freuen.

🔺 Abb. 213 - Auch eine Aufnahme der 05 001 mit einer Brennkraftlokomotive darf nicht fehlen. Die Diesellok 218 217-8 gilt als sehr populär und ist bis in unsere heutige Zeit als Werbeträger der Bahn aktiv. Sie ist auf zahlreichen Veranstaltungen der Deutschen Bahn AG zu finden.

folgte der offizielle Betrieb und schon nach einem Jahr konnte man bereits 2364 Dampffahrten und den Transport von 245.809 Personen registrieren. Die Aktionäre, die ihr Geld dieser unbekannten Maschinerie anvertraut hatten, kassierten neunzehn Prozent Dividende. Die Eisenbahn hatte ihren technischen und wirtschaftlichen Erfolgsnachweis erbracht!

Nachdem nun Nürnberg Ausgangspunkt des deutschen Schienenverkehrs geworden war und die inzwischen konsolidierte Königliche

Bayerische Staatsbahn mit einer Sonderschau auf der 1882 abgehaltenen ersten bayerischen Landesgewerbeausstellung erneut in den Mittelpunkt des öffentlichen Interesses trat, erhielt der Gedanke für die Gründung eines bayerischen Eisenbahn-Museums entscheidenden Auftrieb. Schon am 1.10.1899 folgte die feierliche Eröffnung, zwei Jahre später kam noch eine Post-und Telegrafenabteilung hinzu. Daraufhin wurde es in „Kgl. Bayerisches Verkehrsmuseum" umbenannt. Nach einer ersten Unterbringung im alten Mueum am Marientorgraben fand im Jahre 1925 der Umzug in das neue, weiträumige Gebäude in der Lessing-Straße 6 statt.

Neben zahlreichen Original-Lokomotiven und sonstigen Triebfahrzeugen, welche die geschichtliche Entwicklung verfolgen lassen, enthält das Museum eine wohl einmalige Modell-Sammlung, vornehmlich im Maßstab 1 : 10. Weiterhin erfährt der Besucher Interessantes über die sonstige Bahntechnik, sei es das Signalwesen, der Brücken- und Tunnelbau oder die anderen vielverzweigten Bereiche des Eisenbahnwesens.

Heute hat sich im DB Museum, wie nun der offizielle Name lautet, vieles verändert. Zum Guten natürlich. Im Rahmen der Bahnreform wurde das Museum 1996 von der Deutschen Bahn AG übernommen und ab diesem Zeitpunkt als eigenständige Institution geführt. Im Jahr 2013 schließlich erfolgte die Überführung in die DB-Stiftung.

Heute kann das Museum mit den folgenden Superlativen aufwarten:
1. Ältestes Eisenbahnmuseum der Welt
2. Größtes Eisenbahmuseum in Deutschland
3. Weltgrößte Sammlung an Originalfahrzeugen (569)

Ein Besuch sowie ein Blick ins Internet unter „www.dbmuseum.de" lohnt sich!

Abb. 214 - Diese Lokparade dürfte an Exklusivität nicht zu übertreffen sein. Die elektrischen Altbaulokomotiven der Baureihe 118 (E 18) schieden zum 31.07.1984 aus den Diensten der Deutschen Bundesbahn. Zum Zeitpunkt dieses Bildes stand die hier gezeigte 118 047-0 demnach noch im Einsatz. Heute gehört sie zum Fahrzeugbestand des DB-Museums und wird oft vor Sonderzügen eingesetzt. – Die rechts folgende Bayerische S 2/6 stellt ein Einzelstück dar und wird auf den nächsten Seiten genauer beschrieben. Die 05 001 sowie die 120 001-3 ergänzen diese Szene: Zwei einst schnelle Dampfrösser mit Weltrekord-Ehren sowie drei Generationen auseinander liegende, für ihre jeweilige Zeit jedoch leistungsstarke und elegante elektrische Lokomotiven.

Abb. 215 - Die bayerische Schnellzuglokomotive S 2/6 Nr. 3201, hier auf der Drehscheibe vor dem Rundschuppen im Bahnbetriebswerk Nürnberg 1. Mit der Radsatzfolge 2'B2'h4v und einem Treib- und Kuppelrad-Durchmesser von 2.200 mm wurde sie nur als Einzelstück beschafft. Von Oberingenieur Hammel bei Maffei konstruiert, verließ diese eindrucksvolle, großrädrige Maschine unter Fabriknummer 2519 am 21.11.1906 das Münchner Werk und wurde von der K.Bay. Sts.B. angeliefert. Soweit heute noch bekannt ist, erfolgte die Abnahme jedoch erst am 6.05.1907. Die Maschine erhielt danach die Betriebsnummer 3201. Zunächst wurde diese formschöne Lokomotive am 7.05.1907 dem Bw München Hbf zugeteilt. Anlässlich einer am 2.06.1907 zwischen München und Augsburg durchgeführten Probefahrt erreichte die vor vier Schnellzugwagen gespannte S 2/6 Nr. 3201 eine Höchstgeschwindigkeit von rund 154 km/h. Das bedeutete dem Weltrekord für Dampflokomotiven, der von ihr über viele Jahre gehalten werden konnte. – Nach einer Zwischenausbesserung im AW Ingolstadt brachte man diese Lokomotive am 29.04.1925 wieder zum Herstellerwerk Maffei und ließ sie dort für die bevorstehende Verkehrsausstellung in München wieder in äußerlichen Neuzustand versetzen.

Nach Ausmusterung der S 2/6 folgte die Überführung nach Nürnberg und die Aufstellung im Verkehrsmuseum. – Ohne Zweifel zählt die S 2/6 zu den markantesten Erscheinungen des deutschen Lokomotivbaus. Sie bildete in Aufbau und Thermik den Wegbereiter für die später nachfolgenden und in großer Stückzahl gebauten S 3/6, die ihrerseits wiederum von Kennern als die schönste Dampflokomotive der Welt bezeichnet wird. – Die hier gezeigte Aufnahme wird wohl nie mehr möglich sein. Der im Hintergrund zu sehende Rundschuppen gehörte zum Bahnbetriebswerk Nürnberg 1. In ihm waren aus Platzmangel zahlreiche Exponate des Verkehrsmuseums hinterstellt. Er gehörte somit, entgegen vieler anderer Meldungen, nicht zum Verkehrsmuseum, sondern zum Betriebsmaschinendienst der DB Regio. – Am 17.10.2005 entzündete sich am Dach dieses Ringschuppens ein durch Handwerker verursachtes Feuer, welches sich schnell ausbreitete. Am Morgen war der Ringschuppen bis auf die Grundmauern niedergebrannt und die darin abgestellten Fahrzeuge weitgehend zerstört worden. – Die hier vorgestellte S 2/6 Nr. 3201 war von diesem Brand nicht betroffen. Sie wurde nach der hier gezeigten Aufnahme wieder in das Verkehrsmuseum zurückgebracht.

5.10 150 Jahre Deutsche Eisenbahn

Die Feierlichkeiten zum 150-jährigen Bestehen der Deutschen Eisenbahn waren mehr als nur ein besonderes Erlebnis. Durch die enge Kooperation zwischen den verantwortlichen Mitarbeitern der Deutschen Bundesbahn und den Repräsentanten vieler Eisenbahnvereine wurde ein Defilee einer Fahrzeugsammlung zelebriert, wie man dies zuvor auf deutschen Schienen nicht gesehen hatte. Alle drei Traktionsarten waren beispielhaft vertreten, auch wenn das Herz der meisten Besucher für die Dampfrösser schlug!

An drei Wochenenden des Monats September 1985, genau am 7. und 8., 14. und 15., sowie am 21. und 22.10.1985 wurden in Nürnberg-Langwasser in der Tat eine einmalige und vielfältige Fahrzeug- und Zugvorführung präsentiert.

Der Verfasser war zwei Mal vor Ort und konnte bei schönstem Sonnenschein die gewünschten Aufnahmen erstellen. Dank der Hilfe der Pressestelle der Bundesbahndirektion Nürnberg war es möglich, die Großformat-Kameras frei und ungestört aufzustellen.

Der nun folgende Bilderbogen kann mit insgesamt 18 Aufnahmen nur einige wenige Szenen dieser einmaligen Veranstaltung sowie der damit verbundenen Sonderfahrten wiedergeben. Mögen Regie-, Bildschärfe und Perspektive dieser nun folgenden Bilder belegen, welche einmalige Begebenheit damals bildlich verewigt worden war.

Nicht nur die Fahrzeug-Cavalkaden, wie die Fahrzeug-Vorbeifahrten auch genannt wurden, war ein Teil der Präsentationen, die bei diesem Jubiläum damals geboten wurden. Der Verfasser interessierte sich auch für andere Szenen, die der Öffentlichkeit und somit dem Publikum nicht zugänglich waren. Damit die Zuschauer von damals heute auch noch in den Genuß dieser Bilder kommen können, sind fünf davon in diesem Kapitel aufgeführt worden.

▶ Abb. 216 - Die größte und leistungsstärkste Dampflokomotive, die von der Deutschen Bundesbahn für das 150-jährige Jubiläum der Eisenbahn in Deutschland wieder aufgearbeitet und in Betrieb genommen wurde, war die 2'C1'h3 Pacific 01 1100. Es ist Dipl.-Ing. Horst Troche, heute Ministerialrat a.D., früher Leiter der Werkstättendienste der Deutschen Bundesbahn, zu verdanken, dass diese bedeutende Lokomotive der Nachwelt erhalten geblieben ist. Sie war zuletzt im Bw Rheine eingesetzt und diente dort bis zum Ende des Winterfahrplanes am 31.05.1975. Am nächsten Tag wurde sie z-gestellt und am 26.06.1975 ausgemustert. Die ein knappes Jahr später vom Schrotthändler Paul Jost GmbH, Mühlheim/Ruhr, erworbene Maschine wurde im Firmengelände abgestellt. Hierbei darf nicht unerwähnt bleiben, dass diese Firma am Hafen gelegen ist und über einen eigenen Gleisanschluß nebst Drehscheibe verfügt. Im Jahr 1983 wurde auf Troches Intitiative die 01 1100 von Firma Jobst wieder zurückgekauft und in das AW Offenburg geschleppt. Dort wurde sie aufgearbeitet und wieder in Betrieb genommen. Am 16.04.1985 absolvierte die 01 1100 im Werkgelände des AW Offenburg ihre ersten Probefahrten. Schon einen Tag später ging sie mit einigen Umbauwagen B4yg auf die Strecke nach Oppenau und Hausach. Nach offizieller Zulassung wurde sie mit eigener Kraft nach Nürnberg überführt und traf dort mit ihren Mitstreitern 23 105 und 50 522 zusammen. – Heute steht diese Lok bei der Organisation DTO (Dampflok-Tradition Oberhausen e.V.), an einer Wiederinbetriebnahme wird gearbeitet. – Unser Bild zeigt die 01 1100 auf der Drehscheibe des Bw Nürnberg 1 (August 1985).

Abb. 217 - Der Pacific 01 150 sind wir in diesem Buch öfters begegnet (auch bei ihrer letzten offiziellen Fahrt bei der Deutschen Bundesbahn am 29.09.1973, siehe Abb. 102 auf Seite 140/141). Bei einer Vorbeifahrt strahlt die 01 150 in schönstem Sommerlicht. – Die zuletzt in Hof beheimatete Lokomotive wurde vom Bielefelder Unternehmer Walter Seidensticker erworben und nach Bielefeld gebracht. Im weiteren Verlauf ging diese Maschine wiederum an die DB bzw. an die Fahrzeugsammlung zurück und wurde anschließend wieder aufgearbeitet und in Betrieb genommen. – Nachdem sie viele Jahre abgestellt und durch den großen Brand am 17./18.10.2005 im Bw Nürnberg 1 fast zerstört worden war, kam sie ins Dampflokwerk Meiningen und erfuhr dort eine Aufarbeitung. Ohne den pensionierten Lokführer Olaf Teubert, der unermüdlich landauf, landab marschierte, um Spendengelder für die Aufarbeitung dieser Lokomotive einzusammeln, hätte die 01 150 keine Wiederinbetriebnahme mehr erlebt. Am 5.05.2013, also fast 40 Jahre nach ihrem Dienstende bei der Deutschen Bundesbahn, ging diese Schnellzuglok wieder in Betrieb. Heute ist die dem DB-Museum gehörende 01 150 im Süddeutschen Eisenbahnmuseum in Heilbronn hinterstellt. Einige Sonderfahrten hat sie bereits absolviert.

🔺 Abb. 218 - Auf der Nürnberger Jubiläumsparade durfte der nachgebaute ADLER nicht fehlen. – Die Geschichte der Deutschen Eisenbahn begann am 7.12.1835 mit einer englischen Lokomotive. Zu jener Zeit war die technische Entwicklung im eigenen Land noch nicht so weit fortgeschritten, auch fehlten den potenziellen Unternehmern das Interesse und der Anreiz, sich auf dieses mit Risiken versehene Neuland zu begeben. So wurde von der am 13.06.1833 gegründeten „Ludwigs-Bahn"-Aktiengesellschaft die erste Lokomotive bei der Lokomotivfabrik Robert Stephenson in Newcastle, England, in Auftrag gegeben. Die Lieferung dieser mit der „ADLER" bezeichneten Lokomotive verzögerte sich jedoch um mehr als ein viertel Jahr und durchkreuzte damit die ursprünglich gefassten Pläne, die Eröffnungsfeier auf den 25.08.1835, den Geburtstag des Bayernkönigs Ludwig I. zu legen. Die mit Fabriknummer 118 versehene Lokomotive gelangte, in ihre Einzelteile zerlegt und in 19 Frachtstücke verpackt, zunächst am 27.08.1835 auf dem Seeweg von Newcastle nach Rotterdam. Von dort wurde diese Sendung auf einem Rheinkahn nach Köln gebracht und im Anschluß auf acht Karren umgeladen. Am

26.10. traf dieser Transport schließlich in Nürnberg ein. Unter der Regie von Mr. William Wilson, der gleichzeitig die Position des Maschinenmeisters und des Lokführers auf sich vereinte und aus der Fabrik von Robert Stephenson stammte, wurde der „ADLER" wieder zusammengebaut. Nach der Inbetriebnahme und der Erfahrung mit dieser Lokomotive bestellte das Direktorium der Ludwigbahn 1836 eine weitere Lokomotive gleicher Bauart, die mit dem Namen „PFEIL" geführt wurde. Beide Maschinen absolvierten in den ersten zehn Betriebsjahren bei 32.168 Fahrten eine Laufleistung von rund 64.000 Meilen. Im Jahr 1856 wurde der „ADLER" außer Dienst gestellt. 1857 kaufte die Augsburger Ballonfabrik Riedinger die ausgemusterte und ihrer Räder entledigte Lokomotive nebst einiger Ersatzteile für 1.050 Gulden und setzte sie vermutlich als stationäre Dampfmaschine ein. Über den weiteren Verbleib ist nichts mehr bekannt. Die hier gezeigte Lokomotive ist eine originalgetreue, betriebsfähige Nachbildung.

🔺 Abb. 219 - An den zahlreichen Sonderfahrten im Raum Nürnberg, der Oberpfalz und Oberfranken wechselten sich die Triebfahrzeuge mehrfach in der Zugförderung ab. Während der rechts stehende Sonderzug von der 01 1066 geführt wird, wird der linke Zug von 01 118 und 50 622 übernommen. Diese Aufnahme enstand im Bahnhof Schnabelwaid. Beide Züge werden bald in Richtung Nürnberg abdampfen.

Abb. 220 - Die Güterzuglokomotiven 1'D1'h2 41 360 (41Öl) und 044 404-2 bei der Vorbeifahrt in Langwasser. – Die 41 360 gehört heute zu den bekanntesten Lokomotiven des DB-Museums. Die 044 404-2 diente bis 1975 als Bremslokomotive des BZA München (BZA Mü) bzw. dessen Versuchsanstalt für Lokomotiven in Freimann. Heute gehört sie zur Fahrzeugsammlung der Bahnwelt Darmstadt-Kranichstein.

● Abb. 221 - Die drei betriebsfähigen Dampflokomotiven der Deutschen Bundesbahn, die für das 150-jährige Jubiläum der deutschen Eisenbahn wieder betriebsfähig hergerichtet wurden. – Die 86 457 wurde unter Nummer 442 bei der Deutschen Waffen- und Munitionsfabrik in Posen gebaut und am 29.11.1942 der Deutschen Reichsbahn übergeben. Die letzten drei Betriebsjahre verbrachte sie in Nürnberg Rbf und wurde dort am 8.03.1972 von der Ausbesserung zurückgestellt. Sie wurde in das AW Trier überführt, äusserlich auf Neuzustand gebracht und als Denkmallokomotive im AW aufgestellt. Im Hinblick auf das bevorstehende Jubiläum der deutschen Eisenbahn wurde die 86 457 wieder vom Sockel geholt und im AW Trier einer Hauptuntersuchung unterzogen. Schon am 24.02.1985 führte sie ihren ersten Sonderzug von Trier nach Gerolstein und zurück. – Auch diese Lokomotive stand im Rundschuppen des Bw Nürnberg 1 (früher Hbf), als der Großbrand vom 17. auf 18.10.2005 alle eingestellten Lokomotiven stark beschädigte. Das Süddeutsche Eisenbahnmuseum Heilbronn (SEH) übernahm die Lok zum 1.05.2006 und stellte sie in Heilbronn unter. – Die daneben zu sehende 23 105 war viele Jahre im Museum der DGEG in Neustadt/Weinstraße als Leihgabe hinterstellt. Sie war die letzte von der Deutschen Bundesbahn beschaffte Dampflokomotive. – Die 23 105 wurde von Arnold Jung Jungenthal, Kirchen a.d. Sieg, unter Fabriknummer 13113 gebaut und am 2.12.1959 an die DB geliefert. Sie war in ihrer letzten Einsatzepoche vom 19.06.1969 bis 2.01.1972 in Saarbrücken stationiert. Mit der Verlegung nach Kaiserslautern am 3.01.1972 wurde sie dort nicht mehr in Betrieb genommen, sondern umgehend z-gestellt.

Im Hinblick auf das 150-jährige Jubiläum der deutschen Eisenbahnen im Jahr 1985 wurde die 23 105 bereits 1984 dem AW Kaiserslautern zugeführt. Dort erhielt sie eine Hauptuntersuchung L4, bereits am 12.12.1984 konnte die erste Probefahrt erfolgen. Nach dem Auslaufen der HU-Frist wurde die Lok mangels Platz im Ringschuppen des Bw Nürnberg 1 abgestellt. Sie erlitt beim Großbrand in der Nacht von 17.-18.10.2005 ganz erhebliche Schäden. Heute steht die dem DB-Museum gehörende Lok im Süddeutschen Eisenbahnmuseum (SEH) in Heilbronn und wird dort optisch aufgearbeitet.

Die Güterzuglokomotive 50 622 wurde unter Fabriknummer 25841 von Henschel & Sohn 1940 gebaut und am 7.12.1940 an die Deutsche Reichsbahn geliefert. Nach vielen Stationierungen war sie die letzten drei Betriebsmonate im Bw Duisburg-Wedau stationiert und wurde dort zum 28.09.1976 ausgemustert. – Die im Besitz des DB-Museums in Nürnberg befindliche Maschine war ebenfalls im Rundschuppen des Bw Nürnberg 1 hinterstellt und wurde in der genannten Brandnacht stark beschädigt. Erst am 3.05.2012 wurde die Maschine ins Dampflokwerk nach Meiningen überführt, um dort äusserlich aufgearbeitet zu werden. In den ersten Monaten des Jahres 2013 konnten die Arbeiten abgeschlossen werden.

Hier sehen wir die drei Lokomotiven vor jenem Rundschuppen im Bw Nürnberg 1, der in der Nacht vom 17.-18.10.2005 abgebrannt ist. Diese Aufnahme darf somit als historisches Bild gewertet werden!

🔺 Abb. 222 - Während im Bild links die Stände 9,10 und 11 belegt sind, sind hier die Stände 13 bis 15 eingestellt. – Die 01 1066 dürfte bei allen Eisenbahnfreunden gut bekannt sein. Auf Seite 255 ist sie uns bereits einmal begegnet, als sie im Mai 1975 ihre letzte planmäßige Leistung erbracht hat. Heute gehört die 01 1066, bei der DB unter 012 066-7 geführt, den Ulmer Eisenbahnfreunden und ist betriebsfähig im Süddeutschen Eisenbahnmuseum (SEH) in Heilbronn hinterstellt. – Die 01 118 in der Mitte war bei den Festlichkeiten in Nürnberg auf ihre Weise eine Besonderheit. Die unter Fabriknummer 1415 von Krupp in Essen im Jahr 1934 gebaute und am 18.12. abgelieferte Lokomotive wurde zum 22.12.1934 von der Deutschen Reichsbahn abgenommen (einem Samstag). Andere Quellen benennen den 24.12.1934 (einen Montag und Heilig Abend). Der erste Einsatz erfolgte vom Bw Leipzig West, welches zur Reichsbahndirektion Halle gehörte. – Am 5.11.1981 wurde die damals noch bei der Mitteldeutschen Reichsbahn eingesetzte Lokomotive von der Historischen Eisenbahn Frankfurt (HEF) erworben. Aus dem Betriebsbuch ist zu entnehmen, dass diese damals 47 Jahre alte Maschine bis zu diesem Zeitpunkt ganze 3.559.271 km zurückgelegt hatte. Bis heute darf die 01 118 als einzige Maschine der Baureihe 01 gelten, die auch nach 79 Jahren immer noch im Originalzustand ihres Beschaffungsjahres auftreten kann. – Ganz rechts sehen wir als Kontrast den Nachbau des „ADLER", den wir bereits auf Seite 294, Abb. 218, beschrieben haben. Auch dieses Fahrzeug wurde Opfer des Brandes vom 17. auf den 18.10.2005. Heute, nach über acht Jahren, fährt der „ADLER" wieder.

Abb. 223 - Die hier gezeigte badische G12, Achsfolge 1'Eh3, ist dem Verfasser schon früher begegnet. Sie hatte zusammen mit der Brennkraftlokomotive 132 104-1 der DR am 19.03.1977 den Güterzug Dg 44 805 aus Reichenbach/Vogtland nach Hof/ Saale gebracht. – Nach gründlicher Untersuchung im Bw Hof wurde dieser Lok eine Lauffähigkeit von 40 km/h bescheinigt und die Erlaubnis für die Überführung mit eigener Kraft nach Neuenmarkt-Wirsberg erteilt. Unter Zugnummer Lz 89 830 dampfte sie dann zum neuen Etappenziel nach Neuenmarkt-Wirsberg. – 1984 wurde diese ehemalige badische G12 von den Ulmer Eisenbahnfreunden (UEF) gekauft. Nach erfolgter Hauptuntersuchung konnte die 58 311 am 8.06.1985 wieder in Betrieb genommen werden. Gerade rechtzeitig, um an den Nürnberger Fahrzeugparaden teilnehmen zu können, wie auf diesem Bild zu ersehen ist.

🔺 Abb. 224 - Die DB-eigene 01 1100 war auch nach den Nürnberger Jubiläumsfest-
lichkeiten ein begehrtes „Zugpferd" für Sonderfahrten. – Eine Sonderfahrt von Nürn-
berg über Bamberg und Lichtenfels nach Arnstadt führte auch über die Frankenwald-
Rampe. Dort gibt es Steigungen, die einschließlich des Kurvenwiderstands-Beiwertes 25
Promille aufweisen. – Unser Bild zeigt den Sonderzug bei einer Scheinanfahrt auf dem
Streckenabschnitt von Förtschendorf nach Steinebach am Wald. – Obwohl der Kessel
bereits abbläst, feuert der Heizer wohl mit weit geöffnetem Ölschieber. Der schwarze
Qualm lässt eine unvollkommene Verbrennung erkennen.

🔺 Abb. 225 - Zahlreiche Sonderzüge umrahmten die Jubiläumsfeierlichkeiten 1985 in Nürnberg. „Große Frankenlandrundfahrt", „Auf Richard Wagners Spuren" und andere Namen titulierten die verschiedenen Fahrten. Als Streckenlokomotive kamen hierbei 01 1100, 01 1066, 01 118, 23 105 und 50 622 zum Einsatz. Hier ein „Güterzug" mit 50 622 auf dem Weg von Schnabelwaid nach Bayreuth.

Abb. 226 - Ein Erinnerungsbild besonderer Art stellt diese vor dem Rundschuppen des Bw Nürnberg 1 entstandene Aufnahme dar. Mit strahlenden weißen Halstüchern angetan, erkennt man das sichtlich stolz schauende Personal der 01 1100. Daneben ein Teil des Zugpersonals in historischen Uniformen. Im Vordergrund direkt unterhalb des Lokschildes der 01 1066 erkennt man im dunkelblauen Anzug Dipl.-Ing. Theophil Rahn, damals Präsident des Bundesbahnzentralamtes in München (BZA Mü). Ganz rechts im Bild steht mit roter Weste der Lokführer, der auch bei den Fahrzeugparaden in Langwasser den „ADLER" gefahren hat (siehe Abb. 218, Seite 294). – Auch diese Aufnahme besitzt gleich doppelten historischen Wert. Neben den abgebildeten Zeitzeugen sieht man auch noch den in der Nacht vom 17. auf 18.10.2005 bis auf die Grundmauern abgebrannten Lokschuppen (diese Linhof-Aufnahme enstand vom Führerhaus einer BR 260).

⊙ Abb. 227 - Eine Szene von den diversen Sonderzügen mit dem Titel „Große Frankenlandrundfahrt" sehen wir hier beim Halt in Hersbruck (rechts Pegnitz), der in historischer Uniform gekleidete Schaffner mahnt zum Einsteigen. – Die zahlreichen Aufschriften auf der Pufferbohle lassen erkennen, dass der amtlich abgesegnete Betriebszustand der Lok nichts zu wünschen übrig lässt.

⊙ Abb. 228 - Hier sieht man den gleichen Zug wie im linken Bild, jedoch bei einer Scheinanfahrt auf Höhe von Streckenkilometer 46.8, kurz vor der Ortschaft Velden (Kursbuchstrecke 840, Nürnberg-Schnabelwaid). In diesem Ort sind auch die Eckart-Werke zu Hause, ein weltweit führender Hersteller von Metallic- und Perlglanzpigmenten für die Lack- und Farbenindustrie. – 50 622 dient als Vorspannlokomotive der 01 118. – Heute existiert die hier für diese Aufnahme benützte Straßenüberführung nicht mehr.

🔺 Abb. 229 - In Schnabelwaid, 75 km östlich von Nürnberg, verzweigt sich dann die dahin führende Strecke nach Bayreuth (-Neuenmarkt-Wirsberg) und Kirchenlaibach (Marktredwitz-Hof). – Im Bild sind 01 066 und 01 118 mit ihren Sonderzügen aus den zwei unterschiedlichen Richtungen in Schnabelwaid eingetroffen und werden dann weiter nach Nürnberg fahren.

Abb. 230 - Im Rahmen der Sonderfahrten anlässlich des Nürnberger Jubiläums wurden für die Eisenbahnfreunde auch kunterbunt zusammengestellte Zuggarnituren gefahren. Hinter der 01 118 läuft eine Doppelstockwagengarnitur des Schnellverkehrs zwischen Hamburg und Lübeck, Baujahr 1936. Dieser Zug befand sich auf der Strecke von Schnabelwaid nach Bayreuth.

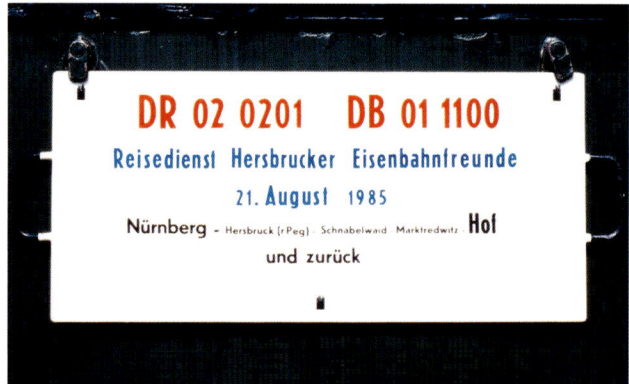

🔺 Abb. 231 - Der Führer der Schnellfahrlokomotive 02 0201 schaut stolz und zufrieden auf das begeisterte Publikum herab. Das Zuglaufschild darunter verrät uns die Details der damaligen Sonderfahrt. – Die ursprünglich mit 18 201 geführte Lokomotive wurde für eine Höchstgeschwindigkeit von 175 km/h zugelassen. Ein Teil ihres Fahrwerkes mit den 2.300 mm großen Treib- und Kuppelrädern stammt noch von der Schnellfahr-Tenderlokomotive 61 001 mit der Radsatzfolge 2'C3'h3 der Deutschen Reichsbahn, Baujahr 1939.

🔻 Abb. 232 - Der Sonderzug der Hersbrucker Eisenbahnfreunde beim Verlassen des Bahnhofs Hersbruck (rechts Pegnitz), aufgenommen vom Balkon des Stellwerkes Hersbruck. Die Bundesbahn-eigene Pacific 01 1100 muss neben dem Sonderzug auch noch die nur mit Schmierdampf fahrende, rund 173 t schwere 02 0201 mitschleppen. Nur den letzten Abschnitt zur Zonengrenze, die kurze Strecke von Hof nach Feilitzsch, durfte die 02 0201 den Zug mit eigener Kraft befördern.

Abb. 233 - Den Abschluß unseres Kapitels über den Bericht zum 150-jährigen Jubiläum der deutschen Eisenbahn darf diese Aufnahme machen: Die beiden Dreizylinder-Pacifics 01 1100 und 01 1066 präsentieren sich im Bw Nürnberg 1. An beiden Maschinen sind die Generatoren in Betrieb. Deutlich erkennt man die Abdampfleitung der Generatorturbine zum Aussenmantel des Schornsteins sowie die hierdurch oben austretenden Dampfwölkchen.

6. Zu den Lokomotiven aus Frankreich

6.1 Der Bilderbogen

Dieser kleine Bilderbogen erinnert uns an die letzte Dampflokbaureihe, die auf Frankreichs Schienen fuhr, die 141 R „Liberation", eine 1'D1'h2 Universallokomotive. In Kapitel 4.20 dieses Buches ist diese Maschine näher beschrieben. – Der Verfasser möchte darauf hinweisen, dass in Frankreich die Entwicklungswege für Dampflokomotiven noch viel komplexer verliefen als in Deutschland. Vier große Privatbahnen gingen, abhängig von der geografischen und topografischen Situation ihres Streckennetzes, bei der Konstruktion ihrer Lokomotiven völlig unterschiedliche Wege. Nach der Nationalisierung der Eisenbahn und unter der Regie der SNCF war jedoch das Ende der Dampftraktion schon in unmittelbare Nähe gerückt.

Der hier folgende Bilderbogen soll mehr dem Betrieb mit den Baureihen 141 R sowie die damit verbundene Landschaft in den Vordergrund stellen.

6.2 Vergleich der Baureihen 240 P1-25 und 241 P

Mit diesem Vergleich soll verdeutlicht werden, wie wichtig es sein kann, dass nur begabte Fachleute, in diesem Fall Ingenieure, beauftragt werden, eine technisch erfolgreiche Lösung zu erarbeiten. Mit der Umbaulok 240P hat André Chapelon belegt, dass nur ein kompetenter und begabter Ingenieur die Verantwortung tragen soll. Viele Köche verderben den Brei. Und wenn mehrere Parteien zur Lösung einer technischen Herausforderung zusammen kommen, dann wird die Lösung meistens nur aus dem kleinsten gemeinsamen Nenner bestehen. Denn die Anzahl der Teilnehmer kann oft umgekehrt proportional zum Ergebnis stehen. Unter diesem Umständen kann man keine optimale Lösung erwarten, wie man aus den folgenden Ausführen ersehen kann.

1. Feuerbüchse

Die 240 P besitzt eine schlanke, lange Feuerbüchse. Über die gesamte Länge hat der schräg nach vorne abfallende Rost eine durchgehende Breite von 995 mm. Im oberen Bereich erweitert sich die Feuerbüchse auf eine Breite von 1.578 mm (Belpaire-Kessel). In der Feuerbüchse sind ein recht langer Feuerschirm sowie ein großer Nicholson-Thermosyphon eingebaut. Die Feuerbüchse ist genau 3.700 mm lang und kommt ohne Verbrennungskammer aus. Der Weg

Abb. 234 - Beim Besuch des SNCF-Depots in Le Mans, bei dem die Schnellzuglokomotive 241 P zu besichtigen war, wies der damalige Depotchef mit Stolz noch darauf hin, dass auch eine weitere, museal zu erhaltende Lokomotive von Interesse sein könnte. Vorsichtshalber hätte er diese Lok auch schon für mich aufstellen lassen. – Die hier gezeigte Reihe 141 C 100 mit Achsfolge 1'D1'h2 gehört zu den 250 Maschinen, die in den Jahren 1921 bis 1923 für die ETAT gebaut wurden. Mit 1.650 mm Treib- und Kuppelrad-Durchmesser erreichte sie 100 km/h Höchstgeschwindigkeit. Die indizierte Leistung wird mit 1.700 PS aufgeführt (14.08.1974).

Abb. 235 – Die Eisenbahnverbindung von Lyon über Grenoble, Veynes nach Gap und weiter nach Marseille nennt man „La ligne des Alpes", die Alpenlinie. Diese Strecke weist zahlreiche Kunstbauten, wie Tunnels und Brücken auf. Streckenweise sind Steigungen bis 25 Promille zu bewältigen. – Hier führt die 141 R 1187 einen Sonderzug in Richtung Veynes, aufgenommen auf dem Viadukt Steak oder Orbannés. Dieser Viadukt umfasst 11 Bögen, besitzt eine Länge von 250 m und weist eine maximale Höhe von 44 m auf. Der Viadukt liegt zwischen den Stationen St.-Michel-les-Portes und Clelles-Mens (19.10.1975).

Abb. 236 - Die letzte Fahrt der französischen 1'D1'h2-Universal-Lokomotive Baureihe 141 R Fuel (Öl) fand am Sonntag, den 19.10.1975 statt. Sie führte von Lyon zunächst nach Grenoble und von dort weiter nach Veynes (814 m) in den Mittelmeeralpen und zurück. Hier sehen wir den „Special Express Nr. 17 872" bei der Fahrt durch den Felsendurchbruch des Flusses Buëch bei La Rochette zwischen St. Julien-en-Beauchêne und La Faurie. – Der Lokführer hat den Regler fast geschlossen

Abb. 237 · Die Rückfahrt des Zuges lief unter „Special Express Nr. 17 873",
aufgenommen zwischen La Faurie und St. Julien-en-Beauchêne beim Felsendurchbruch des Flusses Buëch. Einige Teilnehmer dieses Sonderzuges nehmen
es mit den Sicherheitsvorschriften nicht so ernst, ein Fan sitzt sogar auf dem
Öltender der Lokomotive (10.10.1975).

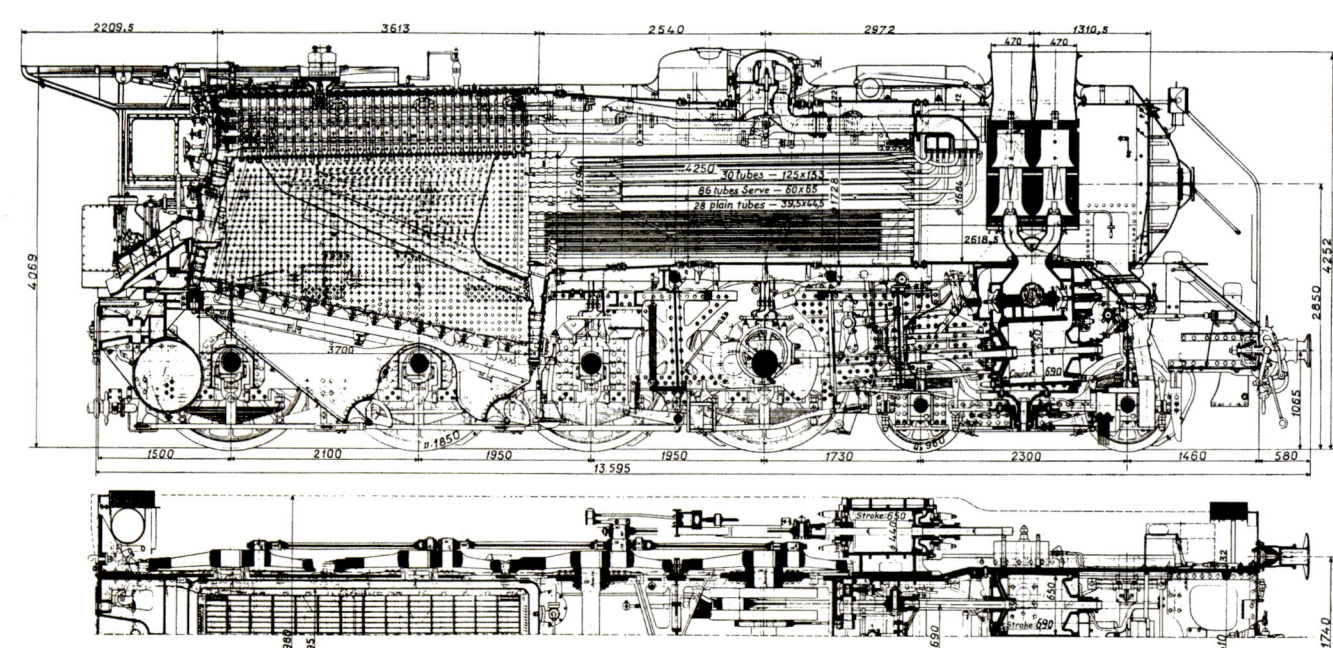

🔺 Abb. 238 - Die Alpenlinie „La ligne des Alpes" weist zahlreiche Kunstbauten auf, wie z.B. hier der Viadukt von Merlière. Von den insgesamt acht Bögen der 110 m langen Brücke sind nur fünf zu sehen. – Im Bild donnert die 141 R 1187 trotz einer Anhängelast von rund 250 t (einschließlich Verkehrsgewicht) die 25 Promille Steigung mit fast 60 km/h bergwärts (19.10.1975).

🔻 Schnittzeichnung der 240P: Gut erkennbar ist die doppelte Kylchap-Saugzuganlage. Links in der Feuerbüchse erkennt man den Thermosyphon und im Führerhaus den Stoker-Anschluß. (Zeichnung SNCF)

🔺 Abb. 239 - Von den beiden in der Schweiz stationierten Lokomotiven der SNCF-Baureihe 141 R ist die 141 R 1244 des Vereins Mikado 1244 mit Ölfeuerung ausgerüstet. Hier sehen wir diese Maschine vor einem Sonderzug mit Titel „Orient Express" von Winterthur über Basel nach Mülhausen/Elsaß (Mulhouse) bei der Ausfahrt in Koblenz/Schweiz. Hinter der Lok erkennt man die Wagengarnitur des „Orient Express", die in der Schweiz hinterstellt ist. Im Speisewagen dieses Zuges wurde auf der Rückfahrt abends ein Candlelight-Dinner serviert, zu dem sich viele Fahrgäste in historische Tracht geworfen hatten. – Wie man sieht, macht der Kessel beim Anfahren gut Dampf, denn die Sicherheitsventile blasen ab (5.10.1985).

Tabelle 8 Übersicht zu den Kessel-Hauptabmessungen der Baureihen 240 P 1-25 und 241 P

Baureihe	Gesamt-heizfläche	Strahlungs-heizfläche	mittlere Länge Gesamt-kessel[2]	mittlere Länge Feuer-büchse	Länge der Heiz- und Rauchrohre	Länge Ver-brennungs-kammer
	(m²)	(m²)	(mm)	(mm)	(mm)	(mm)
240 P	213	ca. 32	7.950	3.538	4.250	-
241 P	244,57	30,66[3]	10.790	4.797	5.992	2.000
				(2.797)[1]		

[1] ohne die Verbrennungskammer mit 2.000 mm Länge
[2] mittlere Länge des Stehkessels und Länge der Heiz- und Rauchrohre
[3] einschließlich der Verbrennungskammer

der Verbrennungsgase vom untersten, vordersten Punkt des Rostes auf mittlerem Wege (Umlenkung durch den Feuerschirm) bis hin zur Rohrwand beträgt ca. 6.438 mm. Die Rostlänge liegt bei 3.770 mm. Die aus der Lokomotivzeichnung ausgemessene Strahlungsheizfläche dürfte, wie später noch genauer erläutert, bei rund 32 m² liegen.

Bei der 241 P beträgt der Weg der Verbrennungsgase vom untersten vordersten Punkt des Rostes bis hin zur Rohrwand in der Verbrennungskammer ca. 5.884 mm. Die Verbrennungskammer weist eine Länge von 2.000 mm auf. Die Strahlungsheizfläche der Feuerbüchse

liegt laut Herstellerangaben bei 30,66 m². Darin enthalten ist auch die anteilige Strahlungsheizfläche der Verbrennungskammer. Man könnte diese Fläche auch als indirekte Strahlungsheizfläche bezeichnen, da nur ein geringer Teil von der Strahlung des Feuers auf dem Rost erreicht wird.

Bei der Baureihe 240 P weisen die beiden Seitenflächen der Feuerbüchse bereits rund 2 x 8,5 = 17 m² Strahlungsheizfläche auf. Mit der Strahlungsheizfläche der Feuerbüchsdecke, der anteiligen Rohrwand sowie der am Hinterkessel (abzüglich Feuertüre), kommt man auf die zuvor genannte Strahlungsheizfläche von ca. 32 m². Mitberechnet sind auch die Flächen des Nicholson-Thermosyphons in der Mitte der Feuerbüchse sowie die Wassertragrohre des Feuerschirms.

2. Vergleich der Kessel der Baureihen 240 P 1 - 25 und 241 P

In der Tabelle 8 sind die wichtigsten technischen Daten der beiden Kessel aufgeführt. Schon die mittleren Gesamtlängen der beiden Kessel weichen stark voneinander ab (gemessen ab Oberkante Stoker-Eingang).

Bei der 240 P liegt die mittlere Gesamtlänge des Kessels bei 7.950 mm, jene der 241 P bei 10.790 mm (+ 36 %). Die Länge der Heiz- und Rauchrohre liegt bei der 240 P bei 4.250 mm, bei der 241 P bei 5.992 mm (+ 41 %). Durch die spezielle Konstruktion der Überhitzerrohre der Baureihe 240 P wird jedoch trotz der kürzeren Länge eine ausreichend hohe Überhitzung erzielt.

Die mittlere Länge der Feuerbüchse misst bei der 240 P 3.538 mm, bei der 241 P nur 2.797 mm (- 21 %). Nur mit der 2.000 mm langen Verbrennungskammer erreicht die Feuerbüchse eine mittlere Gesamtlänge von 4.797 mm.

Bei der Baureihe 240 P strahlt das auf dem Rost brennende Feuer alle Flächen der Feuerbüchse direkt an.

Bei der Baureihe 241 P kann man die 2.000 mm lange Verbrennungskammer nur noch als indirekte Strahlungsheizfläche werten.

Der Umstand, dass bei der Baureihe 240 P der mittlere Strom der Verbrennungsgase rund 10 % länger als bei der 241 P liegt, sich jedoch weitgehend im Bereich der direkten Wärmeabstrahlung befindet, dürfte der Grund sein, dass der Kessel der 240 P wesentlich leistungsfähiger war als jener der Nachfolgebaureihe 241 P.

In Glaser´s Annalen vom September 1949 berichtet Dipl.-Ing. Adolf Wolff, Berlin-Tegel, über die neue Baureihe 241 P der SNCF. In

🔺 Abb. 240 - Blick auf das Kuppelrad einer 141 R. Das Boxpok-Rad besteht aus Stahlhohlguß und gilt als sehr stabil. In den USA war die Komponentenfertigung aus Stahlguß sehr populär. Dies lag am besonderen KnowHow des Marktführers „General Steel Castings Corporation", der komplette Lokomotivrahmen bis rund 25 m Länge als ein einziges Gußstück herstellen konnte. Bei diesen Rahmen waren in der Regel auch die beiden Zylinder mit angegossen. – Oberhalb des Kuppelrades erkennt man die kraftbetätigte Umsteuerung für die Fahrtrichtung mit der Aufschrift „ALCO REVERSE GEAR TYP G"; auch dieser Zylinder besteht aus Stahlguß.

diesem Bericht werden auch die ersten Versuchsergebnisse zitiert, die bei diesen Versuchsfahrten mit der 241 P erreicht wurden. Bei den aufgeführten Versuchsfahrten wurden Zughakenleistungen von 2.870, 2.660 und 2.810 PS nachgewiesen.

Bei der Baureihe 240 P wurden Zughakenleistungen von weit über 3.000 PS und eine indizierte Leistung bis 4.800 PS erreicht.

Für den objektiven Betrachter stellt sich nun die Frage, warum sich die verantwortlichen Konstrukteure der Baureihe 241 P nicht genauer mit der Konstruktion der Baureihe 240 P befasst hatten. In der Gestaltung der

Abb. 241 - Noch eine Ausfahrt der 141 R 1244, die den Bahnhof Winterthur in Richtung Basel verlässt. Hier erkennt man an den ersten Wagen den historischen „Orient Express". – Nach 12 Jahren Ruhezeit, bei der sie eine Generalrevision erhalten hatte (vergleichbar mit einer deutschen L4), durfte die 141 R 1244 am 10.03.2012 wieder ihre erste Sonderfahrt (Publikumsfahrt) unternehmen (5.10.1980).

langen Feuerbüchse und dem hohen Anteil direkter Strahlungsheizfläche lag das Geheimnis für die hohe Verdampfungsleistung dieses Kessels. Laut Chapelons eigener Aussage und bei Fahrten mit dem Meßwagen wurden Verdampfungsleistungen von weit über 100 kg/m²h erzielt.

Zusammengefasst kann gesagt werden, dass die 240 P mit ihren 113 t Dienstgewicht 14 % leichter war als die 241 P (131,42 t Dienstgewicht), aber rund 30 % mehr Leistung am Zughaken entwickelte.
Dieser Prozentsatz gilt auch weitgehend für die Mehrleistung des Kessels (Dampf kg/h) der Baureihe 240 P.

Von Pol Boiton, einem guten Bekannten von André Chapelon, war zu hören, dass Chapelon bei der Auslegung seiner Umbaulokomotiven alle thermodynamischen und strömungsmechanischen Vorgänge in schier endlos lange Bewegungsgleichungen gefasst hatte. Chapelon hat diese aufwändigen Berechnungen noch manuell gelöst und damit sehr viel Zeit verbracht. Interessant dabei war die Tatsache, dass bei der Verifizierung der Leistungsfähigkeit dieser Umbaulok die Ergebnisse noch weit besser ausgefallen waren, als die Berechnungen ergeben hatten.

Monsieur Pol Boiton war später Ingénieur Chef de Depôt de Vierzon, einem Bw, das fast bis zum Ende der Dampftraktion die Mehrzwecklokomotiven 141 R beheimatete. Auch er hat dem Verfasser umfangreich unterstützt und ihn bei einigen Mitfahrten auf dem Führerstand der 141 R begleitet.

7. Zu den Lokomotiven aus England

Engländer gelten als sportlich, sind sportbegeistert und lieben den Wettkampf. Diese Einstellung galt im Grunde auch für die vielen englischen Privatbahnen, die im 19. Jahrhundert das Land mit zahlreichen Schienentrassen überzogen und auf diese Weise die Industrialisierung des Inselreiches maßgeblich gefördert haben. Nach verschiedenen, freiwilligen Zusammenschlüssen und zum Teil regierungsseitig forcierten Vereinigungen hatten in den 20er Jahren des 20. Jahrhunderts schließlich vier große Privatbahnen das Sagen. Wie schon in Kapitel 4.17 angesprochen, waren dies die Southern Railway (SR), die Great Western Railway (GWR), die London, Midland and Scottish Railway (LMS) und die London and North Eastern Railway (LNER). In allen diesen Gesellschaften gab es den Chief Mechanical Engineer (CME), auch Locomotive Superintendent genannt. Dieser CME bestimmte maßgeblich die Technik und damit auch die Konstruktion der zu beschaffenden Lokomotiven. Er war auch stets Mitglied der Geschäftsführung oder des Vorstands der jeweiligen Eisenbahngesellschaft. Nach welchen Regeln die jeweilige Berufung erfolgte, ist heute nicht mehr nachvollziehbar. Fest steht jedoch, und dies kann der Verfasser als Entwicklungsingenieur und Unternehmer aus eigener Erfahrung bestätigen, dass die Leistungsfähigkeit und Güte der beschafften Lokomotiven oftmals nur von einer einzigen Person abhing. – In der englischen Literatur ist nachzulesen, dass der CME der Great Western Railway, George Jackson Churchward (1857-1933) über für seine Zeit unerreichte Kenntnisse in den Bereichen Thermodynamik, Strömungsmechanik und Technische Mechanik besaß. Auch sein Nachfolger Charles Benjamin Collett (1871-1952) hatte davon profitiert. Er war für die 2'Ch4 „King Class" verantwortlich, eine sehr leistungsfähige Schnellzuglokomotive, von der 1927 bis 1930 30 Maschinen beschafft wurden. Ein Nachzügler folgte im Jahr 1936. Sie waren in England die zugkraftstärksten Lokomotiven ihrer Zeit. Als 20 Jahre später ein Leistungsvergleich von fünf Schnellzuglokomotiven erfolgte, war der King Class die 2'C1'h3 A4 der LNER (siehe Seite 328/329) und die 2'C1'h4 Duchess bzw. Coronation Class der LMS überlegen. Erst als die King Class ab 1955 sowohl einen größeren Überhitzer als auch eine doppelte Saugzuganlage erhielt, wurde sie wieder zur zugkraftstärksten Dampflokomotive des Inselreiches. Damit übertraf sie mit 18,32 t Zugkraft nicht nur die 1'Eh2-Güterzuglokomotive 9F (17,99 t), sondern auch die Werte der deutschen Baureihe 10!

▶ Abb. 242 - Die „Grand Steam Cavalcade", eines der größten Dampflok-Defilees der letzten Jahre, bildete am 31.08.1975 den absoluten Höhepunkt der Feierlichkeiten zum 150-jährigen Jubiläum der englischen Eisenbahnen. Über 33 Dampflokomotiven der Baujahre 1857 bis 1960 passierten den Streckenabschnitt Shildon-Heighington, der ersten öffentlichen Eisenbahnlinie der Welt, der erst am 27.09.1825 in Betrieb genommen wurde und als „Stockton & Darlington Railway" in die Geschichte der Eisenbahn einging. Angeführt wurde diese Cavalcade vom Nachbau der „Locomotion No. 1", der ersten von George Stephenson gebauten Dampflokomotive. Der im Kohletransportwagen mitfahrende Teilnehmer benutzt ein Funktelefon aus jener Zeit.

Abb. 243 - Die stromlinienverkleidete Schnellzuglokomotive A4 Nr. 4498 „SIR NIGEL
GRESLEY" mit Radsatzfolge 2'C1'h3 gehört zu den 35 Maschinen, welche die LNER
(London and North Eastern Railway) ab 1937 beschaffte. Ihre Schwestermaschine A4
Nr. 4468 MALLARD sorgte für besonderes Aufsehen, als sie am 3.07.1938 mit 125 mph
(201,2 km/h) den Geschwindigkeitsrekord für Dampflokomotiven erzielte. Hierbei
lohnt sich ein Blick auf Tabelle 7, Seite 278, sowie auf Abb. 211, Seite 282/283, wo die
technischen Daten der beiden Maschinen sowie passende Vergleichsaufnahmen mit der
deutschen 05 001 zu finden sind (23.05.1980).

🔺 Abb. 244 - Blick auf den vorderen Teil der 1'Eh2 Güterzuglokomotive Class 9F Nr. 92 220. Ungewöhnlich erscheinen die hochgesetzten und schräg orientierten Zylinder. Dies hat mit der Seitenbeweglichkeit der Laufachse zu tun. – Auf der seitlich auf dem Windleitblech angebrachten Gußtafel ist zu lesen, dass es sich hier um die letzte, von der British Railway beschaffte Dampflokomotive handelt und dass diese am 18.03.1960 in den bahneigenen „Swindon Works" feierlich übergeben wurde (23.05.1980).

Der Verfasser erlebte die King Class Nr. 6024 King Edward II. u.a. auf einer Sonderfahrt von Swindon nach Swansea (Wales) und zurück. Auf der Basis von Zuggewicht, Streckenprofil und Geschwindigkeit hatte der Verfasser bei einer Mitfahrt eine maximale Kesselleistung von ca. 16,5 t/h angenommen. Bei nur 3,12 m² Rostfläche, 18 m² Strahlungs- und 168,5 m² Rohrheizfläche eine beachtliche Leistung! Hinzu kommt noch, dass diese Maschine handgefeuert wird. Dies bedeutet im Umkehrschluss, dass der Kessel mit einer Belastung von rund 88,5 kg/m²h gefahren werden kann. Chapeau!

Das später auf dieses Thema angesprochene Lokpersonal bestätigte die Einschätzung des Verfassers und war darüber erfreut, dass ein Besucher

vom Kontinent für ihre Lokomotive ein so detailliertes Interesse hatte. Weitere Anmerkungen zu interessanten konstruktiven Lösungen dieser Lokomotive sind in Abb. 249 und 250 auf Seite 336 und 337 zu finden.

Von der in Kapitel 4.17 behandelten A1 der LNER blieb keine Maschine der Nachwelt erhalten. Wie schon ausgeführt, wurde die 60 163 völlig neu aufgelegt, d.h. mit großem Aufwand als Neubaulokomotive nachgebaut. Den leistungsfähigen Kessel durfte das DB-Dampflokwerk in Meiningen liefern. Die Kosten beliefen sich auf rund 3 Milionen £. Solche Lokomotiven führen heute in England Sonderzüge.

Der Verfasser war mehrfach in England und hat auch die große Fahrzeugparade, die „Grand Steam Cavalcade" zum 150-jährigen Jubiläum der Eisenbahn in England besucht.

Obwohl die British Rail bereits im Jahre 1968 offiziell den Dampfbetrieb eingestellt hatte, fanden sich in Shildon zahlreiche Maschinen aus

🔺 Abb. 245 - Blick auf den Führerstand der 9F Nr. 92 220, der Lokführer hält mit der linken Hand den Seitenzugregler. Die untere Klappe der Feuertür ist geöffnet, der Hilfsbläser in Betrieb. –Diese Fahrzeugklasse wurde mit 251 Exemplaren beschafft. An einigen Maschinen wurden verschiedene Neuerungen, die vom Kontinent bekannt waren, erprobt. So z.B. der Stoker, die mechanisierte Rostbeschickung, der Giesl-Ejektor, eine besondere Ausbildung der Saugzugan- lage, der aus Italien stammende Franco-Crosti-Kessel und anderes mehr. Keine der genannten Techniken wurde jedoch in die Serie übernommen.

den Sammlungen verschiedener Museen und der besonders aktiven „Railway Preservation Societies" aus ganz England ein, mit denen sonst hobbymäßig oder für touristische Zwecke, auf eigenen oder offi- ziellen BR-Strecken Sonderfahrten absolviert werden. Angeführt vom Original-Nachbau der einst von George Stephenson konstruierten „Lo- comotion No. 1", passierten mehr als 33 Dampflokomotiven der Bau- jahre 1857 bis 1960 den Streckenabschnitt Shildon-Heighington, der ersten öffentlichen Eisenbahnlinie der Welt, die einst am 27.09.1825 in Betrieb genommen wurde und als „Stockton & Darlington Railway" in die Geschichte des Verkehrsmuseums einging.

Die Einmaligkeit dieser ungewöhnlichen Lokparade, der mehr als eine viertel Million Besucher als Zeitzeugen beiwohnten, bestand darin, dass man diese historischen, aber optisch in Neuzustand versetzten Lokomotiven trotz ihres hohen Alters noch einmal unter Dampf und in voller Aktion erleben durfte! Und so wurde diese Cavalcade nicht nur für jeden zum persönlichen und unvergesslichen Erlebnis, sondern gedieh zu einer Demonstration der Entwicklungsgeschichte der Eisen- bahn, wie es eindrucksvoller nicht hätte denkbar sein können.

Auf der Suche nach einem für die Großformatkamera Linhof Super Technika geeigneten Ort fand sich eine Eisenbahnüberführung, bei der Kamera-Position, Perspektive sowie Lichtführung beste Voraus- setzungen versprachen. Leider befand sich diese Brücke in Privatbe- sitz und in einem für die Öffentlichkeit nicht zugänglichen Gelände. Daraufhin wurde der Polizeichef von Stockton, auch Superintendent genannt, um Hilfe und Rat gebeten. Innerhalb weniger Stunden hatten

Abb. 246 - Seitenanblick der 9F Nr. 92 220. – Die Treib- und Kuppelräder weisen einen Durchmesser von 1.525 mm auf. Das Triebwerk ist als „Leichtbautriebwerk" ausgeführt, d.h. die Treibstangen sowie die verschiedenen anderen Komponenten von Antrieb und Steuerung sind aus hochlegiertem Stahl gefertigt.

Obwohl für schwere Güterzüge konzipiert, konnte man diese Maschinen auch öfters vor Expresszügen antreffen. In der englischen Literatur wird berichtet, dass hier nicht nur einmal die Geschwindigkeit von rund 90 mph (ca. 144,8 km/h) erreicht wurde. Aus dieser Geschwindigkeit errechnet sich eine Drehzahl für Treib- und Kuppelräder von 8,4 Umdrehungen pro Sekunde sowie eine mittlere Kolbengeschwindigkeit von 11,94 Meter pro Sekunde! Schade, dass diese für einen Maschinenbauer doch recht hohen Werte nicht mit einem Meßwagen aufgezeichnet wurden. – Von diesen Lokomotiven wurden 1954 bis 1960 insgesamt 251 Exemplare beschafft. Die ersten Maschinen dieser Baureihe wurden bereits ab 1964 wieder aus dem Betrieb genonmnmen, wie z.B. die erst 1958 gelieferten 92 223, 92 233 und 92 249. Ob sich in nur sechs Betriebsjahren diese Investition amortisiert hat, ist wohl fraglich.

🔺 Abb. 247 - Diese Aufnahme wurde auch bei der „Grand Steam Cavalcade"
am 31.08.1975 aufgenommen. Die BR-Standardlokomotive 2'Ch2 Reihe 75 und
Leistungsklasse 4MT hatte in ihrer ursprünglichen Form eine Kesselleistung von
8.878,8 kg/h und damit rund 1.110 PS am Zughaken. Nach Einbau einer wohl richtig
berechneten doppelten Saugzug-Anlage stieg die Kesselleistung auf 10.188 kg/h und
die Zughakenleistung auf rund 1.274 PS, d.h. um ganze 15 %! – Unser Bild wurde
gegen Ende dieser „Grand Steam Cavalcade" erstellt, die Lokomotive trägt die
Teilnehmer Nr.32. Das Publikum hält nicht mehr die Distanz, die am Anfang der
Veranstaltung geboten war. – Für den Dampflokfreund ist es bestimmt eine Freude zu
wissen, dass diese Lokomotive seit 19.02.2012 wieder in Betrieb gegangen ist.

seine Mitarbeiter den Grundstücksbesitzer ermittelt und dessen Genehmigung zum Betreten und Benutzen des Grundstückes einschließlich der Brücke eingeholt. Zur weiteren Sicherheit stellte die Polizei für diese Tage auch permanent zwei Polizisten für jene Brücke ab, damit nicht Dritte, d.h. die rund herum anwesenden Eisenbahnfreunde, das gesperrte Gelände betraten. Auf Abb. 241 auf Seite 327 sehen wir eine Aufnahme, die von der genannten Brücke erstellt wurde. Das Bild zeigt die „Locomotion No. 1", einen Nachbau der ersten von George Stephenson gebauten Lokomotive.

Auch die Festlichkeiten zum 150-jährigen Jubiläum des Lokomotivrennens in Rainhill hat der Verfasser besucht. Die über mehrere Tage gehende Veranstaltung fand ihren Höhepunkt am 24.05.1980, einem Sonntag, an dem eine große Dampflokparade abgehalten wurde. Neben dieser Parade, von der der Verfasser die meisten Fahrzeuge schon aus früheren Begegnungen kannte, waren für die Einzelaufnahmen die kleinen Lokomotiv-Paraden von Interesse, die damals mit den Veranstaltern zusammen erstellt werden konnten. Gerne kamen die verschiedenen Vereine der Bitte des Verfassers nach und erlaubten Aufnahmen von besonderer Güte. Hierzu gehört auch Abb. 242, Seite 328/329, auf der die Schwestermaschine der Weltrekord-Lokomotive A4 zu sehen ist. In Verbindung mit Abb. 211 auf Seite 282/283 wird für den Leser ein bildlicher Vergleich jener zwei Dampflokomotiven möglich, die

🔺 Abb. 248 - Eine der kleinen Dampflokparaden, die im Mai 1980 beim 150-jährigen Jubiläum des Lokomotivrennens von Rainhill entstanden ist, gibt diese Aufnahme wieder. Die Tenderlokomotive 80079 gehörte zu den Standardmaschinen der BR, davon wurden insgesamt 155 Maschinen in den Jahren 1951 bis1957 gebaut. Mit der Radsatzfolge 1'C2'h2 und 1.727,2 mm Treib- und Kuppelraddurchmesser waren diese Lokomotiven universell einsetzbar. - Die mittlere Lokomotive darf fast schon als englisches Nationalheiligtum gelten. Sie gehört zu den beliebtesten und bekanntesten Maschinen der Insel. Der 2'C1'h3-Schnellzugmaschine A3 Nr. 4472 „Flying Scotsman" der ehemaligen LNER kommt in England vielleicht eine ähnliche Bedeutung zu, wie der Bayerischen S 3/6 in Deutschland. – Die rechte Maschine besitzt die Radsatzfolge 1'Eh2 mit der Nr. 600. Sie gehört zu jenen rund 900 Kriegslokomotiven, die das Britische „Ministery of Supply" für das „War Departement" hat bauen lassen (30.05.1980).

🔺 Abb. 249 - Die King Class der GWR (Great Western Railway) mit Radsatzfolge 2'Ch4 gehört, wie wir in der Einführung bereits gelesen haben, zu den besten Lokomotiven des Inselreiches. Von der rechts komplett abgebildeten Lokomotive sehen wir hier im Bild einige interessante technische Details. Die vordere Achse des Drehgestells ist außengelagert, um für die beiden Innenzylinder genügend Platz zu haben. Die zweite Achse des Drehgestells ist wieder innengelagert. Die beiden äußeren Zylinder verfügen über keine direkt geführte Steuerung, sondern leiten ihre Steuerung vom Pendant der Innenzylinder ab. Man erkennt dies an dem Hebel, der aus dem Rahmen ragt und die Steuerung betätigt. Weiterhin sieht man auf dem Umlaufblech die neue Zentralschmierung, die bei der Modernisierung der King Class in den 50er Jahren eingebaut wurde.

1936 und 1938 den Geschwindigkeitsweltrekord für Dampflokomotiven erzielt hatten. Interessant ist auch die Einbeziehung von Tabelle Nr. 7 auf Seite 278, welche einen direkten Vergleich der beiden Rekord-Lokomotiven ermöglicht.

Der nun folgende Bilderbogen zeigt jetzt Aufnahmen, die in chronologischer oder fachlicher Hinsicht nicht unbedingt zueinander gehören. Sie sollen dem Leser jedoch einen ersten Eindruck dessen vermitteln, wie englische Lokomotiven aussehen und zu welchen besonderen Aktivitäten die British Railway sowie die vielen englischen Eisenbahnvereine fähig sind. Sicher wird sich auf diesem Gebiet auch in Zukunft nicht viel ändern.

▲ Abb. 250 - King Class 6024 „King Edward I." bei einem Zwischenhalt in Hambrook. Das Personal steht auf dem Tender und zieht dort die Kohle nach. Diese „kleine" Maschine kann wesentlich mehr, als man auf den ersten Blick vermuten könnte. Nach der Modifizierung dieser Lokomotive, zu der u.a. ein neuer, größerer Überhitzer, eine doppelte Saugzug-Anlage und eine neue Zentralschmierung gehörten, wurde die King wieder zur zugkraftstärksten Lokomotive auf den britischen Inseln. Mit einer Kesselleistung von 16.500 kg/h und mehr als 2.000 PS am Zughaken konnte die King Class alle vorhandenen Lokomotiven, auch jene aus dem Neubauprogramm der BR, deplatzieren. Respekt!

8. Über Dampflokomotiven in Brasilien

Man darf schon annehmen, dass der Verfasser in früheren Jahren wohl bedeutendere Bahnverwaltungen als die FTC Ferrovia Tereza Cristina in Brasilien besucht hat. Die in der Folge geschilderten Ereignisse waren jedoch auf ihre Weise so einmalig und tragisch zugleich, dass sie in diesem Buch nicht fehlen dürfen.

Im August 1981 fuhr der Verfasser für einige Wochen nach Brasilien, um seinen dort lebenden Freund Otfried Eisenhardt († 11.11.2010) zu besuchen. Eisenhardt war Oberst i.G. der Deutschen Luftwaffe und 1980 deutscher Militärattaché in Brasilien geworden. Er hatte seinen Sitz in der Hauptstadt Brasilia. In jener Zeit herrschte in Brasilien noch eine Militärdiktatur, so dass dem Militärattaché oft mehr Bedeutung zukam als dem deutschen Botschafter.

Eisenhardt galt als begeisterter Eisenbahnfreund und engagierter Fotograf. Er hatte auch schon in Europa den Verfasser auf einigen Eisenbahnreportagen begleitet.

Als wohl interessanteste Eisenbahnverwaltung dieser Reise besuchte der Verfasser in Begleitung des gut portugiesisch sprechenden Otfried Eisenhardt die Eisenbahn FTC Ferrovia Tereza Cristina im südlich gelegenen Bundesstaat Santa Catarina. Mit seinen rund 5 Mio Einwohnern zählt dieses Land zu den kleinsten Bundesstaaten Brasiliens. Es wird im Norden vom Land Parana und im Süden vom brasilianischen Bundesstaat Rio Grande do Sul eingebettet. In Santa Catarina ist für die Deutschen besonders die Stadt Blumenau bekannt, in der jedes Jahr das „zweitgrößte Oktoberfest der Welt", so die Eigenwerbung, gefeiert wird. Die Hauptstadt Florianopolis weist rund 400.000 Einwohner auf, liegt direkt am Atlantik und wird wegen seiner traumhaften Strände von Einheimischen sehr geschätzt.

Im Süden von Santa Catarina existiert ein weit verzweigtes Eisenbahnnetz in Meterspur, das die zahlreichen, aber weit auseinanderliegenden Kohlegruben mit dem Verladehafen von Imbituba verbindet. Verwaltung, Depot und Werkstätten dieser heute unter dem Namen FTC Ferrovia Tereza Cristina betriebenen Eisenbahngesellschaft befindet sich ungefähr in der Mitte des Streckennetzes, in der Stadt Tubarao.

Die Hauptlast der langen Kohletransporte hatten damals die 14 schweren 1'E2'h2 Güterzuglokomotiven, nach der Radsatzfolge auch Texas genannt, übernommen. Diese über 180 t wiegenden Giganten konnten Güterzüge mit 2.000 t Gesamtgewicht ziehen, ihre planmäßge Höchstgeschwindigkeit lag bei 80 km/h. Der rund sechs Quadratmeter messende Rost dieser Lok wurde handgefeuert, so dass der Führer immer von zwei Heizern auf der Lok unterstützt wurde. Die zehn ersten Lokomotiven dieser Baureihe lieferte 1940

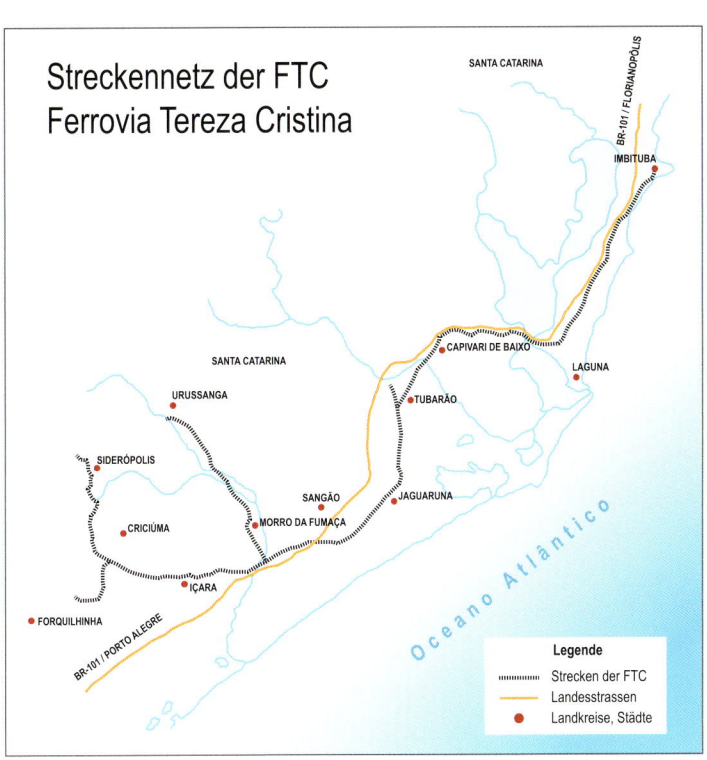

Abb. 251 - Blick in das Depot der FTC Ferrovia Tereza Cristina in Tubarao. Im Vordergrund die 1'E2'h2 Güterzuglokomotive „Texas" Nr. 305, dahinter reihen sich zwei Schwestermaschinen. Im Hintergrund sieht man die Hallen der Werkstättendienste. – Diese über 180 t schweren Giganten fahren auf Meterspur! – Die im Vordergrund stehende 305 gehört zu den 10 Loko- motiven, die bereits 1940 von Baldwin Philadelphia geliefert wurden. Sie leisten rund 2.000 PS am Zughaken und sind für eine Höchstgeschwindigkeit von 80 km/h zugelassen. – Heute haben schon seit langer Zeit dort Brennkraftlokomotiven von GE (General Electric) den Betrieb übernommen (15.08.1981).

Baldwin Philadephia, die vier weiteren Maschinen kamen 1949 von der American Locomotive Company (ALCO).

Güterzuglokomotiven mit dieser für Europa ungewöhnlichen Bauart 1'E2'h2 waren in den USA in den 20er und 30er Jahren recht verbreitet. Ein hinteres Drehgestell erlaubte bauseitig eine lange Feuerbüchse, eine Verbrennungskammer, einen großen Rost und und damit auch eine entsprechend große Leistung.

Bemerkenswert an diesen 14 Schwerathleten war der Betrieb auf Meterspur mit über 20 t Radsatzlast und rund 2.000 PS am Zughaken. Da wegen der hohen Achslast nicht alle Kohlegruben mit diesen schweren Lokomotiven angefahren werden konnten, befanden sich auch noch drei Mallet-Maschinen in der Bauart 1'C C1'h4 im Einsatz. Diese waren 1950 von Baldwin Philadephia geliefert worden. Weitere Maschinen der Bauart 1'E1'h2 (Sante Fé) und 1'D1'h2 (Mikado) waren von Skoda Pilsen und Arnold Jung Jungenthal, Kirchen/Sieg, geliefert worden.

Beim dreitägigen Besuch dieser Bahngesellschaft FTC Ferrovia Tereza Cristina, der durch Otfried Eisenhardt gut vorbereitet worden war, wurde zunächst der Direktor und Chef-Ingenieur besucht. Nach einem überaus freundlichen Empfang wurden alle Wünsche des Verfassers gerne aufgenommen und nachhaltig erfüllt. Besichtigung der Zentral-

Streckennetz der FTC
Ferrovia Tereza Cristina

SANTA CATARINA

BR-101 / FLORIANÓPOLIS

IMBITUBA

CAPIVARI DE BAIXO

LAGUNA

SANTA CATARINA

URUSSANGA

TUBARÃO

SIDERÓPOLIS

SANGÃO

JAGUARUNA

CRICIÚMA

MORRO DA FUMAÇA

ÍCARA

FORQUILHINHA

BR-101 / PORTO ALEGRE

Oceano Atlântico

Legende

---- Strecken der FTC
—— Landesstrassen
● Landkreise, Städte

Abb. 252 - 1'E2'h2-Güterzuglokomotive Nr. 305 vor einem 2.000 t Kohlenzug in voller Fahrt auf dem Weg nach dem Hafen Imbituba, aufgenommen südlich von Tubarao. Diese schwere Lokomotive ist handgefeuert und planmäßig mit zwei Heizern besetzt (14.08.1981).

werkstätten, Vorführung aller vorhandenen Lokomotivbaureihen sowie Mitfahrten auf dem Führerstand gingen zwanglos über die Bühne. Die primäre Absicht des Verfassers bestand jedoch in der Beobachtung und Fotografie der schweren Texas Lokomotiven vor 2.000 t Ganzzügen auf Steigungen oder besonders reizvollen Landschaftsabschnitten. Für die meisten Aufnahmen wurden Streckenpunkte ausgemacht und mit dem jeweiligen Personal abgesprochen. Der Wunsch nach eindrucksvoller Rauchentwicklung war für den Verfasser nicht relevant, wohl aber Beispiele maximaler Leistungsentfaltung. Die ohnehin zur starken Rauchentwicklung neigende Kohle mußte mit besonderer Vorsicht zu einem weißglühenden Feuer auf dem Rost gebracht werden. Neu aufgeworfene Kohle sowie die beim Feuern entstehende Fremd-

oder Kaltluft hätte bei der vollen Leistungsentfaltung nur gestört. Ob sich auch die beiden Heizer dessen bewußt waren?

Am 15.08.1981, dem letzten Tag des Besuches bei der FTC, waren noch zwei Streckenaufnahmen vorgesehen. Die erste mit der Lokomotive 309, die zweite mit der 312 und einem 2.000 t Kohlenganzzug. Auf der Fahrt zum zweiten Motiv konnte der Verfasser schon von weitem erkennen, dass ein ungewöhnlicher Rauchpilz nichts Gutes verriet. Über sein Diensttelefon mußte Otfried Eisenhardt von der Lokomotivleitung der FTC erfahren, dass sich auf dem zu besuchenden Streckenabschnitt ein zur Zeit noch unerklärbarer Unfall ereignet hätte und Polizei sowie Rettungskräfte sich auf dem Weg dorthin befänden. Unsere Texas Nummer 312 hatte einen Kesselzerknall erlitten!

🔺 Abb. 253 - In den Werkstätten der FTC in Tubarao werden alle Lokomotiven in Eigenregie unterhalten. Hierzu gehören sowohl Bedarfsausbesserungen als auch Hauptuntersuchungen. – Die an Lokomotive Nr. 307 gerade auszuführenden Arbeiten sind besonders interessant. Am Stehkessel werden, noch autogen, neue Stehbolzen eingeschweißt. Knapp rechts vom Schlosser ist zu ersehen, dass aus dem Langkessel ein Stück Kesselblech herausgeschnitten wurde. Vermutlich war dieser Teil abgezehrt, so dass ein neuer Flicken eingeschweißt werden muss (14.08.1981).

🔺 Abb. 254 - In der Nähe des Ortes Morro da Fumaca eilt dieser 2.000 t Kohlezug nach Norden. Der „Texas" Nr. 312 sieht man an, dass sie mit ihrer Höchstgeschwindigkeit von 80 km/h fährt. Der starke Qualm resultiert nicht nur vom augenblicklichen Feuern, sondern liegt auch an der mäßigen Qualität der in Santa Catarina geförderten Steinkohle. – Noch kann niemand von dem schrecklichen Unglück ahnen, welches diese Lokomotive am übernächstem Tag ereilen wird (13.08.1981).

🔺 Abb. 255 - Die Güterzuglokomotive mit Radsatzfolge 1'E2'h2 Nr. 313 befördert einen Leerzug
nach Süden, aufgenommen in der Nähe des Ortes
Laguna. Hinter dem Bahndamm verläuft eine Lagune,
dahinter erkennt man noch den Atlantischen Ozean.
(14.08.1981).

343

Abb. 256 - Südlich des Ortes Morro da Fumaca führt die Bahnlinie in Richtung jener Berge, bei denen die verschiedenen Kohlegruben zu finden sind. – Im Bild sehen wir die Güterzuglok Nr. 313 vor einem 2.000 t Kohlezug auf dem Weg nach Norden und Imbituba. Die beiden Heizer schauen freundlich aus dem Führerstand. – Wahrscheinlich war die „Vorschau", die das Lokpersonal bei Übernahme einer Lokomotive durchzuführen hat, in diesem Fall nicht ganz gründlich verlaufen. Das Scheinwerferglas an der Rauchkammertür ist noch offen und nicht ordnungsgemäß zugemacht worden (14.08.1981).

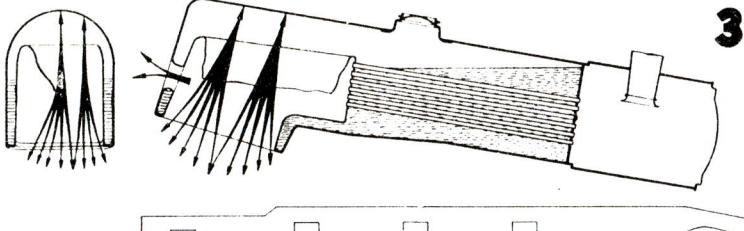

1 Vom Wasser nicht mehr bedeckte Feuerbüchsdecke reißt an stark beanspruchter Ecke entlang der Feuerbüchse ein. Dampf strömt in die Feuerbüchse

2 Die starke Dampfströmung biegt die Feuerbüchsdecke nach unten. Darauf starke Druckabsenkung im Kessel und weitere Dampfbildung durch Nachverdampfen.

3 Starker Rückstoß des ausströmenden Dampfes reißt den Kessel aus seinen Verankerungen am Rahmen und schleudert ihn hoch.

L3579

🔺 Abb. 257 - So sah der vordere Teil des Langkessels sowie die daran anschließende Rauchkammer der Güterzuglok Nr. 312 nach dem Kesselzerknall aus. Hier waren immense Kräfte am Werk (15.08.1981).

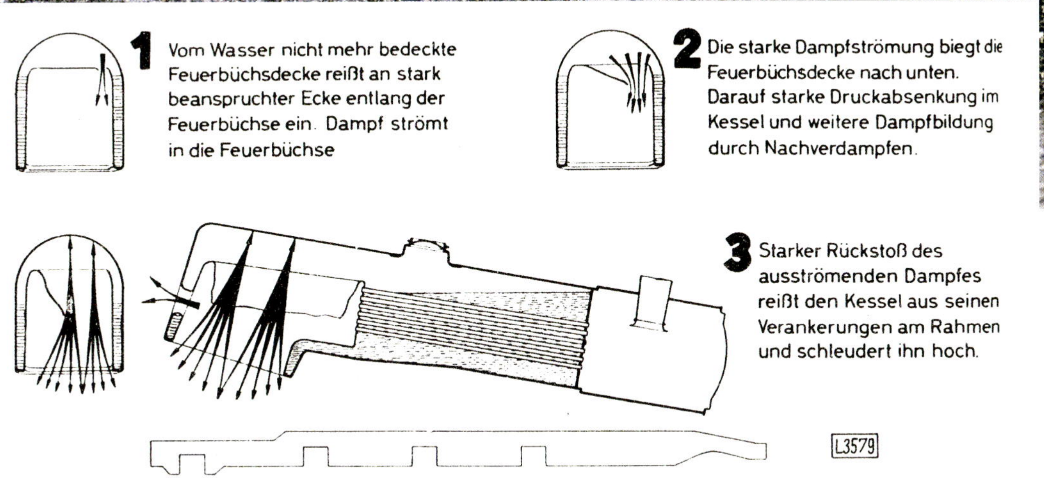

Ablauf eines Kesselzerknalls

Abb. 258 - Bei dem Kesselzerknall der Güterzuglok 312 blieben Laufwerk und Lokrahmen auf dem Bahngleis stehen. Die Wagons des vollbeladenen Kohlezugs schoben sich zusammen und stürzten zum Teil noch um. Hier sehen wir den riesigen Kessel auf seinem Scheitel liegen, rechts im Vordergrund der abgerissene linke Zylinder. Oben rechts erkennen wir Otfried Eisenhardt, der auf den Güterwagen geklettert ist, um einen besseren Überblick zu erlangen. – Wie im Text bereits erläutert, werden bei einem Kesselzerknall unermessliche Kräfte frei. Dabei wird der Kessel von Rückstoß oft bis fünfzig oder mehr Meter in die Luft geschleudert. - Der Lokführer sowie seine beiden Heizer, mit denen noch am Vortag eine besondere Fotostelle für diese Fahrt vereinbart worden war, fanden bei diesem Unglück den Tod (15.08.1981).

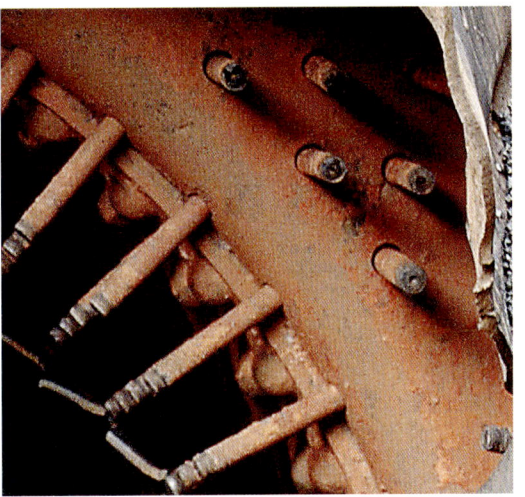

Abb. 259 - Blick in den Stehkessel und Verbrennungskammer der Güterzuglok 1'E2'h2 Nr. 312 nach dem Kesselzerknall. Die linke Vergrößerung lässt an den abgerissenen Stehbolzen noch die in der Mitte vorhandenen Kontrollbohrungen erkennen. Wie aus diesem Bild ersichtlich, ist das untere Kesselblech der Verbrennungskammer aufgerissen worden (15.08.1981).

Als der Ort des Geschehens erreicht wurde, sah dieser wie nach einem Bombeneinschlag aus. Hilfskräfte und Polizei konnten nicht mehr viel ausrichten. Der mächtige, in die Luft geflogene Kessel lag kopfüber neben dem Gleis, das Fahrgestell mit den Treib- und Laufachsen sowie Tender stand noch auf den Schienen. Die ersten der vollbeladenen, vierachsigen Güterzugwagen waren verschachtelt zusammengeschoben worden. Als Otfried Eisenhardt seinen Dienstausweis vorzeigte, wurde von der Polizei gleich salutiert und Eisenhardt mit „Colonel" begrüßt. Er wurde mit dem Verfasser auch sofort zum Unfallort durchgelassen. Wie später zu erfahren war, konnten die sterblichen Überreste

Abb. 260 - Blick auf den Stehkessel und Verbrennungskammer nach dem Kesselzerknall der Güterzuglok Nr. 312 der FTC. – Der rechte Zylinder ist noch vorhanden, am Platz des linken erkennt man nur noch das Dampfeinströmrohr. – Die beiden technischen Inspektoren der FTC untersuchen den Schaden. – Aufgrund der Größe dieser beiden Techniker kann man sich vorstellen, welch riesige Abmessungen der Rost dieser „Texas" besitzt. Mit einer Länge von 120 Zoll sowie einer Breite von 80 Zoll (Innenmaße) verfügt der Rost über eine Fläche von 3.048 x 2.032 mm, d.h. 6,194 m². Dass diese Lokbauart werksseitig nicht mit einem Stoker ausgerüstet war, wundert den Fachmann. In den USA wurde 1937 ein Stoker-Gesetz erlassen, welches den Einbau einer mechanischen Feuerung bei dieser Rostgröße zwingend vorschrieb. Wahrscheinlich wollten sich die Brasilianer damals die mit einem Stoker verbundenen Mehrkosten sparen und schickten lieber zwei Heizer auf den Führerstand. – Auch nach vier Jahren hatte die technische Fakultät der Universität in Sao Paulo die Ursachen für diesen Kesselzerknall nicht herausfinden können. Der Grund für dieses Unglück wird wohl für immer ein Geheimnis bleiben (16.08.1981).

vom Lokführer und seinen beiden Heizern erst nach längerem Suchen in dem umliegenden Gelände, sprich im Schilfgras, gefunden werden. Die hier abgedruckten Bilder dieses Unfalls zeigen wohl mehr als seitenlange Beschreibungen.

In der vorhandenen Literatur hat sich auch kein vergleichbarer Fall finden lassen, wie er hier in diesem Kapitel dokumentiert wird.

Ein ähnliches Schicksal erlitt am 27.11.1977 die Schnellzuglokomotive 01 516 im Bahnhof von Bitterfeld, nur nicht bei voller Fahrt.

Aus dem Fachbuch Dampflokomotivkunde, Band 134, der Eisenbahn-Lehrbücherei der Deutschen Bundesbahn, geben wir hier von Seite 166, Kapitel „8. Kesselzerknall" einschließlich Grafik auszugsweise wieder:

„Die größte Gefahr im Dampfkesselbetrieb bildet der Zerknall des Kessels. Man versteht darunter die Zerstörung größerer Teile der Kesselwände. Kleinere Risse mit geringer Dampfausströmung oder Wasserverlust (z. B. Reißen eines Heizrohres) fallen nicht unter den Begriff des Kesselzerknalls.

Verschiedene Ursachen können zum Kesselzerknall führen: Ausglühen von Kesselteilen durch Wassermangel oder durch starken Kesselsteinansatz, zu hohe Dampfdrücke im Kessel, unzulässig große Abzehrung einzelner Bauteile (Stehbolzen), der Bruch von Stehbolzen sowie Herstellungs- und Baustofffehler. Während die zuletzt genannten Ursachen meistens nicht mit dem Bedienen des Kessels zusammenhängen, ist das Ausglühen von Kesselteilen fast immer auf einen schweren Bedienungsfehler zurückzuführen.

Meistens wird ein Kesselzerknall durch übermäßig hohes Erwärmen der Feuerbüchswände eingeleitet, sei es, daß die Teile der Feuerbüchse nicht mehr vom Wasser gekühlt werden oder sehr starker Kesselsteinansatz zu örtlicher Überhitzung eines Wandteiles führen. Im ersten Fall liegt meistens Wassermangel vor. Der Wasserstand ist so weit abgesunken, daß ein Teil oder die ganze Feuerbüchsdecke nicht mehr vom Wasser bedeckt wird. Deren Festigkeit sinkt mit zunehmender Erwärmung erheblich ab, sie beträgt z.B. bei 550 ° C (Stahlfeuerbüchse) nur noch etwa ein Viertel der bei 200° C. Deshalb ist die Beobachtung des Kesselwasserstandes und das ordnungsgemäße Arbeiten der Wasserstandsanzeiger für die Sicherheit des Kesselbetriebes und des Lokomotivpersonals von entscheidender Bedeutung. Die hierüber herausgegebenen Vorschriften müssen peinlich genau beachtet werden. Die geringste Nachlässigkeit kann schwerwiegende Folgen haben. In diesem Zusammenhang sei besonders auf den Wasserstand auf Steigungsstrecken hingewiesen. Dort ist die Dampfentnahme meistens höher als auf der Waagerechten und der Heizer wird bei mäßiger Dampfentwicklung im Kessel den Kesseldruck vielleicht durch Drosseln der Speisepumpe noch halten wollen. Er muß aber unbedingt berücksichtigen, daß ein niedriger Wasserstand auf der Steigungsstrecke schon Wassermangel auf der anschließenden Geraden bedeuten kann. Das Versäumte läßt sich dann aber nicht mehr nachholen. Ist die Feuerbüchsdecke erst einmal ohne Wasserkühlung, nimmt sie sehr rasch hohe Temperaturen an.

Die gewaltige zerstörende Wirkung eines Kesselzerknalls rührt von der im Kessel gespeicherten Energiemenge her, die in einem solchen Fall rasch frei wird. Auf den Kesselwänden lastet ein Dampfdruck von 14-16 atü, das sind 14-16 kg/cm². Für den Stehkesselmantel über der Feuerbüchsdecke mit einer Fläche von etwa 4 m² sind das selbst bei einem auf 10 atü abgesunkenen Druck immer noch

10 X 40.000 kg = 400 t. Solange die Stehkesseldecke mit der Feuerbüchsdecke durch Stehbolzen fest verbunden ist, wird der Druck gegen den Stehkesselmantel durch den auf die Feuerbüchsdecke aufgehoben. Sobald aber die Feuerbüchsdecke aufreißt, fällt der Gegendruck fort, die Kraft von 400 t wird ganz oder zum Teil in ihrer Wirkung nach oben frei und reißt den Kessel aus seiner Verankerung im Rahmen. Außerdem wird gleichzeitig ein Teil der im Kesselwasser aufgespeicherten Wärmeenergie wirksam. Wie wir zuvor gesehen haben, gehört zu jedem Kesseldruck eine bestimmte Wassertemperatur. Sie kann sich dem rasch absinkenden Druck natürlich nicht so schnell angleichen, sondern bleibt auch nach dem Druckabfall noch erheblich höher, als es dem niedrigeren Kesseldruck entspricht. Infolgedessen setzt unmittelbar nach der Druckabsenkung eine erhebliche Dampfentwicklung aus der großen überschüssigen Wärme des Kesselwassers ein, die für weitere Dampfausströmung aus dem Kesselriß und nur langsames Absinken des Dampfdrucks sorgt. Der von oben nach unten austretende Dampf übt dann eine Rückstoßkraft entgegen seiner Strömungsrichtung auf die Kesseldecke aus und schleudert den Kessel unter Umständen in die Luft und mehrere 100 m von der Unfallstelle fort, wie es bei verschiedenen Kesselexplosionen schon beobachtet wurde. Die entstehende Rückstoßkraft ist abhängig von der Menge und Geschwindigkeit des entweichenden Dampfes. Es ist die gleiche Kraft, die z. B. die Rakete in die Luft treibt oder von einem starken Wasserstrahl auf die Schlauchmündung ausgeübt wird. Falls die Seitenwände der Feuerbüchse aufreißen, wird sich allerdings das Dampfausströmen und die Rückstoßkraft nicht so frei entwickeln können, so daß sich der Kessel dann wahrscheinlich anders verhält als beim Aufreißen der Decke."

Die Ursachen des Kesselzerknalls der Lokomotive 312 konnten auf Anhieb nicht ermittelt werden. Auf Veranlassung der Direktion der FTC wurden aber bei allen 13 übrigen Lokomotiven der Kesseldruck herabgesetzt, was jedoch zu einer deutlichen Leistungsreduzierung führte. Damit konnten auch keine 2.000 t Ganzzüge mehr gefahren werden.

Der Weg für die Brennkraftlokomotiven von GE war freigeworden.

Heute, also rund 32 Jahre nach dem Kesselzerknall der Texas Nummer 312, hält die FTC wieder zwei Dampflokomotiven im Betrieb vor, die neu revidierte 1'E1'h2 Santa Fé von Skoda, Pilsen, und eine 1'D1'h2 Mikado von Arnold Jung Jungenthal. Beide Maschinen werden für Sonderfahrten genutzt.

Das Reiseunternehmen FARRAIL in Berlin (www.farrail.com) hatte im Sommer 2013 eine Fahrt zur FTC nach Santa Catarina angeboten.

9. Technische Berechnungen und Erläuterungen, zwei wissenschaftliche Beiträge von Dr. rer. nat. Gerhard R. Thoma

9.1 Die Fahrt des Autors über die Schiefe Ebene aus technischer Sicht

Die Zugkraft beim Anfahren eines Zuges wird bei einer Dampflok i.A. nicht durch die maximale Leistung der Zuglok, sondern durch die Haftreibung zwischen den Antriebsrädern und der Schiene bestimmt. Diese Haftreibung ist allerdings nicht konstant, sondern hängt neben äußeren Einflüssen auch von der Fahrgeschwindigkeit ab. Diese Abhängigkeit wird prinzipiell durch die hyperbolische Näherungsformel von Curtius-Kniffler beschrieben.

Im vom Autor beschriebenen Fall beträgt die Haftreibung beim Anfahren einer Lok der Baureihe 001 ca. $\mu = 0,26$ und verleiht der Lok eine Anfahrzugkraft von 149 kN oder ca. 15,2 to. Mit zunehmender Geschwindigkeit fällt der Haftreibungskoeffizient aufgrund des zur Kraftübertragung notwendigen Radschlupfes zwischen 45 und 60 km/h auf den Wert $\mu = 0,19$ ab.

Obwohl die Zugkraft infolgedessen mit zunehmender Geschwindigkeit abnimmt, erhöht sich trotzdem die Leistungsabgabe der Dampfmaschine, weil die Geschwindigkeitszunahme die Zugkraftabnahme nach Curtius-Kniffler überkompensiert. Mit der Geschwindigkeit erhöht sich zwangsläufig auch der Dampfverbrauch. Die Lok wird daher den Zug solange bis zum Punkt beschleunigen, bis der Dampfverbrauch die Leistungsfähigkeit des Dampfkessels erreicht hat und damit die Dampfmaschine die maximale Leistung am Zughaken abgibt. Oberhalb dieser Grenzgeschwindigkeit ist eine weitere mechanische Leistungssteigerung nicht mehr möglich, die Zugkraftkennlinie geht in eine Zugkrafthyperbel über. Ist der Zug zu schwer, so dass er wegen des Haftreibungskoeffizienten diese Grenzgeschwindigkeit nicht erreichen kann, so bläst der Kessel den überschüssigen Dampf ab, falls der Heizer zu tüchtig heizt.

Zur Berechnung dieser Grenzgeschwindigkeit kann man eine leicht modifizierte Approximation der Kennlinie nach Curtius-Kniffler verwenden, die bis zu 60 km/h Gültigkeit hat.

Mit ihrer Hilfe berechnet man die Zugkraft am Haken $Z(v)$ abhängig von der Geschwindigkeit der Lok und bestimmt daraus die Leistung der Lok am Zughaken $N(v)$ als Funktion der Geschwindigkeit. Setzt man diese errechnete Leistung am Zughaken gleich der vom Hersteller spezifizierten maximalen Zughakenleistung N_{max} von 1903 PS, dann ergibt sich eine Bestimmungsgleichung für die Grenzgeschwindigkeit, ab der die Kennlinie in eine Art Zugkrafthyperbel übergeht. Die Zugkraft am Haken $Z(v)$ in Abhängigkeit der Geschwindigkeit berechnet sich zu:

$$Z(v) = (3,1231 \times 10^{-5} \times v^2 - 0,0029 \times v + 0,2591) \times 9,81 \times 57,7$$

mit v in $\frac{km}{h}$ 57,7 to ist das Reibungsgewicht der Lok BR 001

Es gilt daher die Bestimmungsgleichung für v:

$$Z(v) \times \frac{v}{3,6} = N_{max} = 1400 \text{ kW} \cong 1903 \text{ PS}$$

Die Lösung der kubischen Gleichung ergibt eine Geschwindigkeit von

$$v = 46,6 \frac{km}{h}$$

für den Punkt P_0.

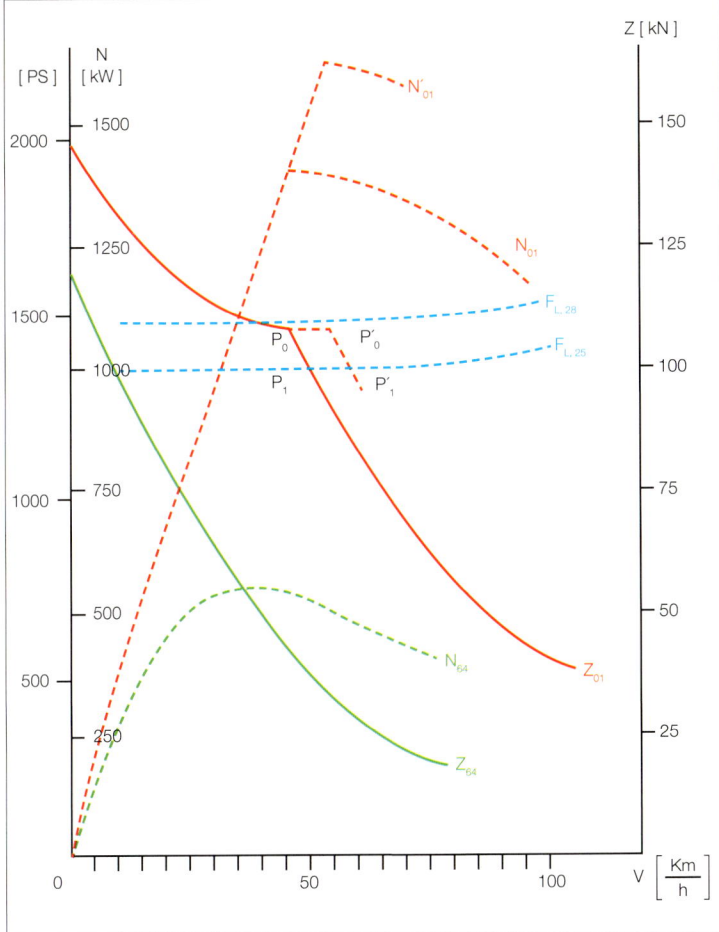

Abb. 261 - Zugkraft und Leistungskennlinien der Baureihe 64 und der Baureihe 001 Serienstand und nach Leistungssteigerung durch optimiertes Heizen.

Nach Düring ist die Zughakenleistung der Lok Baureihe 001 oberhalb der Grenzgeschwindigkeit nicht konstant sondern nimmt aufgrund zusätzlicher Leistungsverluste mit zunehmender Geschwindigkeit ab.

Die durchschnittliche Leistung von 1387 kW ändert sich allerdings glücklicherweise im Bereich 50km/h bis 60km/h nur um ca. 0,25%, sodass man für diesen Geschwindigkeitsbereich eine Zugkrafthyperbel der Form

$$Z(v) = \frac{1387 \times 3,6}{v} \qquad \text{annehmen kann.}$$

Für die Zuglast gilt die folgende Formel:

$$F_L(v, i, M_L, M_Z) = F_R(M_Z, v) + F_H(M_L + M_Z, i)$$

F_R ist der Gesamtwiderstand des Zuges, F_H der Hangabtrieb abhängig von der Summe aus Lokmasse und Zugmasse und der Steigung i.

Setzt man die Werte ein für

$$M_L = 168,8 \text{ to} \qquad M_Z = 212 \text{ to} \qquad i = 25 \text{ ‰}$$

So ergibt sich

$$F_{L,25}(v) = 0,0013 \times v^2 - 0,0831 \times v + 99,2458$$

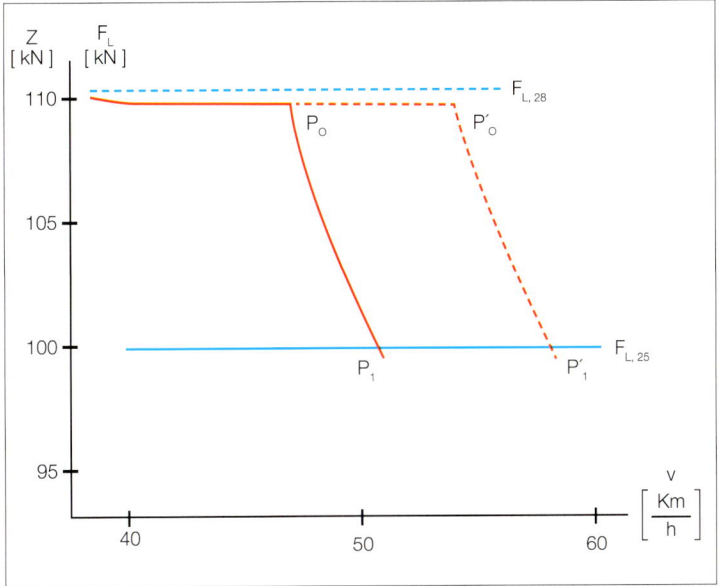

Abb. 262 - Übergang der Reibungszugkraft in die Zugkraft Hyperbel, Baureihe 001 mit und ohne Leistungsteigerung

Gleichsetzen der Formeln

$$Z(v) = \frac{1387 \times 3,6}{v} = F_{L,25} = 0,0013 \times v^2 - 0,0831 \times v + 99,2458$$

führt zu einer Geschwindigkeit $v = 50,7 \frac{km}{h}$ und dem Punkt P_1

Der Zug kann also die Steigung mit einer Geschwindigkeit von ca. 51 km/h überwinden.

Bei seiner Fahrt über die Schiefe Ebene hat der Autor durch intelligentes Heizen die Strahlungswärme optimal ausnutzen können, was zu einer um ca. 15% höheren Dampferzeugungsrate geführt hat. Als Folge davon konnte die Lok bei gleichbleibender Zugkraft eine höhere Grenzgeschwindigkeit erzielen, bevor der Übergang zur Zugkrafthyperbel erfolgte. Dadurch erhöht sich die maximale Leistung am Zughaken auf = 2190 PS oder 1610 kW. Die Grenzgeschwindigkeit berechnet sich nach

$$Z(v) \times \frac{v}{3.6} = N_{max} = 1610 \text{ kW} \cong 2190 \text{ PS}$$

zu $\qquad v = 53,2 \frac{km}{h}$ bei P'_O

$$Z(v) = \frac{1610 \times 3,6}{v} = F_{L,25} = 0,0013 \; x \; v^2 - 0,0831 \; x \; v + 99,2458$$

Die Zugkrafthyperbel schneidet die Lastkennlinie am Punkt P'_1 bei ca. 59 km/h. Der Zug konnte also dank des Autors die Steigung wesentlich schneller überwinden.

Im Verlauf der Schiefen Ebene kommt zu der Steigung auch noch eine Kurve hinzu, die den Rollwiderstand weiter erhöht. Für die Fahrdynamik wirkt sich dieser zusätzliche Widerstand so aus, als ob sich die Steigung von 25‰ auf 28‰ zu $F_{L,28}$ erhöhen würde. Führt man nun die obigen Berechnungen mit diesem Wert durch, so erhält man eine maximale Beharrungsgeschwindigkeit von $v = 39 \frac{km}{h}$, die durch den Haftreibungskoeffizienten bestimmt ist. Die Leistung der Dampflok N (39) am Zughaken beträgt dann nur noch 1608 PS. Wenn der Lokführer jetzt eine höhere Füllung vornimmt, schleudern die Räder und wenn der Heizer zu fleißig heizt, bläst der Kessel ab.

Bei der Fahrt des Autors ist der Zug in die Kurve mit einer Geschwindigkeit von ca. 60 km/h eingefahren. Aufgrund der fiktiven höheren Steigung kommt es nun zu einem Zugkraftdefizit von $\Delta F_Z = -13,63 \; kN$. Dieses Defizit verlangsamt den Zug anfangs mit einer Verzögerung von $-0,036 \frac{m}{sec^2}$.

Da der Zug mit Schwung die Steigung hochfährt, verliert er wegen seiner hohen Masse nur langsam an Fahrt. Da mit abnehmender Geschwindigkeit wegen der Zugkrafthyperbel die Zugkraft zunimmt, wird das Zugkraftdefizit immer kleiner und die Verzögerung verringert sich. Eine Berechnung, die diese Parameter alle einbezieht liefert folgende Werte:

Nach fast genau einem Kilometer Kurvenfahrt ist die Geschwindigkeit auf 54 km/h abgefallen. Das Zugkraftdefizit beträgt dann noch $\Delta F_Z =$ ca. $-2,5 \; kN$ Nach dieser Wegstrecke ist die Kurve überwunden und der Zug kann wieder mit der überschüssigen Kraft von $\Delta F_Z = 8,7 \; kN$ beschleunigen. In diesem Falle ist der Autor immer oberhalb der Grenzgeschwindigkeit gefahren und hat infolgedessen die Leistungsfähigkeit der Lok voll ausnutzen können, was offensichtlich sogar dem Lokführer gefallen hat. Also kein Heizerlatein!

9.2 Beschleunigung eines Personenzugs mit Dampflok – oder das Lokomotivwettrennen von Weiden

Der Physiker Dr. rer. nat. Gerhard R. Thoma hat zu dem Lokomotivrennen von Weiden die folgende Ausarbeitung beigesteuert. In dieser Erläuterung kann jeder Eisenbahnfreund erkennen, dass die Baureihe 064 aus physikalischen Gründen am Anfang einfach schneller ist.

Man stelle sich folgende Szene in einem deutschen Bahnhof vor: An einem Bahnsteig steht ein Zug bestehend aus vier Eilzugwagen und einem Packwagen gezogen von einer stolzen Schnellzuglok der Baureihe 001. Am Nebengleis ein Personenzug, bespannt mit einer kleinen unscheinbaren Tenderlok der Baureihe 064. Der Lokführer der 001 mit ihren über 2300 PS indizierter Leistung und einer

Höchstgeschwindigkeit von 130 km/h schaut nur mitleidig auf die kleine 064, deren Rennstrecken nicht die großen Magistralen, sondern die Nebenbahnen in kleine Provinzdörfer sind. Das Signal für beide Züge geht gleichzeitig auf grün und beide Züge fahren mit der maximal möglichen Beschleunigung ab. Und jetzt passiert das schier unglaubliche. Die kleine Lok fährt dem Schnellzug auf und davon und der Lokführer der 001 kann machen was er will, er kann die kleine Lok erst nach knapp einer Minute und über einem halben Kilometer Fahrstrecke überholen, als beide Züge schon längst aus dem Bahnhof ausgefahren sind.

Kann so etwas überhaupt möglich sein?

Den Grund für diese Beobachtung erkennt man sofort, wenn man die Daten der beiden Züge vergleicht:

	Zug mit Baureihe 001	Zug mit Baureihe 064
Masse der Lok	$M_L = 167,8 \text{ t}$	$M_L = 71,2 \text{ t}$ [1]
Reibungsgewicht	$M_R = 57,7 \text{ t}$	$M_R = 45,7 \text{ t}$
Masse der Wagen	$M_Z = 152 \text{ t}$	$M_Z = 120 \text{ t}$
Masse gesamter Zug	$M_1 = 319,18 \text{ t}$	$M_2 = 191,2 \text{ t}$
Anfahrzugkraft	146,16 kN	116,14 kN
Max. Leistung am Zughaken	$N_1 = 1903 \text{ PS}$	$N_2 = 760 \text{ PS}$
Leistungsgewicht Zug	5,95 PS/ t	3,97 PS/ t
Zugkaft/Zugmasse	0,46 kN/t	0,61 kN/t

[1] Ausführung mit Krasuß-Helmholtz-Gestellen

Zwar hat der Zug mit der 001 ein höheres Leistungsgewicht, aber das spielt hier gar keine Rolle. Die Leistung im Stand berechnet sich nämlich nach

N_0 = Anfahrzugkraft x Geschwindigkeit

Und da die Geschwindigkeit Null ist, folgt daraus, dass auch die Leistung Null ist.

Für das Anfahren ist das Verhältnis Zugkraft zu Zugmasse entscheidend und hier hat die 064 die Nase vorn. Der 001 nützt also ihre überragende Leistung am Anfang gar nichts.

Wann und mit welcher Geschwindigkeit überholt die 001 die 064? Es gibt relativ einfach Beziehungen zwischen der Zugkraft und der Beschleunigung, wenn man die zu beschleunigende Masse kennt.

Aber alles steht und fällt mit dem Haftreibungskoeffizienten. Er ist die einzige Größe, die sich nicht exakt beherrschen lässt, so dass man von Erfahrungswerten ausgehen muss, die allerdings um 100% streuen können. Der Haftreibungskoeffizient ändert sich nicht nur in Abhängigkeit von äußeren Einflüssen wie Witterung und Temperatur sondern auch noch von Fahrgeschwindigkeit und Zugkraft. Zudem ist die Leistung der Lok nicht konstant, sondern hängt von der Geschwindigkeit ab, aber nicht linear.

Aufgrund dieser Umstände ist daher die Berechnung der zurückgelegten Wegstrecke in Abhängigkeit der Zeit mithilfe einer geschlossenen Lösung nach den bekannten Newton`schen Axiomen nicht möglich. Der Autor hat deshalb eine numerische Computersimulation des Lokwettrennens in Auftrag gegeben. Nur auf diese Weise ist es möglich, alle Einflussparameter zu berücksichtigen.

🔺 Abb. 263 - Das berühmte Lokomotiv-Wettrennen von Weiden: 001 103-1 (Bw Hof) und 064 448-4 (Bw Weiden) verlassen genau um 13.20 Uhr den Bahnhof Weiden in nördlicher Richtung. Die Schnellzuglokomotive bringt den N 3280 nach Marktredwitz, die Tenderlok den N 4804 nach Bayreuth (März 1972, Aufnahme von Stephan Franz).

Beide Loks beschleunigen aus dem Stand heraus mit einer durch den Haftreibungskoeffizienten bestimmten Wert. Mit zunehmender Geschwindigkeit steigt sowohl die Leistung der Dampfmaschine als auch der Dampfverbrauch, so dass bei einer loktypischen Geschwindigkeit der Dampfkessel an seine Leistungsgrenze kommt. Wäre ab jetzt, wie zu erwarten, die Leistung am Zughaken konstant, dann könnte man mithilfe der Zugkrafthyperbel relativ einfach die weitere Beschleunigung berechnen, da der Haftreibungskoeffizient jetzt größer als notwendig ist. Tatsächlich jedoch ist die Leistung am Zughaken nicht konstant, sondern nimmt nach Düring ab, was durch Wirkungsgradänderung und zusätzliche Widerstände durch die Mechanik der Dampfmaschine und den Luftwiderstand zustande kommt. Parallel dazu erhöht sich der Gesamtwiderstand des angehängten Zuges, was zu einer weiteren Reduzierung der Beschleunigung führt.

Die numerische Simulation erfasst und berücksichtigt diese Erfahrungswerte.

In der ersten Phase beschleunigen beide Züge bis zu ihrer Maximalleistung. Dabei folgt der Haftreibungskoeffizient einer Kurve, die von den Erfahrungswerten von Curtius-Kniffler bis zu max. 60 km/h abgeleitet ist. Alle anderen relevanten Werte sind nach Düring, „Technik der Dampflok".

$$\mu_H = 3{,}1231 \times 10^{-5} \times v^2 - 0{.}0029 \times v + 0{,}2591$$

Die Geschwindigkeit bei maximaler Zuhakenleistung berechnet sich aus dem Quotienten aus Zughakenleistung und Zugkraft am Zughaken.

Geschwindigkeit bei N_{max}: 01: 46,7 km/h

Bis zu einer Geschwindigkeit von 46,7 km/h beschleunigt die Lok Baureihe 001 mit der Zugkraft:

$$Z_{01}(v) = 0,0177(v^2 - 93,3139 \times v + 8295,3682) \text{ für } 0 \leq v \leq 46,7 \tfrac{km}{h}$$

Ab 46,7 km/h folgt die Zugkraftkurve einer modifizierten, empirischen Zugkrafthyperbel nach Düring, die sich wie folgt approximieren lässt:

$$Z_{01}(v) = 0,0118 \times v^2 - 2,9416 \times v + 217,10) \text{ für } 46,7 \tfrac{km}{h} < v \leq 130 \tfrac{km}{h}$$

Die Zuglast bei 152 to lässt sich berechnen zu:

$$F_L = 0,0010\,(v^2 - 62,2381 \times v + 4588,8899) \quad F_L \text{ in kN, } v \text{ in } \tfrac{km}{h}$$

Die Beschleunigung berechnet sich dann zu:

$$b = \frac{Z_{01}(v) - F_L}{M_L + M_Z}$$

Da die Nennleistung der BR 064 bei 40 km/h liegt, geht die Lok sofort in die durch die Leistung vorgegebene Zugkraft über.
Diese lässt sich mit hoher Genauigkeit bis ca. 80 km/h durch die folgende Formel approximieren:

$$N_{64}(v) = 1,46 \times 10^{-5} \times v\,(v^3 + 94,882552 \times v^2 - 37436,262656 \times v + 2238753)$$

Für die Zugkraft folgt dann:

$$Z_{64}(v) = 5,24406 \times 10^{-5} \times v^3 + 0,0049750 \times v^2 - 1,96318 \times v + 117,4$$

Die Zuglast bei 120 to berechnet sich zu:

$$F_L(v) = 0,0008 \times (v^2 - 62,2381 \times v + 4588,8889)$$
$$b = \frac{Z_{64}(v) - F_L}{M_L + M_Z}$$

Das Computerprogramm rechnet die Beschleunigung b zu jedem Zeitpunkt während des Vorgangs aus und berechnet daraus die Momentangeschwindigkeit und die zurückgelegte Wegstrecke s. Es ergeben sich die Kurven in Abb. 264/265

Folgende Ergebnisse sind interessant:
Daten für gleiche Geschwindigkeit
Zeit t   33 sec
Geschwindigkeit $v_{01} = v_{64} = 43 \tfrac{km}{h}$
Zurückgelegte Wegstrecke: $s_{01} = 200\ m$ $s_{64} = 230\ m$
Beschleunigung $b_{01} = 0,33 \tfrac{m}{sec^2}$ $b_{64} = 0,23 \tfrac{m}{sec^2}$

Leistung am Zughaken $N_{01}(43) = 1760\ PS$ $N_{64}(43) = 751\ PS$

Daten für gleiche Wegstrecke:
Zeit t   55 sec
Geschwindigkeit $v_{01} = 65,2 \tfrac{km}{h}$ $v_{64} = 57,8 \tfrac{km}{h}$
Zurückgelegt Wegstrecke $s_{01} = s_{64} = 547\ m$
Beschleunigung $b_{01} = 0,22 \tfrac{m}{sec^2}$ $b_{64} = 0,14 \tfrac{m}{sec^2}$
Leistung am Zughaken $N_{01}(65,2) = 1861\ PS$ $N_{64}(57,8) = 669,7\ PS$

Damit ergibt sich folgender Sachverhalt:
Nach einer Fahrstrecke von 547 m hat der Zug mit der 001 den Zug mit der 064 eingeholt. Wegen der vorliegenden Leistungsdaten und der Unsicherheit beim Haftreibungskoeffizienten beträgt die Genauigkeit ± 10%. Die Hauptursache für die anfänglich bessere Beschleunigung der Baureihe 064 ist darin begründet, dass die BR 001 zwar ein um 26% besseres Reibungsgewicht, der Schnellzug aber eine um 67% höhere zu beschleunigende Masse als der Personenzug hat. Während die Tenderlok sogar einen Teil ihrer Vorräte zur Erhöhung des Reibungsgewichts verwenden kann, muss die 001 einen ca. sechzig Tonnen schweren Tender zusätzlich mitschleppen.
Für Fahrten mit häufigen Halten und geringen Endgeschwindigkeiten ist daher eine Tenderlok im Vorteil. Dies der Grund, warum im städtischen Schnellbahnverkehr keine Schnellzuglok Dienst getan hat.

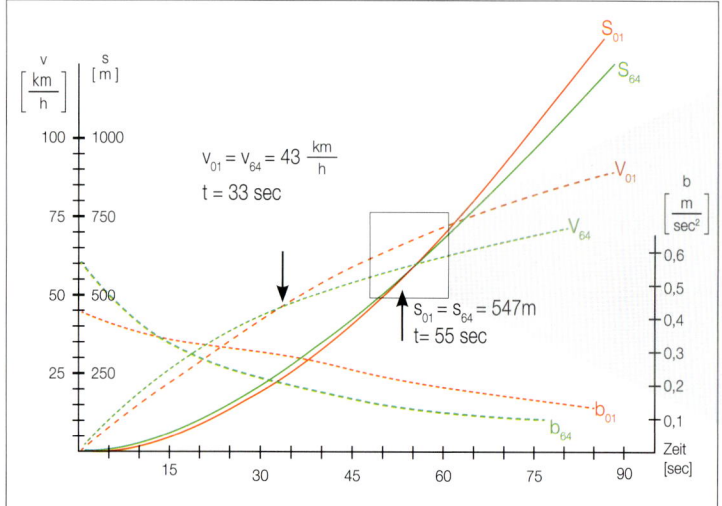

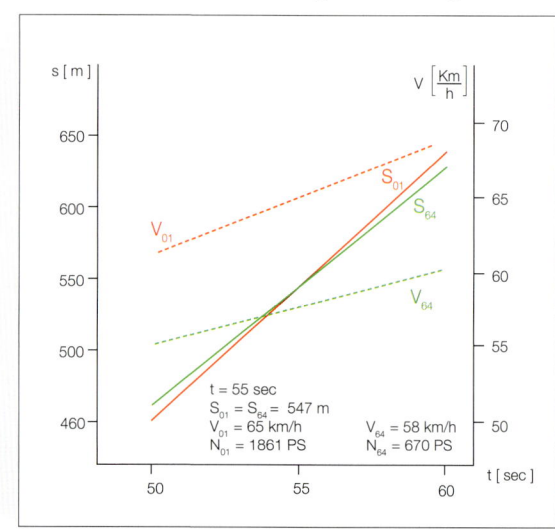

Computersimulation von Beschleunigung, Geschwindigkeit und zurückgelegter Wegstrecke der genannten Züge mit den Loks Baureige 64 und 01.

10. Literaturhinweise

Dubbels Taschenbuch für den Maschinenbau, Band I und II, Berlin 1961

Hütte, des Ingenieurs Taschenbuch, Maschinenbau Teil A, Berlin 1954

Hütte, des Ingenieurs Taschenbuch, Maschinenbau Teil B, Berlin 1954

Hütte, des Ingenieurs Taschenbuch, Verkehrstechnik Teil B („Verkehrshütte"), Berlin 1954

01-Abschied in Hof, Frank Lüdecke, Freiburg 2013

Anatomie der Dampflokomotive – International, Giesl-Gieslingen, Wien 1986

British Railways Standard Steam Locomotives, Volume Four – The 9F 2-10-0 Class, Bristol 2008

British Railways Steam Locomotives allocations, Hugh Longworth, Hersham 2010

BR Standard Steam Locomotives, Brian Stephenson, Shepperton 1983

ČSD – Dampflokomotiven, Teil 1 und 2, Helmut Griebl, Wien 1969

Dampflokomotivkunde, Band 134, Eisenbahn-Lehrbücherei der DB, Starnberg 1958

Dampflokomotiven in Glasers Analen, Moers 1984

Dampflokomotiven in England, G. Freeman Allen, Stuttgart 1977

Die Dampflokomotive im Betrieb, Band 144, Eisenbahn-Lehrbücherei der DB, Starnberg 1958

Unregelmäßigkeiten im Dampflokomotivbetrieb, Band 145, Eisenbahn-Lehrbücherei der DB, Starnberg 1956

Die Dampflokomotive, Entwicklung, Aufbau, Wirkungsweise etc., Autorenkollektiv, Berlin 1964

Die deutschen Schnellzug-Dampflokomotiven der Einheitsbauart, Theodor Düring, Stuttgart 1979

Die Schiefe Ebene, Steffen Lüdecke, Freiburg 1988

Ein Leben für die Lokomotive, Richard Roosen, Stuttgart 1976

Französische Dampflokomotiven des 20. Jahrhunderts, H.C.B. Rogers, Stuttgart 1974

Frankreichs letzte Dampflokomotiven, H. Bossard, Zürich 1976

Great Western Express Passenger Locomotives, Martin Smith, Hemel Hempstead 1992

La locomotive à vapeur, André Chapelon, Paris 1952

Les locomotives à vapeur unifiées, 241 P, 240 P, 150 P, Bernard Collardey, André Rasserie, Paris 2006

Merkbuch für die Schienenfahrzeuge der DB, DV 939a, DB, 1953, 1958

Rainhill Trials, Jesse Rusell, Ronald Cohn, Edinburgh 2012

Thermodynamique et locomotives à vapeur, Bernard Escudié et Jean Gréa, Paris 1989

The Last Steam Locomotives of British Railways, P. Ransome-Wallis, Wigston 1966

The Last Steam Locomotives in Eastern Europe, P. Ransome-Wallis, London 1972

Tornado, New Peppercorn Class A1, Sparkford 2011

Verzeichnis der Beamten des höheren Dienstes und der Amtsräte der DB, Kassel 1975

Dampflokomotiven – Die letzten in Deutschland, J. Michael Mehltretter, Stuttgart 1994

Dampflokomotiven – Am Ende einer Epoche, J. Michael Mehltretter, Stuttgart 1979

Die Lokomotiven der deutschen Bundesbahn, J. Michael Mehltretter, Stuttgart 1973

Die deutschen Museums- und Denkmallokomotiven, J. Michael Mehltretter, Stuttgart 1977

Dampflokomotiven, das große Finale, J. Michael Mehltretter, Stuttgart 2012